主　编　郑尧军
副主编　万志平　鲁建华　侯传喜　杨洁芳　朱汉楼

北京理工大学出版社
BEIJING INSTITUTE OF TECHNOLOGY PRESS

## 内容简介

本书是新能源汽车专业群核心基础课程——“新能源汽车电工电子技术”课程的配套教材。教学内容的选取以“提高学生的基础实践技能”为主线，重视理论和实践的有机结合，采用任务驱动、项目教学的编写形式。紧跟汽车行业、企业发展的需要，结合汽车产业岗位实际用人需求，与企业进行合作，以新能源汽车专业国家级教学资源库为依托，共建共享优质教学资源、提供多种形式线上资源。

本书按照工作任务明确化、技能提升螺旋式递进的原则，共设计了四大项目，每个项目由3～5个任务组成，其中项目一、二、三为汽车类专业电类课程的核心基础，建议为必修内容；项目四为技能提高类内容，适合有更高需求的学习者群体。项目一为简单汽车直流电路认识，项目二为负载直接控制电路检修，项目三为负载间接控制电路检修，项目四为负载集成控制电路检修。为落实党的二十大“推进教育数字化”的要求，本书融合各种类型的数字化课程资源，包括视频、动画、文本等，为升级新形态一体化活页式教材、数字化教材做好基础工作。



---

**图书在版编目（CIP）数据**

新能源汽车电工电子技术 / 郑尧军主编. -- 北京 :
北京理工大学出版社, 2024. 6.
ISBN 978-7-5763-4201-7

Ⅰ. U469.7

中国国家版本馆 CIP 数据核字第 2024AR8322 号

---

---

**责任编辑**：陈莉华　　**文案编辑**：李海燕
**责任校对**：周瑞红　　**责任印制**：李志强

---

**出版发行** / 北京理工大学出版社有限责任公司
**社　　址** / 北京市丰台区四合庄路 6 号
**邮　　编** / 100070
**电　　话** /（010）68914026（教材售后服务热线）
（010）68944437（课件资源服务热线）
**网　　址** / http://www.bitpress.com.cn

---

**版 印 次** / 2024 年 6 月第 1 版第 1 次印刷
**印　　刷** / 涿州汇美亿浓印刷有限公司
**开　　本** / 787 mm × 1092 mm　1/16
**印　　张** / 12.5
**字　　数** / 276 千字
**定　　价** / 89.90 元

---

**图书出现印装质量问题，请拨打售后服务热线，负责调换**

# 前 言

中国汽车工业协会数据显示，2023 年我国汽车产销分别完成 3 016.1 万辆和 3 009.4 万辆，同比分别增长 11.6%和 12%，产销均首次超过 3 000 万辆，连续 15 年成为世界第一大汽车生产国与消费国。其中 2023 年新能源汽车产销保持高速增长，新能源汽车产销分别为 958.7 万辆和 949.5 万辆，同比分别增长 35.8%和 37.9%，连续 9 年位居世界第一。新能源汽车出口 120.3 万辆，同比增长 77.6%，成为出口新的增长点。

深入贯彻落实党的二十大精神，强调育人本质，加强思政、工匠精神及价值引领，让价值塑造、能力培养、知识传授有机融合；推进新型工业化，建成教育强国、科技强国等宏观目标。而汽车电工电子技术是实现汽车制造强国必备的技术基础，本书是新能源汽车专业群的核心基础课程的配套教材，以“做中学、学中做”为特征，以新能源汽车电工电子技术故障诊断逻辑思维能力培养为主线，将汽车电路故障按基本电工电子、基本电路的规律进行序列化，以“问题导向、学生主体”为引领，注重实际问题、基础问题的情景化、任务化训练。

本书编写思路和主要特色：

1. 以一体化学习内容设计为引领；
2. 以“问题”导向设计课程教学内容；
3. 以学生为主体设计技能训练模块；
4. 以工匠精神、品质管控等思政元素融合为手段；
5. 编写团队教学经验和企业、行业从业经历丰富；
6. 以知识够用为原则，以任务递进的方式进行技能演练，内容实用、前后逻辑性强。

内容的选取以“提高学生的基础实践技能”为目的，重视理论和实践的有机结合，采用任务驱动、项目教学的编写形式，结合汽车产业岗位实际用人需求，通过教材内容的学习，熟悉汽车电路的基本组成、特点，掌握汽车电路的基本物理量、基本定律和定理，熟悉电路中常用的元器件及性能指标；熟悉通用电路的组成与特性，掌握电路检修基本技能和电工工具、仪器（数字万用表）使用；具备一定的电路图识读能力，能对基本电路进行功能分析和基本物理量的计算；具备一定的电路功能分析和故障诊断分析能力；初步具备学习和应用新能源汽车电子技术产业新知识、新技术的能力。

按照工作任务明确化、技能提升螺旋式递进的原则，全书共分四大项目 15 个学习任务。其中项目一、二、三为汽车类专业电类课程的核心基础，为必修内容；项目四为技能提高类内容，适合有更高需求的学习者群体。项目一以简单灯光电路分析为切入点，设计了 3 个任务，分别以汽车电路的基本组成、汽车电路基本物理量、电子元器件认识、电路板焊接、万用表的规范使用和电路故障诊断思维为核心内容构建相应的课程知识体系、能力体系和基本职业素养。项目二以开关直接控制电路为任务设计的切入点，通过对汽车负载的归纳总结，以灯光和电机作为主要负载进行开关直接控制电路同质化、差异化的任务驱动设计，通过设计项目二的电路分析学习、电路连线和故障检修前后联系的逻辑性任务，意在让学习者掌握汽车直接控制电路的功能分析、故障诊断的思维与分析方法。项目三通过用继电器来替代开关的控制方式转变思维，提高学习者对间接控制电路的分析能力、读图能力、电路连接能力和故障诊断分析能力，为后续的晶体管集成间接控制（或电子控制）电路的学习打下良好的专业基础。项目四以晶体管为间接控制器件，在继电器间接控制器件的基础上，增加了晶体管的知识体系，同时也对间接控制的方法、思维逻辑学习进行螺旋式递进学习进行了必要的设计，为后续汽车电子控制电路的学习奠定良好的专业基础。本书设计每个项目由 3～5 个任务组成，每个任务包括任务信息、任务流程、参考信息、知识拓展、成绩评价等环节。为落实党的二十大“推进教育数字化”的要求，本书以新能源汽车专业国家级教学资源库为依托，融合各种类型的数字化课程资源，包括实操微课视频、电路仿真、资源文本等，共建共享优质教学资源、提供多种形式线上资源，将传统的纸质教材升级为新形态一体化活页式教材、数字化教材。

本书由郑尧军担任主编，万志平、鲁建华、侯传喜、杨洁芳、朱汉楼担任副主编。具体分工为：郑尧军（浙江工业职业技术学院）编写了项目二和项目三，万志平（浙江工业职业技术学院）编写了项目四的任务 2，鲁建华（浙江工业职业技术学院）编写了项目一的任务 2，侯传喜（郑州电子信息职业技术学院）编写了项目四的任务 3 和任务 4，杨洁芳（浙江经济职业技术学院）编写了项目一的任务 3，朱汉楼（湖州交通技师学院）编写了项目四的任务 1，张滨（浙江慈吉之星汽车有限公司）参与了全书电路图绘制工作。全书由郑尧军负责统稿，陈开考主审。

本书在编写过程中参阅了大量国内公开发表出版的资料、文献、链接视频及汽车维修手册，并引用或链接了其中部分图表资料、视频等，谨在此表示深深的谢意。在大纲讨论和编写中得到了浙江省高职高专汽车类协作组各位专家的关心与支持，在此一并表示感谢。

本书可用于职业院校汽车类专业电工电子、电类基础课程教学，也可作为成人高校、民办高校汽车类专业教材和社会从业人员学习的参考书及培训教材。

编　者

# 目　录

# 项目一　简单汽车直流电路认识

## 任务 1　简单灯光电路分析

### 一、任务信息

<table>
<tr><td>任务难度</td><td colspan="3">初级</td></tr>
<tr><td>学时</td><td></td><td>班级</td><td></td></tr>
<tr><td>成绩</td><td></td><td>日期</td><td></td></tr>
<tr><td>姓名</td><td></td><td>教师签名</td><td></td></tr>
<tr><td>案例导入</td><td colspan="3">生活中有 220V 房间三控灯的设计案例，通过视频学习如何用 12V 汽车电源改进一个类似房间的三控灯电路：按任意位置的门口开关和两个床头开关都可以控制灯的亮灭。<br>案例导入</td></tr>
<tr><td rowspan="3">能力目标</td><td>知识</td><td colspan="2">1. 能够说明汽车电路的基本组成。<br>2. 能够说明汽车电路的基本特点。<br>3. 能够说明电路基本物理量及含义。</td></tr>
<tr><td>技能</td><td colspan="2">1. 能够分析简单灯光电路的功能。<br>2. 能够对简单灯光电路进行连线。<br>3. 能够运用欧姆定律对电路进行物理量的计算。</td></tr>
<tr><td>素养</td><td colspan="2">1. 掌握电气安全的基本操作规程。<br>2. 能够养成严谨的工作态度。</td></tr>
</table>

## 二、任务流程

### （一）任务准备

神秘的电从哪里来？如何更好地理解电？请扫描下方二维码进行学习。

电的产生（来源：新能源汽车国家教学资源库）

### （二）任务实施

工作表 1　简单三控灯电路的认识

1. 请根据如图 1-1 所示的简单三控灯电路图，描述该电路使用了哪些电子元器件？并完成如表 1-1 所示的简单三控灯电路图的电子元器件认识。

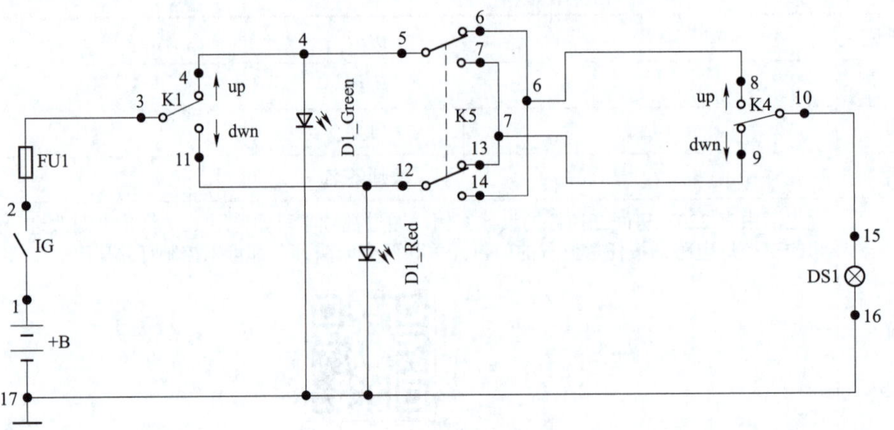


图 1-1　简单三控灯电路图

表 1-1　简单三控灯电路图的电子元器件认识

| 文字符号 | 名称 | 作用 |
|---|---|---|
| +B | 电源（Battery） | 提供电路电能的装置，在汽车电路中等同蓄电池 |
| IG | | |
| FU1 | | |
| K1 | | |
| D1_Green | | |

续表

续表

| 文字符号 | 名称 | 作用 |
| --- | --- | --- |
| K5 | 双刀双掷开关 DPDT | 该开关等于两个 SPDT 开关，它意味着两个独立的电路，将每个电路的两个输入连接到两个输出之一，可通过两个触点布线的方式和数量控制开关位置 |
| DS1/ES1 | 灯泡（负载之一） | 通过电能而发光发热的照明源，主要起照明作用 |

2. 请用不同的方法对简单灯光电路进行功能分析，比较各方法之间的优缺点，并写下相应的学习总结：什么场合适合用什么方法？

1）表格法。

表格法是模拟计算机二进制状态的判断方法，填写表 1-2，开关 up 位置用“0”表示，开关 dwn 位置用“1”表示，灯 DS1、发光二极管 D1_Red 和 D1_Green 灭状态用“0”表示、亮状态用“1”表示。

表 1-2　表格法

| 开关 K1 | 开关 K4 | 开关 K5 | 开关组合 | 灯 DS1 | D1_Red | D2_Green |
| --- | --- | --- | --- | --- | --- | --- |
| 0 | 0 | 0 | 000 | 1 | 0 | 1 |
| | | | | | | |
| | | | | | | |
| | | | | | | |
| | | | | | | |
| | | | | | | |
| | | | | | | |
| | | | | | | |

思考总结：

（1）该三控灯电路图中的灯组合与灯 DS1 的亮灭之间存在什么样的逻辑关系？

______________________________

______________________________

______________________________

______________________________

______________________________

（2）D1_Green 和 D1_Red 与哪个开关存在特定的逻辑关系？是怎样的关系？

______________________________

______________________________

______________________________

______________________________

______________________________

续表

2）画图法。

用等效电路图的方法，画出如表 1－3 所示开关组合的灯工作情况。

表 1－3 电路状态分析表

| 电路状态 | 等效电路图 |
| --- | --- |
| K1 在 up 位置，K4 在 up 位置，K5 在 up 位置 | 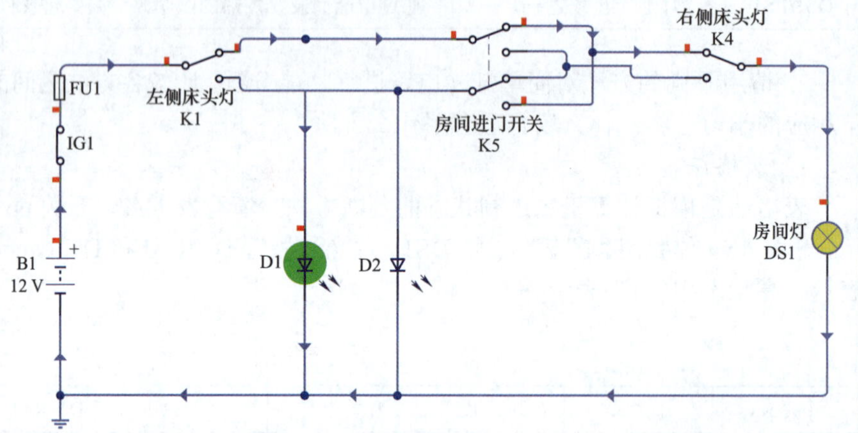 FU1<br>IG1<br>B1 12 V<br>左侧床头灯 K1<br>D1<br>D2<br>房间进门开关 K5<br>右侧床头灯 K4<br>房间灯 DS1 |
| K1 在 up 位置，K4 在 dwn 位置，K5 在 dwn 位置 | 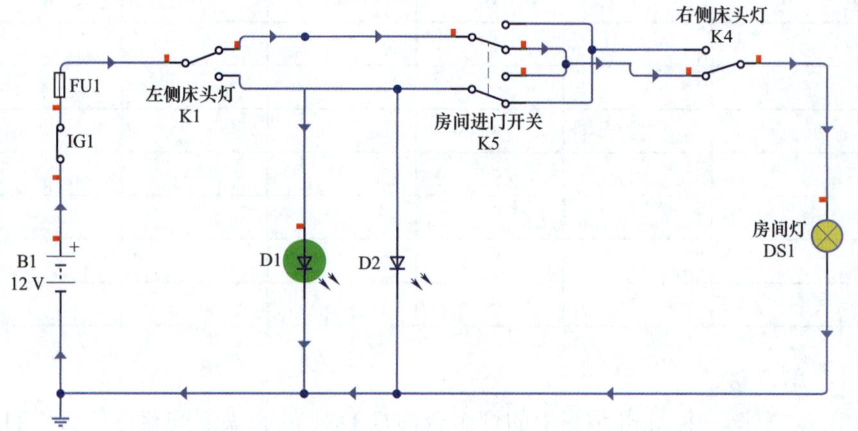 FU1<br>IG1<br>B1 12 V<br>左侧床头灯 K1<br>D1<br>D2<br>房间进门开关 K5<br>右侧床头灯 K4<br>房间灯 DS1 |
| K1 在 dwn 位置，K4 在 up 位置，K5 在 dwn 位置 | 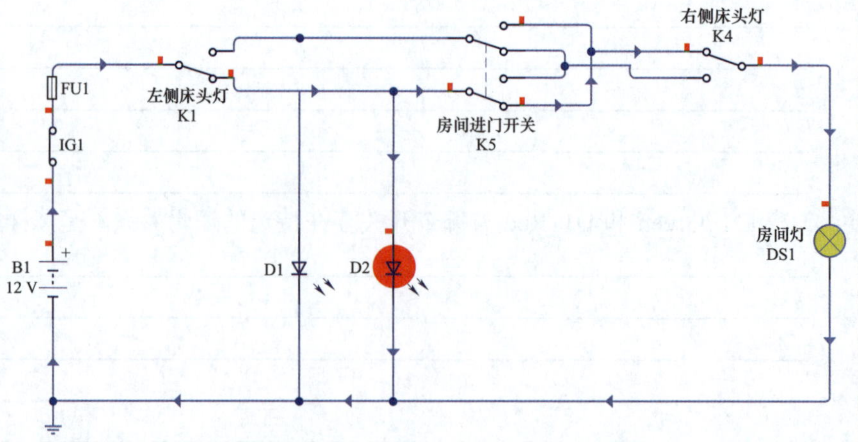 FU1<br>IG1<br>B1 12 V<br>左侧床头灯 K1<br>D1<br>D2<br>房间进门开关 K5<br>右侧床头灯 K4<br>房间灯 DS1 |

续表

续表

| 电路状态 | 等效电路图 |
|---|---|
| K1 在 dwn 位置，K4 在 dwn 位置，K5 在 up 位置 | 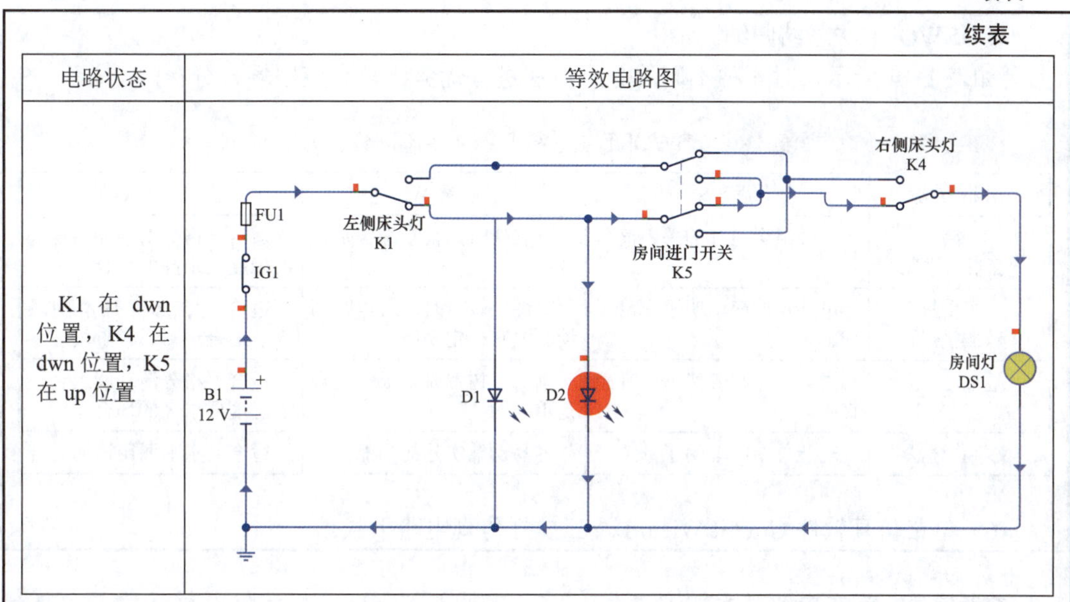 |

3）二叉树法。

类似思维导图的方法，画出如图 1－2 所示不同开关组合的灯 DS1 工作情况。

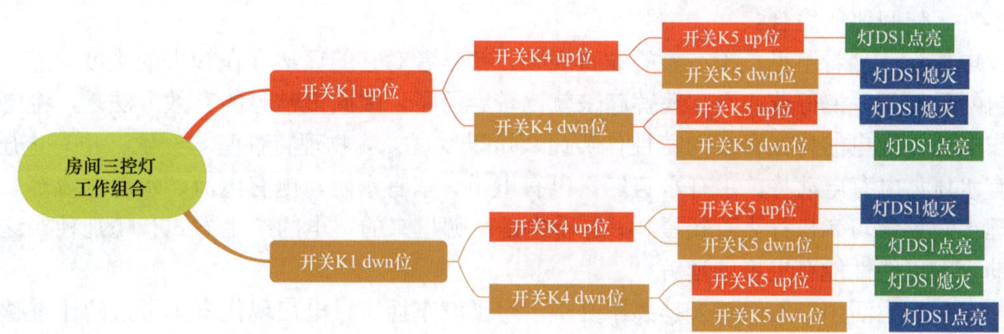


图 1－2　二叉树法画不同开关组合的灯工作情况

4）文字描述法。

用最简洁的语言，写出不同开关组合的灯工作情况。

（1）开关 K1 在 up 位置，只要开关 K4 和 K5 同向置于 up 或 dwn 位置，房间灯亮；

（2）开关 K1 在 up 位置，开关 K4 和 K5 反向置于不同的 up 或 dwn 位置，房间灯就熄灭；

（3）开关 K1 在 dwn 位置，开关 K4 和 K5 反向置于不同的 up 或 dwn 位置，房间灯亮；

（4）开关 K1 在 dwn 位置，只要开关 K4 和 K5 同向置于 up 或 dwn 位置，房间灯就熄灭。

以其中一个开关为基准，组合其他开关的变化来描述灯工作情况，最为简洁。

续表

5）SWOFT 法总结归纳。

如表 1－4 所示，对 4 种不同的分析方法进行优势比较和应用场合分析。

表 1－4　SWOFT 法总结归纳 4 种不同分析方法

| 分析方法 | 优势 S | 劣势 W | 适合场合 O/T |
|---|---|---|---|
| 表格法（计算机二进制） | 开关组合与灯的关系简单明了 | 画表费时，很多组合是重复的 | 适合严格分清功能组合，准确度要求高的场合 |
| 画图法（等效电路图） | 电路走向简单明了，易于理解 | 画图比较费时，对电路图绘制要有一定功底 | 适合电路加深理解的场合，适合学习思考阶段 |
| 二叉树法 | 类似二进制表格法，观感直接 | 画二叉树费时，很多组合是重复的 | 适合严格分清功能组合，准确度要求高的场合 |
| 文字描述法 | 功能总结简单明了 | 容易遗漏实际的功能 | 适合要求书面用语的场合 |

6）电路仿真软件 Circuit Wizard 及三控灯仿真电路下载。

**参考信息：汽车电路基本知识**

1. 汽车电路概述。

围绕“电工电子”，通俗地说汽车电路是将电子元器件按一定方式组合后构成的电流的通路。汽车电路是汽车电气系统和电子控制系统的基础，汽车电路可以理解为若干电子元器件工作回路的组合。

电作为一种看不见、摸不着的非直观物，初学者对它的理解存在较大的难度偏差。而大自然看得见、摸得着的水，理解起来就比较容易了，因此最常见的有效方法是，将电和水作类比，把电的特性和水的特性作类比，可以发现二者物理特性基本一致：电有电压、水有水压，电有电动势、水有水势能，电有电阻、水有水阻，电有电流、水有水流等。从机理上建议学习者自行去查找资料，看看电是从哪里来的？电的产生方式有哪几种？这将有助于对电的性能有更好的理解。

在日常生活中，人们越来越离不开电，对于汽车而言，电在现代汽车中占的比重越来越大，尤其是新能源汽车，已经被人们俗称为“电车”了，可见影响之大。

2. 汽车电路的组成。

电路是电流流过的路径。根据电流在电路中所起的作用，电路通常分为电源、负载和中间环节三部分。

（1）电源。

电源是把其他能量转换为电能的电器，是提供电能的装置，如发电机、稳压电源及电池组等。电源可以分为交流电源 AC 和直流电源 DC，电源的表示方法尽管有很多种，但大多是用字母“E”来表示。传统燃油车同时采用了双电源结构，即蓄电池和发电机，其功能是保护汽车各用电设备在不同情况下都能投入正常工作。新能源汽车也采用了双电源结构，即通过蓄电池和 DC/DC 转换器来确保车辆的正常使用。

（2）负载。

负载常称为用电器，是把电能转换为其他能量的电器，如电灯、电动机、喇叭、电热丝等。

（3）中间环节。

中间环节是连接电源和负载所必需的部分，其作用是传输、控制和分配电能，如导线、开关及各种控制、保护装置等。

3. 汽车电路的特点。

汽车电路具有以下显著特点：

（1）低压。

传统汽车电路的额定电压有 12V 和 24V 两种（柴油车采用 24V 方案居多）。

（2）直流。

传统汽车供电的发电机和蓄电池输出的都是直流电，新能源汽车供电的 DC/DC 转换器和蓄电池输出的也都是直流电，因此汽车电路是直流电路。

（3）并联结构。

汽车电路中，各个用电器之间通常是互相并联的，每个用电器由各自的开关控制，可独立工作，互不影响。

（4）单线制（单线连接）。

汽车电路系统中，大部分用电设备仅通过一根导线与电源正极相连（火线），而利用车身、底盘等金属部件作为公用的回路路径（负极或搭铁），这样可以减少电线数量和安装复杂度。

（5）负极搭铁。

蓄电池的负极直接与汽车的金属框架连接，形成回路。所有用电器的负极端都通过车体接地，而非单独使用一根负极线。

（6）双电源设计。

汽车拥有两个电源，即蓄电池和发电机（或 DC/DC 转换器）。在发电机（或 DC/DC 转换器）未起动时，由蓄电池提供电力；当发电机（或 DC/DC 转换器）运行后，由发电机（或 DC/DC 转换器）向全车电气设备供电，并同时给蓄电池充电。

（7）保险装置。

为了防止电路过载或短路导致元件损坏，电路中会设置保险丝或断路器等保护措施。

这些特点共同构成了现代汽车电路高效、安全且便于维护的设计基础。

4. 汽车电路的功能符号。

汽车电路的功能符号是用来代表各种电气设备、元件和部件的图形标记，用以在汽车电路图中进行表述。功能符号由通用的电工电子功能符号和汽车专用的电路功能符号组成。

电路的功能符号是绘制电路图、读懂电路图的基础，只有了解对应的电路功能符号，才能轻松上手绘制电路图、读懂电路图。

电路的功能符号数量众多，除了基本电路符号外，大致可以分为四个类别：传输路径、集成电路组件、限定符号、开关和继电器符号。齐全的电路图符号便于用户随时选用，帮助用户更高效率地完成任务。

基本电路符号汇聚基本的电路图符号，如电池、接地线、二极管等，可以满足基础电路的绘制需求，如图 1－3 所示。开关和继电器符号作为最常见的控制器件，应用的场合比较广泛，因此建议学习掌握，如图 1－4 所示。另外，在大量字符电路图符号中，一些常见的典型字符电路图符号也是需要掌握的，如表 1－5 所示。

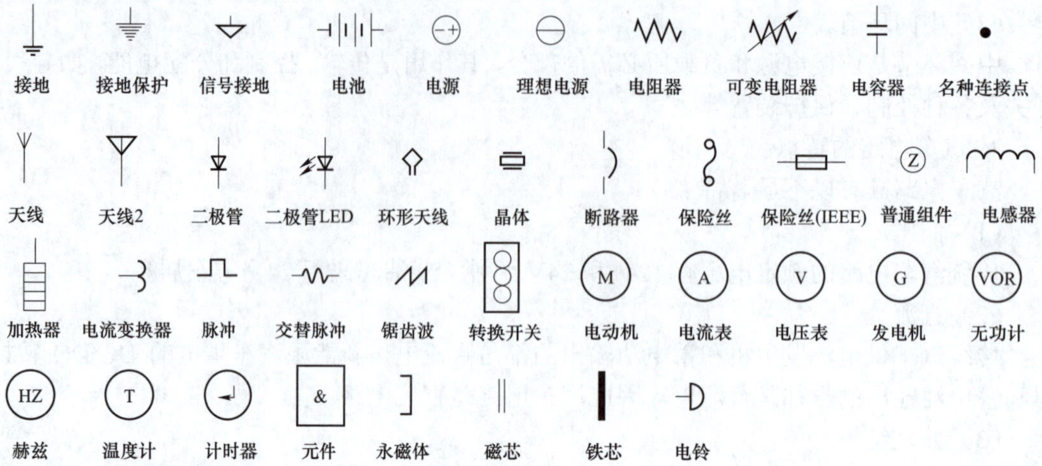

接地 接地保护 信号接地 电池 电源 理想电源 电阻器 可变电阻器 电容器 名种连接点

天线 天线2 二极管 二极管LED 环形天线 晶体 断路器 保险丝 保险丝(IEEE) 普通组件 电感器

加热器 电流变换器 脉冲 交替脉冲 锯齿波 转换开关 电动机 电流表 电压表 发电机 无功计

赫兹 温度计 计时器 元件 永磁体 磁芯 铁芯 电铃

图 1–3 基本电路符号

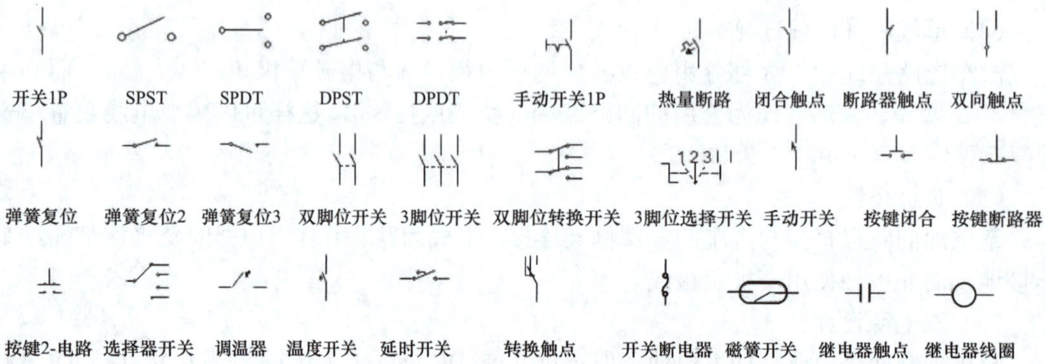

开关1P SPST SPDT DPST DPDT 手动开关1P 热量断路 闭合触点 断路器触点 双向触点

弹簧复位 弹簧复位2 弹簧复位3 双脚位开关 3脚位开关 双脚位转换开关 3脚位选择开关 手动开关 按键闭合 按键断路器

按键2-电路 选择器开关 调温器 温度开关 延时开关 转换触点 开关断电器 磁簧开关 继电器触点 继电器线圈

图 1–4 开关和继电器符号（控制器件）

表 1–5 典型字符电路图符号

| 符号 | 含义 | 符号 | 含义 | 符号 | 含义 |
| --- | --- | --- | --- | --- | --- |
| AC | 交流电 | DC | 直流电 | $f$ | 频率 |
| FU | 熔断器 | G | 发电机 | $E$ | 电源 |
| HG | 绿灯 | HR | 红灯 | HW | 白灯 |
| K | 继电器 | FR | 热继电器 | KA | 电流继电器 |
| KF | 闪光继电器 | KH | 热继电器 | KM | 接触器 |
| KM | 中间继电器 | KT | 时间继电器 | KV | 电压继电器 |
| SA | 转换开关 | SB | 按钮开关 | SR | 复位按钮 |
| XP | 插头 | XS | 插座 | SBS | 停止按钮 |
| PA | 电流表 | PV | 电压表 | YV | 电磁阀 |
| $R$ | 电阻器 | RP | 电位器 | $R_T$ | 热敏电阻 |
| $R_L$ | 光敏电阻 | $R_G$ | 接地电阻 | $R_{PS}$ | 压敏电阻 |
| $C$ | 电容器 | $L$ | 感应线圈电抗器 | T | 变压器 |
| M | 电动机 | MD | 直流电动机 | MS | 同步电动机 |
| MA | 异步电动机 | L | 线路 | HL | 指示灯 |

5. 汽车电路常用基本电子元器件。

电路的基本元件有阻性元件（电阻器）、容性元件（电容器）和感性元件（电感器）。

1）阻性元件。

导体容易导电，但对电流也有阻碍作用。电阻是描述导体对电荷流动阻碍作用大小的一个物理量，符号用 $R$ 表示，电阻的国际单位是欧姆，简称欧，用 Ω 表示。

根据欧姆定律，对于理想线性电阻元件而言，电阻是一个常数，表示在电压变化时，电流与电压之间呈线性关系。电阻实际上是导体的一种基本性质，大小取决于导体的材料、长度、横截面积以及温度等因素。此外，不同材料有不同的电阻率，这是衡量单位体积或单位长度和单位截面积导体电阻的物理量。

电阻器是电路中使用最多的元器件之一，它在电路中常用来控制电流和调节电压（功率消耗），并在电子设备和系统中起到控制、分压、分流和耗能的作用。电阻器中有电流流过时要消耗电能，因此电阻器是耗能元件。电阻器是从实际电阻器中抽象出来的，如灯、电炉等。

电阻器按照其功能、结构和特性的不同，可分为固定电阻器、可变电阻器、敏感电阻器（也称特种电阻器）和其他特殊用途电阻器。

（1）固定电阻器。

碳膜电阻器：通过在陶瓷基体上涂覆碳膜制成，具有成本较低、稳定性较好的特点。

金属膜电阻器：包括金属氧化膜电阻器和金属薄膜电阻器，使用镍铬、镍锰等金属或其氧化物为电阻材料，精度高、温度系数小。

合成碳膜电阻器：采用特殊工艺制造的高性能碳膜电阻。

金属氧化膜电阻器：例如氧化钛膜电阻器，耐热性好，噪声低。

线绕电阻器：用金属丝紧密绕制在绝缘骨架上，适合大功率应用场合，精度较高且稳定。

片状电阻器：表面贴装电阻器，广泛应用于电子电路的小型化设计中。

（2）可变电阻器。

旋钮式可变电阻器：分为单联和多联，可以连续调节阻值大小。

微调电阻器：主要用于电路调试阶段对某个电阻值进行微调。

滑动变阻器：通常用于改变电流大小而不影响电压分配，仅提供一段连续变化的电阻值。

（3）敏感电阻器（也称特种电阻器）。

压敏电阻器：阻值随所加电压变化而显著变化，常用于过压保护。

光敏电阻器：其阻值会随着光照强度的变化而变化。

热敏电阻器：根据温度变化而改变电阻值，有正温度系数（Positive Temperature Coefficient，PTC）和负温度系数（Negative Temperature Coefficient，NTC）两种类型。

力敏电阻器：受到压力作用时电阻值发生变化。

湿敏电阻器：湿度变化会引起其阻值变化。

气敏电阻器：对特定气体敏感，接触气体后电阻会发生变化。

（4）其他特殊用途电阻器。

高压电阻器：能承受高电压，如玻璃釉电阻、高压瓷片电阻等。

大功率电阻器：设计用于消耗大量功率而不发生过热，适用于电源测试、制动电阻等场景。

高频电阻器：专门设计以减小寄生电感和电容，适应高频电路的要求，如无感电阻器（RF Choke）等。

2）容性元件。

具有储存电场能特性的电路元件称为容性元件或电容元件，典型容性元件为电容器，简称电容，用字母 $C$ 表示，国际单位是法拉（F）。

电容器是一种基本的电子元件，它由两个或多个相互靠近但绝缘的导体构成，并且这些导体之间可以存储电荷。当电容器两极板间存在电压差时，电荷会在两极板上积累，形成电场，并储存能量。电容器的容量是其容纳电荷的能力，更常见的单位还有微法［拉］（μF）、纳法拉（nF）和皮法拉（pF）等。

电容元件上通过的电流，与元件两端的电压相对时间的变化率成正比。电压变化越快，电流越大。当电容元件两端加恒定电压时，因电流为 0，这时电容元件相当于开路。因此电容元件有隔直流通交流的作用。

电容元件不消耗能量，是储能元件。利用电容充电、放电和隔直流通交流的特性，在电路中用于隔直流、耦合交流、旁路交流滤波、定时和组成振荡电路等。

按结构和容量是否可调分为固定电容器、可变电容器和微调电容器。

3）感性元件。

感性元件，又称电感元件，是指在电路中能够储存磁场能量，并且其电压与电流之间存在相位差的电子元件。在国际单位制中，电感的单位为亨［利］（H）。当交流电通过感性元件时，由于电磁感应现象，元件内部会形成自感电动势，导致电流的变化滞后于电压的变化。这种特性使感性元件具有“感抗”，即对交流电流呈现的阻尼作用。根据电磁感应定律，当电感线圈中的电流变化时，磁场也随之变化，并在线圈中产生自感电动势。电感元件两端的电压与电流相对时间的变化率成正比，电流变化越快，电感元件产生的自感电动势越大，与其平衡的电压也越大。电感元件在某时刻储存的磁场能量，只与该时刻流过的电流的平方成正比，与电压无关。电感元件不消耗能量，是储能元件，电感元件有隔交流通直流的作用。

电感作为一种基本的电子元件，具有以下主要特性：

（1）自感：当电流通过电感器时，会在其内部产生磁场。根据法拉第电磁感应定律，变化的电流会产生自感电动势，这个电动势的方向总是阻碍引起它的电流变化。这意味着电感对电流的变化率有阻抗作用，即电感“通直流、阻交流”，对于直流电，一旦电流稳定下来，电感就相当于短路；而对于交流电，由于电流不断变化，电感会产生感抗。

（2）互感：若两个或多个电感器相互靠近时，一个电感中的电流变化会影响到另一个电感的磁场，从而产生互感电动势，这种现象称为互感。

（3）感抗：电感的感抗是它对交流电流阻碍的能力，用 $X_L$ 表示，计算公式为 $X_L=2\pi fL$，其中 $f$ 是电源频率，$L$ 是电感量。随着频率的增加，电感提供的感抗也增大。

（4）储能特性：电感器能够储存能量，当电流流经电感时，将一部分电能转化为磁场能存储在电感周围的空间中。当电流减小时，磁场会减弱，并释放出存储的能量以维持电流流动。

（5）非线性特性：纯电感在恒定电流下表现为纯电阻性的线性元件，但若包含铁芯或磁性材料，或者工作在饱和区，则表现出非线性特性，此时感抗与电流的关系不再是简单的线性关系。

（6）滤波和调谐作用：利用电感的感抗特性可以实现滤波功能，在电路中用来滤除不需要的交流成分，保持直流分量的稳定。在 LC 谐振电路中，电感与电容共同作用，可形成特定频率的选频网络，用于信号的调谐与选择。

**素养课堂：**

## 工匠精神：管中窥豹——学习总结能力的不断磨炼提升

如表 1－6 所示为对阻性元件、容性元件、感性元件的特性作对比分析。

表 1－6 对阻性元件、容性元件、感性元件的特性作对比分析

| 项目<br>元件 | 对电能影响 | 电阻形式 | 特性 | 识记技巧 |
|---|---|---|---|---|
| 阻性元件（电阻器） | 耗能元件 | 阻抗 | 交直流都能通过，但耗能 | 耗能发热 |
| 容性元件（电容器） | 储能元件 | 容抗 | 通交隔直 | 容易交流 |
| 感性元件（电感器） | 储能元件 | 感抗 | 通直隔交 | 直观感觉 |

## （三）知识拓展

1. 不同材料制作成的导体电阻。

不同材料导体的电阻差别很大，根据电阻导电率的不同，可以分为：

（1）绝缘体：绝缘体是一种对电流具有很高电阻的材料。由于其高电阻，因此不允许电流通过，属于电的不良导体。如用于覆盖电缆的塑料材料就是一种绝缘体，可防止电击。

（2）电导体：电导体是对电流流动阻力非常低的材料。金属是电的优良导体，例如银、铜和金等，它们被拉伸成电线以传输电流。

（3）半导体：电阻率介于电导体和绝缘体之间的材料称为半导体。它们的电阻在不同情况下会发生变化，它可能像电导体或绝缘体一样工作。半导体材料如硅和锗用于构造二极管、晶体管、IC 等。

（4）超导体：超导体是一种电阻接近 0 的导体。当导体过冷超过其临界温度时，其电阻会突然降至 0。它是一种没有功率损耗的理想导体。

2. 关于零欧姆电阻的特性。

零欧姆电阻可用于模拟地和数字地单点接地。电路板上的所有地（模拟地和数字地）大面积直接相连会导致互相干扰。零欧姆电阻短接所有地。

零欧姆电阻可用于 PCB 电路板设计代替电线和跳线。比如在 PCB 量产中使用零欧姆电阻可降低成本。在 PCB 生产过程中，我们会使用自动插装机对二极管、电容、电感、电阻等元器件进行取放，以降低生产成本，这里就可用零欧姆电阻代替电线和跳线。

零欧姆电阻可有效降低 PCB 设计被抄袭的风险。有些人会使用逆向工程策略复制别人的 PCB 设计，在这种情况下，零欧姆电阻是最好的替代电线，它会混淆和防止 PCB 被抄袭。设计人员和制造商会将零欧姆电阻放置在没有标记阻值的位置或使用不同的电阻颜色代码。

零欧姆电阻还有作为熔丝、布线时跨线、调试/测试用、作为温度补偿器件等作用。

3. 电路分析。

逆向工程：扫描下方二维码观看视频，在表 1-7 中画出等效电路图。

仓库布线　4 路双控开关

表 1-7　仓库布线　4 路双控开关等效电路

| 电路状态 | 等效电路图 |
| --- | --- |
| 等效电路图绘制 | 1号仓库前开关 K1　2号仓库前开关 K2　3号仓库前开关 K3　4号仓库前开关 K4<br>IG1<br>B1 12 V<br>1号仓库灯 DS1　1号仓库灯 DS2　1号仓库灯 DS3　4号仓库灯 DS4 |
| 功能分析 | 从左向右，开关定义为 K1、K2、K3、K4，灯定义为 DS1、DS2、DS3、DS4。<br>（1）打开开关 K1，布置在下一个仓库房间的灯 DS1 点亮，进入仓库后打开开关 K2，布置在下一个仓库房间的灯 DS2 点亮，继续进入仓库打开开关 K3，布置在下一个仓库房间的灯 DS3 点亮，再进入仓库打开开关 K4，布置在下一个仓库房间的灯 DS4 点亮。<br>（2）退出 4 号仓库房间时，关闭开关 K4，灯 DS4 熄灭，布置在上一个仓库房间的灯 DS3 点亮，再关闭 3 号仓库后，关闭开关 K3，灯 DS3 熄灭，布置在上一个仓库房间的灯 DS2 点亮，继续退至 2 号仓库关闭开关 K2，灯 DS2 熄灭，布置在上一个仓库房间的灯 DS1 点亮，退出 1 号仓库关闭开关 K1，布置在仓库房间的所有灯均熄灭。 |

## 三、成绩评价

| 成绩评价方法 | 评分值 |
| --- | --- |
| 组内评价（A） | |
| 教师评价（B） | |
| 综合成绩 = A × 50% + B × 50% | |
| 说明：<br>1. 组内评价分：组长负责，组员按百分制打分，取组员平均值。<br>2. 评价内容包括：任务完成度（50%）+ 实际参与度（15%）+ 规范操作（20%）+ 7S 管理（15%），未参加工作任务、未提交作业记 0 分。 | |

# 任务 2 简单灯光电路制作

## 一、任务信息

| 任务难度 | 初级 | | |
|---|---|---|---|
| 学时 | | 班级 | |
| 成绩 | | 日期 | |
| 姓名 | | 教师签名 | |
| 案例导入 | 利用给定电路的元器件，在洞洞板上焊接制作完成该电路：按开关组合检验是否完成了电路设计所要求的功能。<br>案例导入 | | |
| 能力目标 | 知识 | 1. 能够说明常用电子元器件的名称与功能。<br>2. 能够说明阻性元件的类型、基本特性。<br>3. 能够简单说明容性元件、感性元件的基本特性 | |
| | 技能 | 1. 能够分析简单灯光电路的功能。<br>2. 能够使用焊接工具对简单灯光电路进行焊接。<br>3. 能够运用万用表对电子元器件进行简单性能测量 | |
| | 素养 | 1. 掌握电气安全的基本操作规程。<br>2. 能够养成严谨的工作态度 | |

## 二、任务流程

### （一）任务准备

电烙铁如何正确规范使用？请扫描下方二维码进行学习。

任务准备

## （二）任务实施

学习表1　简单灯光电路分析

1. 请根据如图1-5所示的灯光控制电路图，分析该电路实现功能，画出其等效电路图，并完成表1-8中的功能描述。（注：+B电源为12VDC）

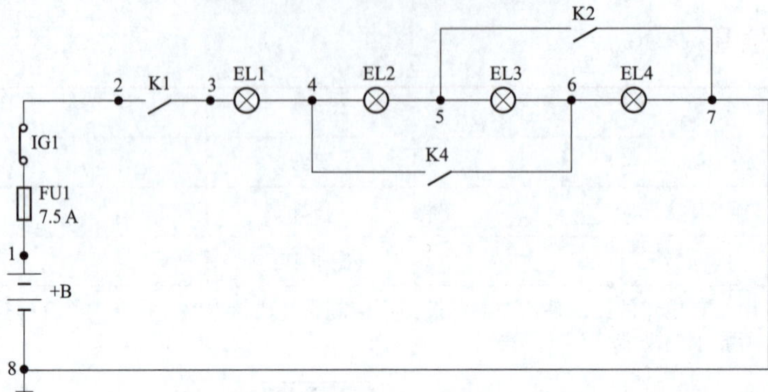


图1-5　灯光控制电路图

1）电路实现功能分析（文字描述法）（见表1-8）。

表1-8　电路实现功能分析（文字描述法）

| 内容 | 功能描述 |
|---|---|
| 实现功能 | （1）开关IG1、K1闭合，灯EL1、EL2、EL3、EL4串联点亮；<br>（2）开关IG1、K1、K2闭合，灯EL1、EL2串联点亮；<br>（3）开关IG1、K1、K4闭合，灯EL1、EL4串联点亮；<br>（4）开关IG1、K1、K2、K4闭合，灯EL2、EL3、EL4并联后与灯EL1串联点亮 |

2）等效电路图（画图法）（见表1-9）。

表1-9　等效电路图（画图法）

| 电路状态 | 等效电路图 |
|---|---|
| 开关K1闭合 | 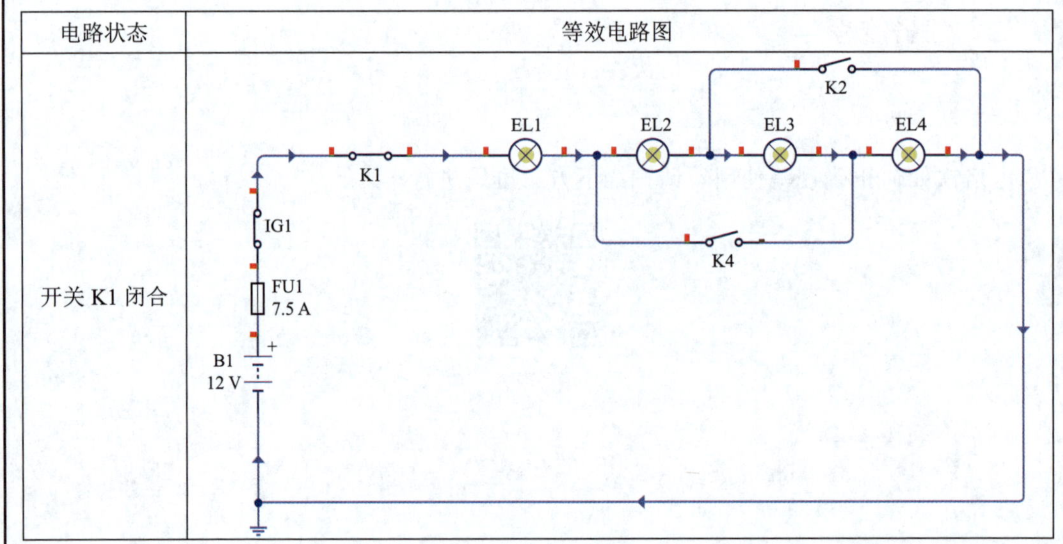 |

续表

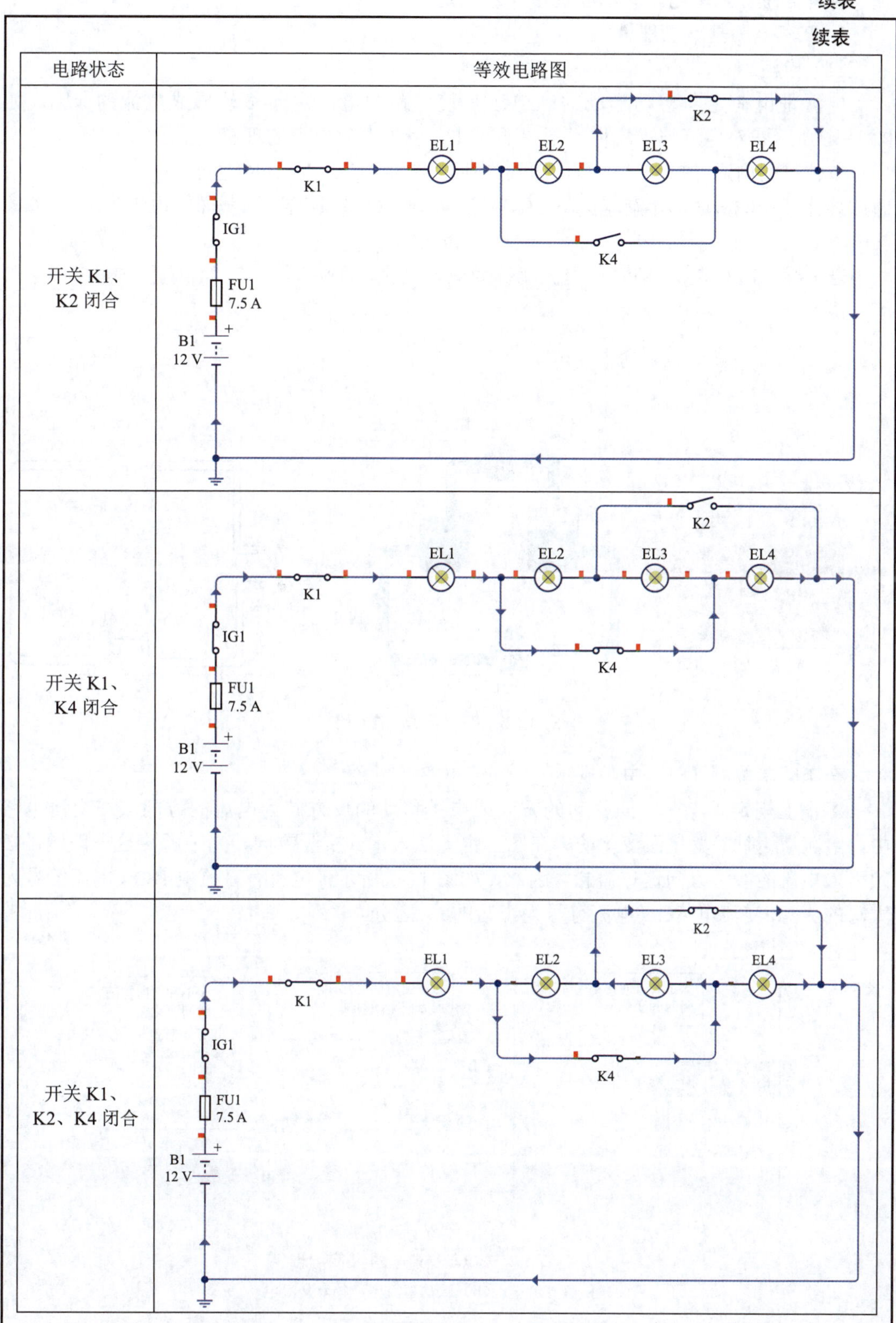

续表

| 电路状态 | 等效电路图 |
| --- | --- |
| 开关 K1、K2 闭合 | |
| 开关 K1、K4 闭合 | |
| 开关 K1、K2、K4 闭合 | |

**参考信息：汽车电路基本物理量与欧姆定律**

1. 汽车电路基本物理量。

（1）电流。

电流是电荷定向移动形成的。电压是使电路中电荷定向移动形成电流的原因。如图 1－6 所示，对电流与水流作了形象的对比，以加深对电流的理解。

单位时间内通过导体某一横截面的电荷量称为电流。设在 d$t$ 时间（单位：秒，s）内通过导体某一横截面的电荷量为 d$q$（单位：库仑，C），则通过该截面的电流为

$$i=\mathrm{d}q/\mathrm{d}t \tag{1-1}$$

若 $i=\mathrm{d}q/\mathrm{d}t$ 为常数，则这种电流就称为恒定电流，简称直流。在直流电路中，式（1－1）可写成

$$I=Q/t \tag{1-2}$$

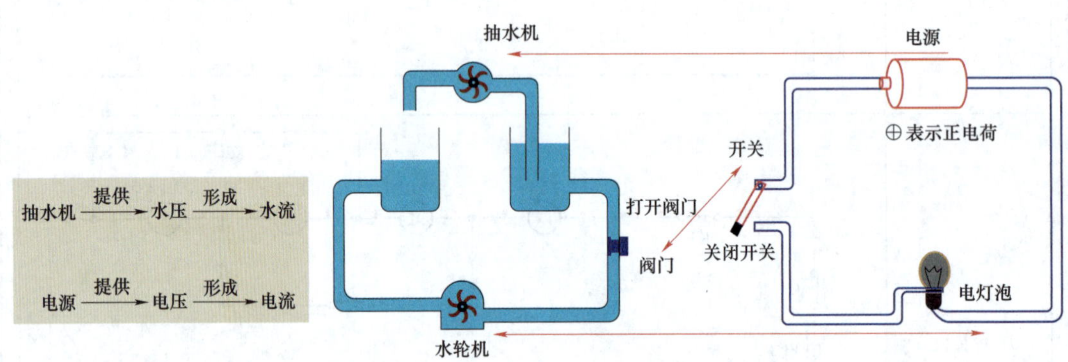


图 1－6　电流与水流的对比

在国际单位制（SI）中，规定电流的单位为安［培］（A）。

习惯上规定正电荷定向移动的方向或电子移动的反方向为电流的方向。在交流电路中，电流是随时间变化而变化的，在图上也无法表示其实际方向，为了解决这一问题，必须引入电流的参考方向这一概念。因此，如图 1－7 所示，电流有直流电 DC（电流符号为大写的 $I$）和交流电 AC（电流符号为小写的 $i$）之分。

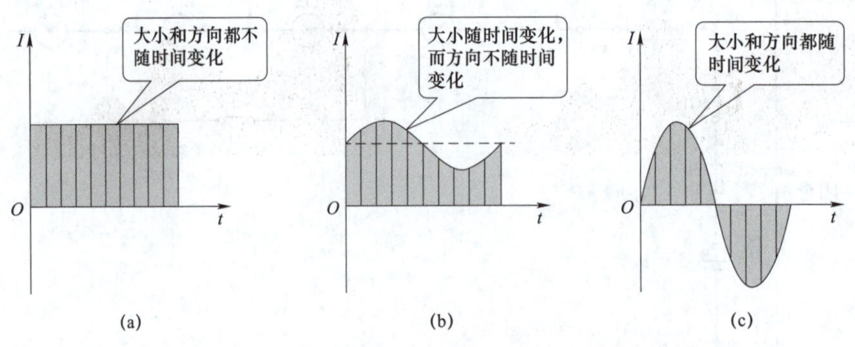


图 1－7　直流电与交流电的图形对比

（a）稳恒直流电；（b）脉动直流电；（c）交流电

电流的大小用电流强度进行衡量，可用电流表直接测量。测量时应注意：电流表必须与被测电路串联；使用前应根据被测电流的大小选择适当的量程，在无法估计电流范围时，应选用较大的量程开始测量。

（2）电动势。

电动势是反映电源把其他形式的能量转换成电能本领的物理量。电动势使电源两端产生电压。在电路中，电动势常用 $E$ 表示，单位是伏（V）。电动势的方向规定为从电源的负极经过电源内部指向电源的正极，即电位升高的方向，与电源两端电压的方向相反。电压与电动势是两个不同的物理量，电动势是表明电源的一种特性的物理量，是电源具有的，是把其他形式的能量转换为电能的能力；而电压表明的是电场中两点间电势的差值，是反映电场力做功本领的物理量，但它们的单位都是伏特（V），而且断路时的路端电压等于电源电动势。

**思考：**电动势的评价方法是什么？通过测量断路（开路）时的路端电压（开路电压），来间接评价对应的电动势。但开路电压不一定就等于电动势，为什么？

（3）电位。

电场力将单位正电荷从某点移到参考点（零电位点）所做的功叫做该点的电位。某点的电位等于该点到电路参考点的电压，常用带下标的符号 $V$ 表示；电位的单位为伏特，用字母 V 表示。为求得电路中各点的电位值，必须选择一个参考点，在实际电路中常以机壳或大地为参考点，即把机壳或大地的电位规定为零电位，称为接地。零电位的符号为⊥（表示接大地）或 ⏚（表示接机壳）。

电位概念的理解可以用海拔高度的概念进行类比，如图 1–8 所示。电位相对于海拔高度，零电位相对于海平面。

**思考：**如图 1–8 所示为海拔和相对高度与电位和电压概念的图形对比，图中电位 $V_{甲}$、$V_{乙}$、$V_C$ 分别为多少？电压 $U_{甲-乙}$、$U_{乙-C}$、$U_{甲-C}$ 分别为多少？

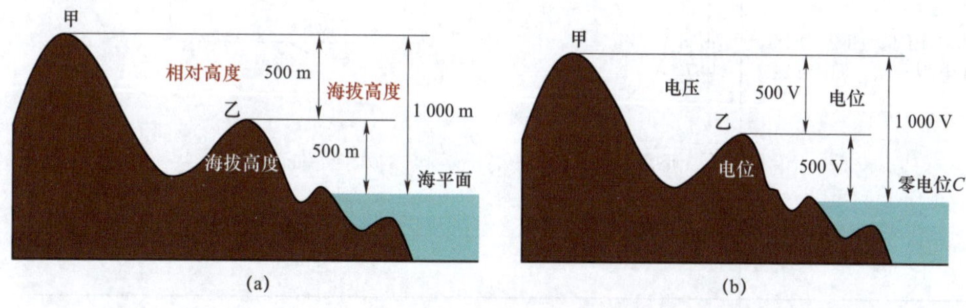


图 1–8　海拔和相对高度与电位和电压概念的图形对比

（a）海拔和相对高度；（b）电位和电压

## 课外学习表

1. 请根据表 1-10 中所示的海拔高度图和电路图，分别计算图对应的海拔高度和电位值。

表 1-10 分别计算图对应的海拔高度和电位值

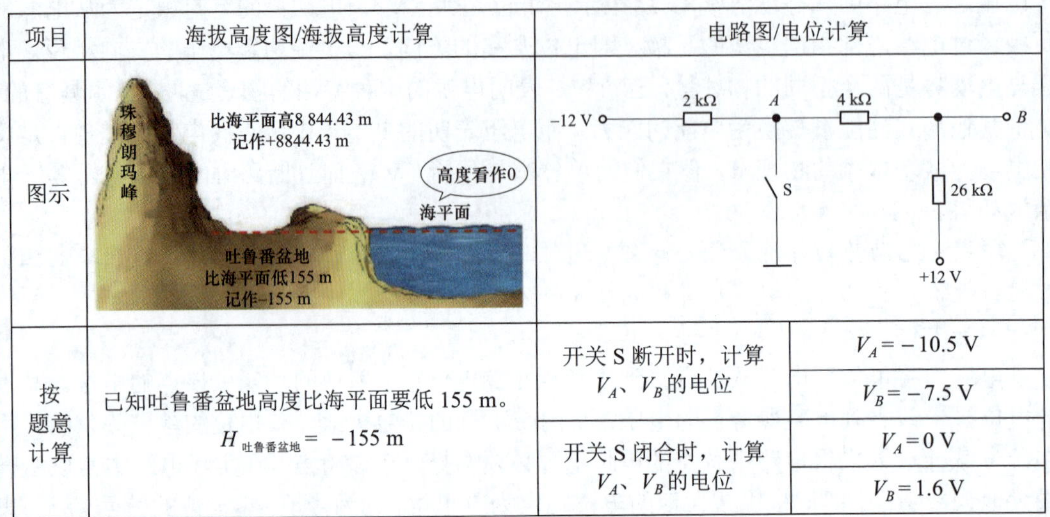

<table>
<tr><th>项目</th><th>海拔高度图/海拔高度计算</th><th colspan="2">电路图/电位计算</th></tr>
<tr><td>图示</td><td>珠穆朗玛峰<br>比海平面高8 844.43 m<br>记作+8844.43 m<br>高度看作0<br>海平面<br>吐鲁番盆地<br>比海平面低155 m<br>记作-155 m</td><td colspan="2">−12 V, 2 kΩ, A, 4 kΩ, B, S, 26 kΩ, +12 V</td></tr>
<tr><td rowspan="4">按题意计算</td><td rowspan="4">已知吐鲁番盆地高度比海平面要低 155 m。<br>$H_{吐鲁番盆地} = -155$ m</td><td rowspan="2">开关 S 断开时，计算 $V_A$、$V_B$ 的电位</td><td>$V_A = -10.5$ V</td></tr>
<tr><td>$V_B = -7.5$ V</td></tr>
<tr><td rowspan="2">开关 S 闭合时，计算 $V_A$、$V_B$ 的电位</td><td>$V_A = 0$ V</td></tr>
<tr><td>$V_B = 1.6$ V</td></tr>
</table>

2. 请根据表 1-11 中所示的电路图，分别计算图对应的电位值。

表 1-11 分别计算图对应的电位值

| 已知条件（状态） | 电路图/电位计算 |
|---|---|
| 已知灯 EL1、EL2、EL3、EL4 电阻一致，+B 为 12V 电源 | K2, 2, K1, 3, EL1, 4, EL2, 5, EL3, 6, EL4, 7, K4, FU1 7.5 A, 1, +B, 8 |
| 当开关 K1 闭合时，计算此时 5 点的电位 | $V_5 = 6$ V |
| 当开关 K1、K4 闭合时，计算此时 5 点的电位 | $V_5 = 6$ V |
| 当开关 K1、K2、K4 闭合时，计算此时 5 点的电位 | $V_5 = 0$ V |

（4）电压。

电压也称作电势差或电位差。电压是推动电荷定向移动形成电流的原因。电流之所以能够在导线中流动，也是因为在电流中有着高电势和低电势之间的差别。在电路中，任意两点之间的电位差称为这两点的电压。电压的正方向规定从高电位指向低电位，即电压降低的方向。电压通常用字母 $U$ 表示，在国际单位制中的主单位是伏特（V）。常用单位还有千伏（kV）、毫伏（mV）、微伏（μV）。

根据上述电压、电位的定义，电路中任意两点之间的电压就等于这两点间的电位差，即

$$U_{ab}=V_a-V_b \tag{1-3}$$

**注意：**电位和电压是有区别的。**电位是相对值**，与参考点的选择有关；**电压则是绝对值**，与参考点的选择无关。

电压的大小可用电压表测量，测量时应注意：电压表必须与被测电路并联；使用前应根据被测电压的大小，选择适当的量程。

高低压的区别是以电气设备的对地的电压值为依据的。对地电压高于 1 000 V 的为高压，对地电压小于或等于 1 000 V 的为低压。

（5）电功率。

在物理学中，用电功率表示电能做功的快慢。电功率用 $P$ 表示，它的单位是瓦特，简称瓦，符号是 W，常用单位还有千瓦（kW），1 kW＝1 000 W。电流在单位时间内做的功叫做电功率，即

$$P=W/t=IU=I^2R=U^2/R \tag{1-4}$$

式中，$W$ 为电流所做的功，单位为 J；

$t$ 为做功所用的时间，单位为 s；

$P$ 为电功率，单位为 W。

（6）电动势、电势、电位和电压的比较（见表 1－12）。

表 1－12　电动势、电势、电位和电压的比较

| 名称 | 电动势 | 电势 | 电位 | 电压 |
|---|---|---|---|---|
| 定义 | 在电场中，某点电荷的电势能跟它所带的电荷量之比 | 电动势的简称。<br>由低电位指向高电位，即电位升的方向 | 某点的电位等于该点到电路参考点的电压 | 等于电路中两点的电位差，即电压降 |
| 角度 | 非电场力（外力）做功的本领 | 从能量角度上描述电场的物理量 | 把单位正电荷某点带到零电位点所消耗的电能 | 单位正电荷在电场内这两点间移动时所做的功 |
| 单位 | 伏特（V），电压表可测 | 伏特（V），电压表可测 | 伏特（V），电压表可测 | 伏特（V），电压表可测 |
| 符号 | $E$ | $E$ | $V$ | $U$ |
| 参考点 | 规定参考点 | 规定参考点 | 规定参考点，一般参考零电位。<br>接地点符号 ⏚ | 任意两点间<br>公共点符号 ⊥ |
| 特性 | 衡量电源做功能力的物理量 | 物理学概念<br>静电场的一种标量 | 工程学（电工电子电力学）相对值 | 绝对值 |

2. 欧姆定律。

欧姆定律包括部分电路欧姆定律和全电路欧姆定律两个部分。

（1）部分电路欧姆定律。

不含电源的一段电路称为部分电路，实验证明，在一段电路中，通过电路的电流与这段电路两端的电压成正比，与这段电路的电阻成反比，这就是部分电路欧姆定律，即

$$I=U/R \tag{1-5}$$

（2）全电路欧姆定律。

一个实际电源可以表示为如图 1－9 所示。

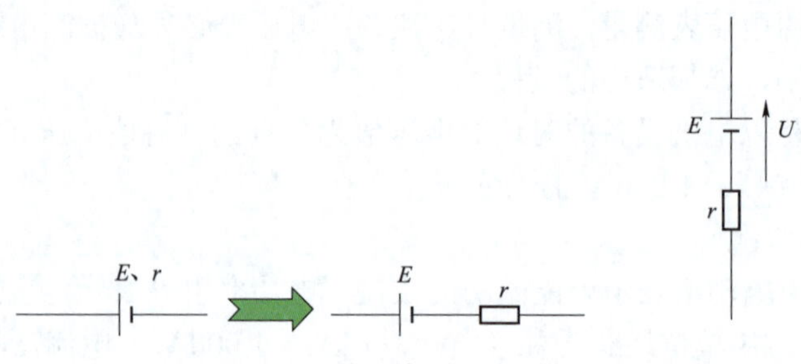


图 1－9　实际电源表示示意图

含有实际电源的闭合电路称为全电路，如图 1－10 所示，它包括内电路和外电路两部分。实验证明：在全电路中，通过电路的电流与电源电动势 $E$ 成正比，与电路的总电阻（$R+r$）成反比，即

全电路欧姆定律

$$I=E/(R+r) \tag{1-6}$$

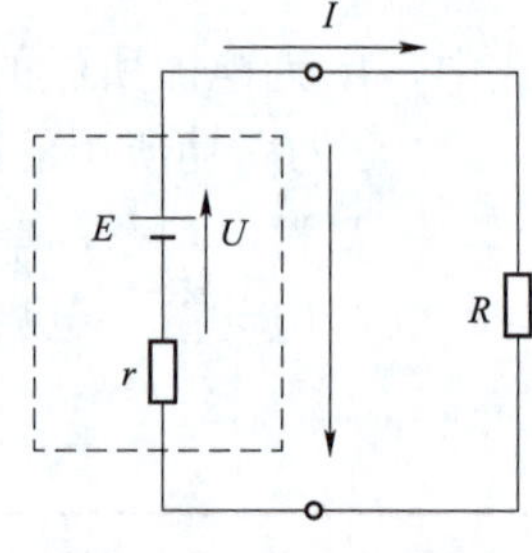


图 1－10　全电路

式中，$R$——外电路电阻，Ω；

$r$——内电路电阻，Ω；

$I$——电路中的电流，A；

$E$——电源的电动势，V。

由全电路欧姆定律得：

$$E=IR+Ir=U+U_r \tag{1-7}$$

式中，$U$ 为外电路电压降，也称路端电压，简称端电压；$U_r$ 为内电路电压降，也称内阻压降。所以，电源的电动势等于端电压与内阻压降之和。

**注意：**当外电路断开时，用电压表直接测量电源两极电压，其数值等于电源的电动势。

3. 汽车电路的串并联。

1）串联。

两个或两个以上电阻的首尾依次连接所构成的无分支电路叫作串联电路，如图 1－11 所示。电阻串联是指流过每个电阻的电流为同一电流。换言之，各个串联电阻之间没有（支路）分支电流。其总电阻直接等于各个分电阻相加。根据欧姆定律，可以得出两个串联电阻的分压公式及特性，如图 1－12 所示，各串联电阻的电压与其阻值成正比，阻值越大的电阻，分得的电压就越大。

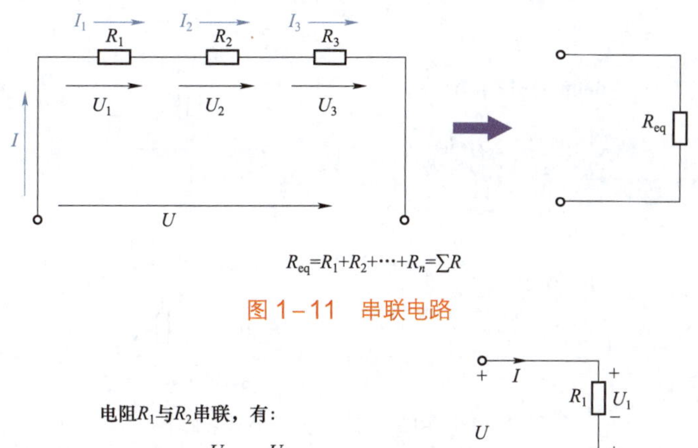


图 1-11 串联电路

电阻$R_1$与$R_2$串联，有：

$$R=R_1+R_2;\ I=\frac{U}{R}=\frac{U}{R_1+R_2}$$

分压公式
$$\begin{cases} U_1=IR_1=\dfrac{R_1}{R_1+R_2}U \\ U_2=IR_2=\dfrac{R_2}{R_1+R_2}U \end{cases}$$

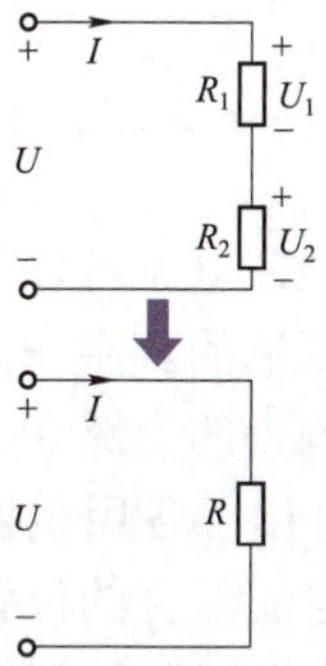

+ $I$ $R_1$ $U_1$ $U$ $R_2$ $U_2$ −

+ $I$ $U$ $R$ −

图 1-12 串联电路分压公式及特性

（1）用于降压。

当某一用电器的额定电压低于电源电压时，可在电路上串联一个适当电阻（降压电阻）。根据串联的电压分配规律，使分得的电压为额定工作电压。这里要注意与负载相串联的电阻，实际电功率不应超过它的额定功率。

（2）用来控制负载电源。

负载的工作状况与电流大小有直接关系，如直流电动机的转速与电流大小有关。如桑塔纳轿车空调中的鼓风机电路就串联3个电阻。通过鼓风机开关可以改变串联电阻的个数，达到改变鼓风机转速的目的。

2）并联。

两个或两个以上电阻的首尾接在相同两点之间所构成的电路叫作并联电路，如图 1-13 所示。电阻并联是指各电阻的电压为同一电压。换言之，所有并联电阻共用两个结点，首首相连，尾尾相连。根据欧姆定律，可以得出两个并联电阻的分流公式及特性，如图 1-14 所示，各并联电阻的电流与其阻值成反比，阻值越大的电阻，分得的电流就越小。

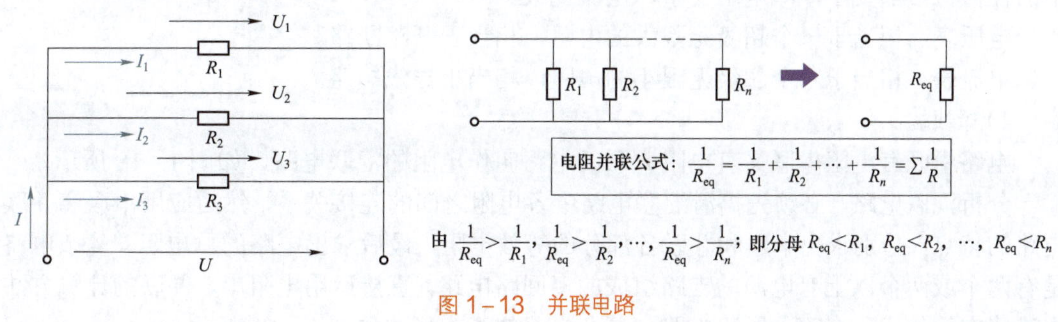


图 1-13 并联电路

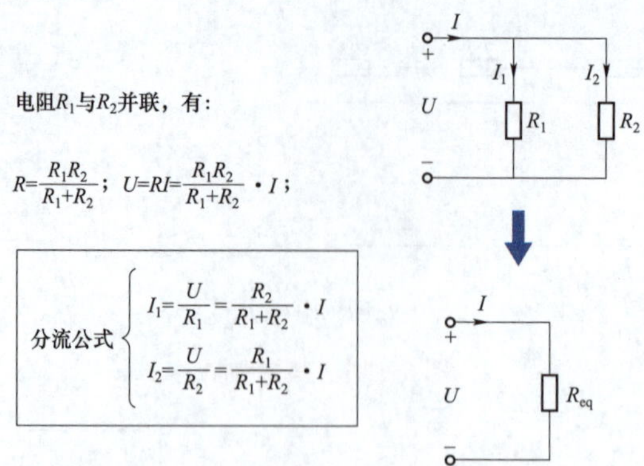

电阻$R_1$与$R_2$并联，有：
$R=\frac{R_1R_2}{R_1+R_2}$；$U=RI=\frac{R_1R_2}{R_1+R_2}\cdot I$；
分流公式
$I_1=\frac{U}{R_1}=\frac{R_2}{R_1+R_2}\cdot I$
$I_2=\frac{U}{R_2}=\frac{R_1}{R_1+R_2}\cdot I$
$I$
$I_1$
$I_2$
$U$
$R_1$
$R_2$
$R_{eq}$


图 1－14　并联电路的分流公式及特性

并联电路的特点是：电流可以有两条（或多条）路径；各元器件可以独立工作，用电器之间的工作是互不影响的。主干路的开关控制整个干路，分支路的开关只控制本支路；断开一条支路，不影响别的支路。

如图 1－15 所示，由于各用电器是并列连接的，电流会有多个分支，我们把电流分开的位置叫分流点，把电流汇合的位置叫汇合点。分流点以前、汇合点以后的那部分电路叫干路（主干部分），分流点以后、汇合点以前的那部分电路叫支路（分支部分）。

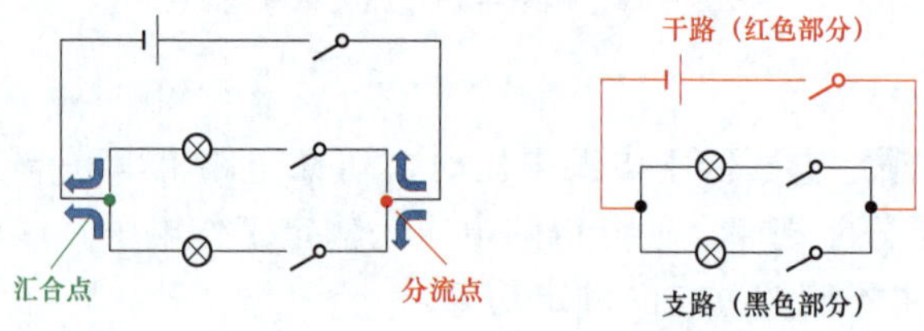


图 1－15　并联电路的特点示意图

3）串联与并联的对比。

如图 1－16 所示，根据串联与并联电路的特点，可以归纳总结为一句话：串联分压，并联分流。如图 1－17 所示，用水流作形象的对比，可以物以类比，加深理解。

串联，就是把两段水管顺接起来，相当于水管加长了。水流过的两个管子（不管粗细）的流量是一样的，在电路中相当于电流是相等的。

并联，就是两段水管并排捆绑起来，相当于水管加粗了。水管并联后流入粗管子（阻力小）的水量大，水可以更快通过，在电路中相当于总电阻减小，而且总电阻比两个电阻中的任何一个都要小，即电阻变小，电流变大。

电压表，相当于一个超级无限大的电阻，相当于开路断路。

电流表，相当于一个超级无限小的电阻，相当于导线短路。

4）混联。

电路中既有电阻串联又有电阻并联的电路叫作电阻的混联电路，如图 1－18 所示。

分析混联电路，必须先搞清混联电路中各电阻之间的连接关系，然后应用串联和并联电路的特点，分别求出串联和并联各部分的等效电阻，最后求出电路的总电阻。复杂电路是有两个或两个以上有电源的支路组成的多回路电路，直接运用电阻串、并联的计算方法很难将它简化成一个简单回路电路。复杂电路的基本形式如图 1－19 所示。

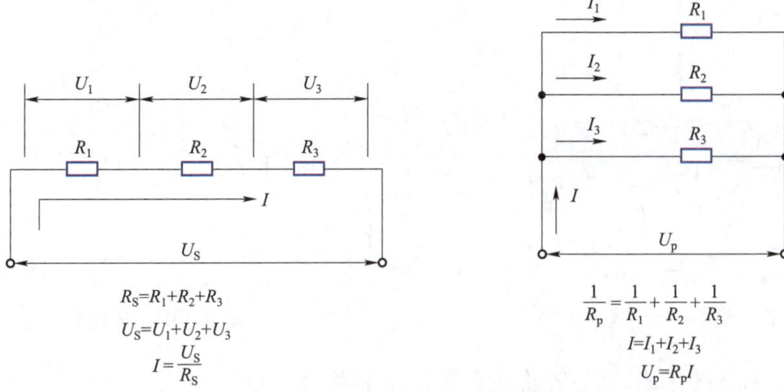


图 1-16　串联与并联电路的对比

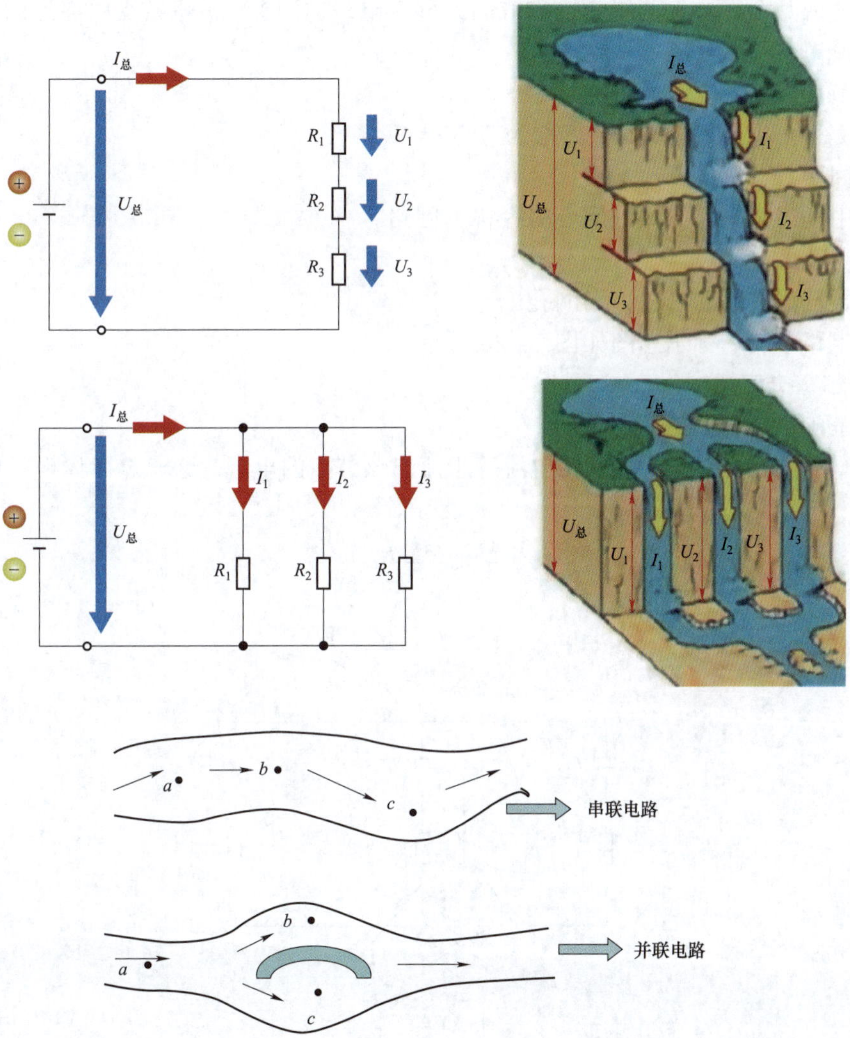

串联电路

并联电路

图 1-17　水流的并联与并联对比

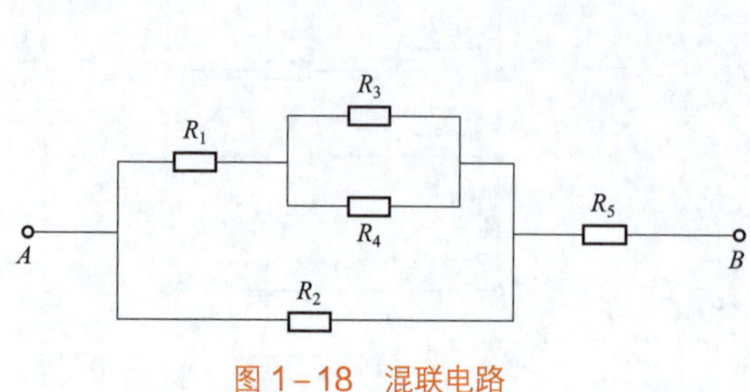

图 1-18　混联电路

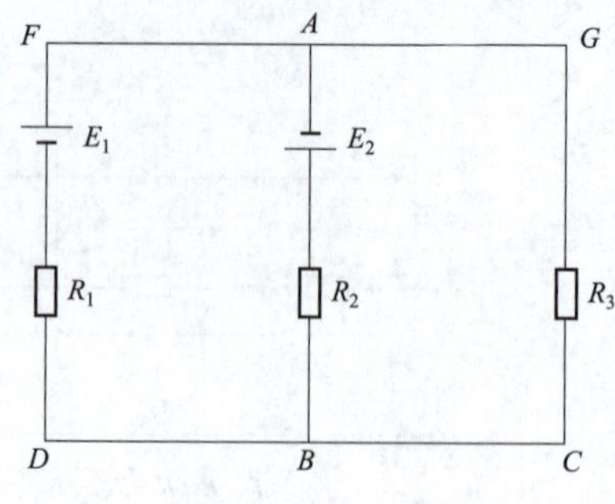

图 1-19　复杂电路的基本形式

对于复杂电路的基本形式来说，下面几个名称要分清：

（1）支路。

有 1 个或几个元器件首尾相接构成的无分支电路称为支路。每条支路流过的电流，称为支路电流。

（2）节点。

3 条或 3 条以上支路的汇合点称为节点。

（3）回路。

电路中任一由支路组成的闭合路径称为回路。

（4）网孔。

不包含任何支路的回路称为网孔。

复杂电路中的名称示意图如图 1-20 所示。

4. 基尔霍夫定律。

（1）基尔霍夫电流定律 KCL。

在任一瞬间，流向任一节点的电流等于流出该节点的电流。这一定律体现了电流的连续性，即

$$\sum I_{\text{in}} = \sum I_{\text{out}} \tag{1-8}$$

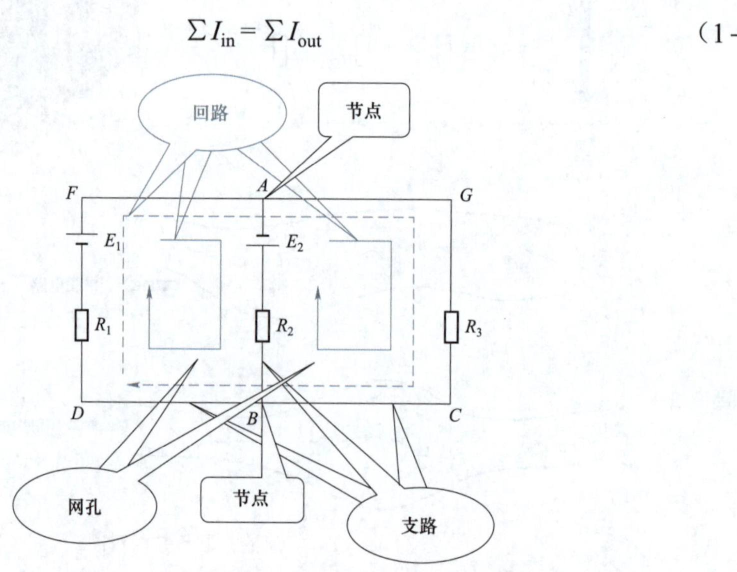

图 1-20　复杂电路中的名称示意图

或者在任一节点上，电流的代数和永远等于零，即

$$\sum I=0 \tag{1-9}$$

例如，对于如图 1-21 中节点之间的电流满足：

$$I_1+I_5=I_2+I_3+I_4 \tag{1-10}$$

$$I_1+(-I_2)+(-I_3)+(-I_4)+I_5=0 \tag{1-11}$$

**注意：**在不知道电流实际方向时，可以任意标定支路电流方向，这个方向就是该电流的参考方向。

对于如图 1-22 所示的汽车电路而言，对于节点 $a$

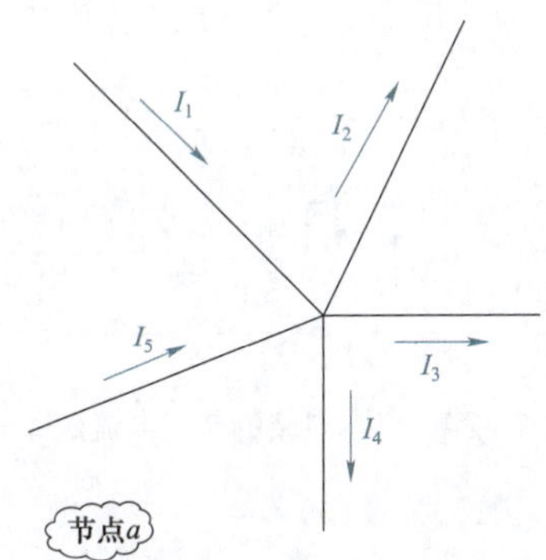


图 1-21 节点电流法

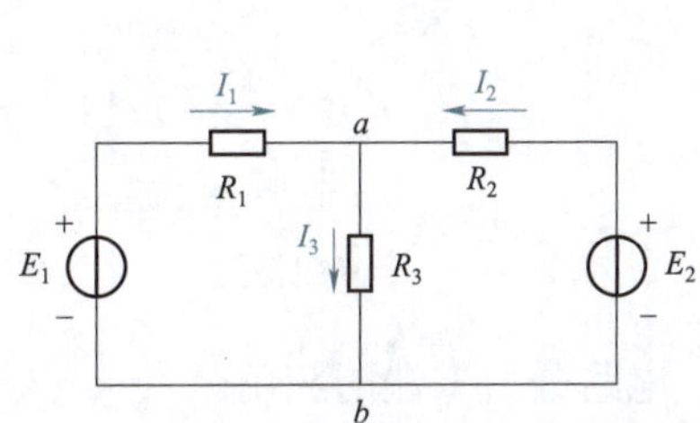


图 1-22 汽车电路的节点电流法

$$I_1+I_2=I_3 \tag{1-12}$$

或

$$I_1+I_2-I_3=0 \tag{1-13}$$

对于节点 $b$ 请读者自己列出节点方程。

（2）基尔霍夫电压定律 KVL。

基尔霍夫电压定律又称为回路电压定律，它是指在任一瞬间，从回路中任一点出发，沿回路循行一周，则在这个方向上的电位升之和等于电位降之和。

$$\sum U=0 \tag{1-14}$$

在任一瞬间，沿任一回路方向，在任意一个闭合回路中，各段电阻上电压降的代数和等于该段电源电动势的代数和。

$$\sum IR=\sum E \tag{1-15}$$

如图 1-23 所示，以 A 点为起点的电压方程为

$$I_1R_1+E_1-I_2R_2-E_2+I_3R_3=0 \tag{1-16}$$

或

$$I_1R_1-I_2R_2+I_3R_3=-E_1+E_2 \tag{1-17}$$

对于如图 1-24 所示的汽车电路而言：

对回路 1

$$E_1=I_1R_1+I_3R_3 \tag{1-18}$$

或

$$I_1R_1+I_3R_3-E_1=0 \tag{1-19}$$

对回路 2

$$I_2R_2+I_3R_3=E_2 \tag{1-20}$$

或

$$I_2R_2+I_3R_3-E_2=0 \tag{1-21}$$

注意：

① 考虑支路电流时可以先自行任意假设各个支路电流方向，如果实际计算出的支路电流为正，说明实际电流方向与假设一致；如果实际计算出的支路电流为负，则说明实际电流方向与假设相反。

② 列方程前先标注回路循行方向，回路的“绕行方向”是任意选定的。

③ 应用$\sum U=0$列方程时，项前符号的确定：如果规定电位降取正号，则电位升就取负号。

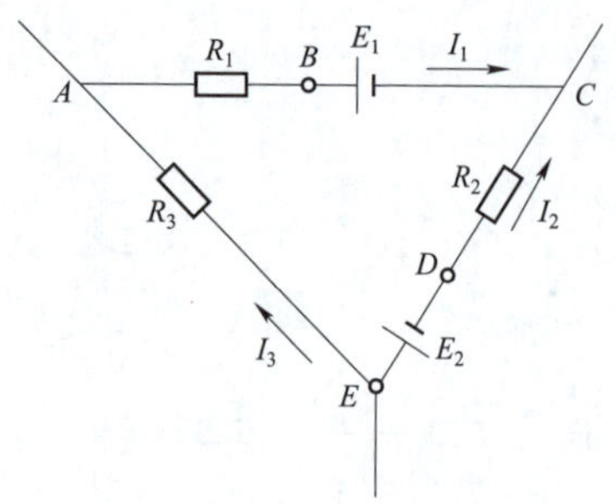


图 1-23　节点电流法

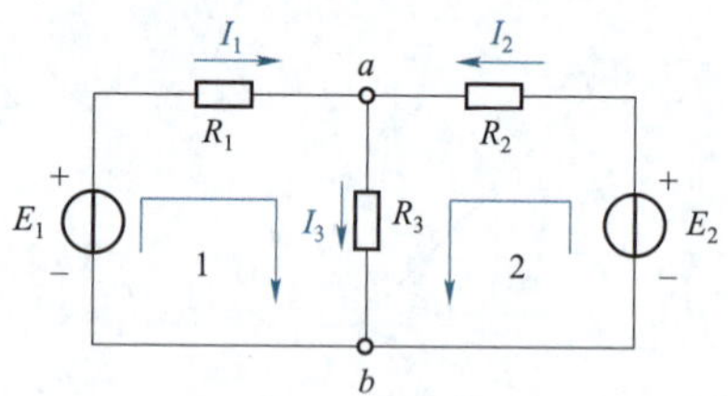


图 1-24　汽车电路的节点电流法

5. 电路分析方法的应用。

（1）支路电流法。

对于一个复杂电路，先假设各支路的电流方向和回路方向，再根据基尔霍夫电流定律，列出方程式来求解各个支路电流的方法即为支路电流法。

（2）回路电压法。

先把复杂电路分成若干个网孔，并假设各回路的电流方向，然后根据基尔霍夫电压定律列出各回路的电压方程式，联立求解电路的方法即为回路电压法。

例：已知电源电动势 $E_1=42\text{ V}$，$E_2=21\text{ V}$，电阻 $R_1=12\ \Omega$，$R_2=3\ \Omega$，$R_3=6\ \Omega$，求各电阻中流过的电流。

解：

① 设各支路的电流方向、回路绕行方向如图 1-25 中所标。

② 列出节点 $b$ 的电流方程式：

$$I_1=I_2+I_3 \tag{1-22}$$

③ 列出回路的电压方程式：

$$-E_2+I_2R_2-E_1+I_1R_1=0 \tag{1-23}$$

$$I_3R_3-I_2R_2+E_2=0 \tag{1-24}$$

④ 代入已知数解方程，求出各支路的电流：$I_1=4\text{ A}$　　$I_2=5\text{ A}$　　$I_3=-1\text{ A}$

⑤ 确定各支路电流的方向。

答：流过电阻 $R_1$ 的电流为 4A，方向向上；流过电阻 $R_2$ 的电流为 5A，方向向下；流过电阻 $R_3$ 中的电流为 1A，方向向上。

（3）等电位法（“捏走搭”三部曲）。

对于一个复杂全欧姆电路，可以利用实际工程中常用的等电位法进行简化，如图 1-26

所示，简化成直观的串并联电路，以方便电路的观察与计算。

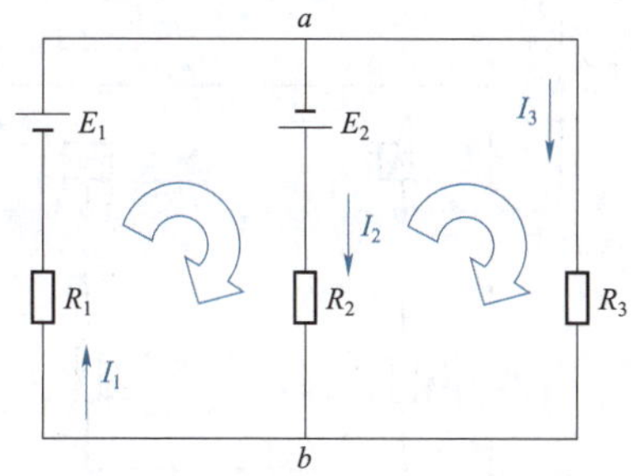


图 1-25　回路电压法分析示例

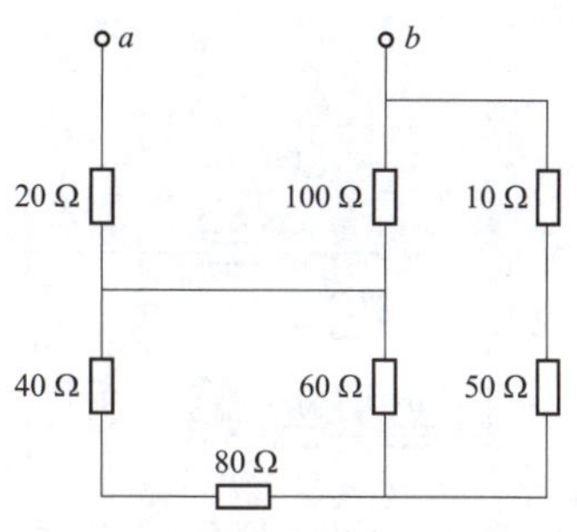


图 1-26　等电位法分析示例

对于一个复杂全欧姆电路，可以利用实际工程中常用的等电位法进行简化，简化成直观的串并联电路，以方便电路的观察与计算。如图 1-26 所示电路图，计算 $R_{ab}$ 的电阻为多少？

第一步："捏"字诀（等电位法的巧妙应用）。

在如图 1-26 所示的电路图中，根据等电位标出电路中对应的等电位点，如 $c$、$d$。注意本步的要诀在于电路中公共的节点用等电位点符号标识，如图 1-27 所示。

第二步："走"字诀。

如图 1-28 所示，将 $R_{ab}$ 的电路分解，走简单的 $a{\to}c{\to}b$、$a{\to}c{\to}d{\to}b$、$a{\to}c{\to}d{\to}b$ 并联支路。

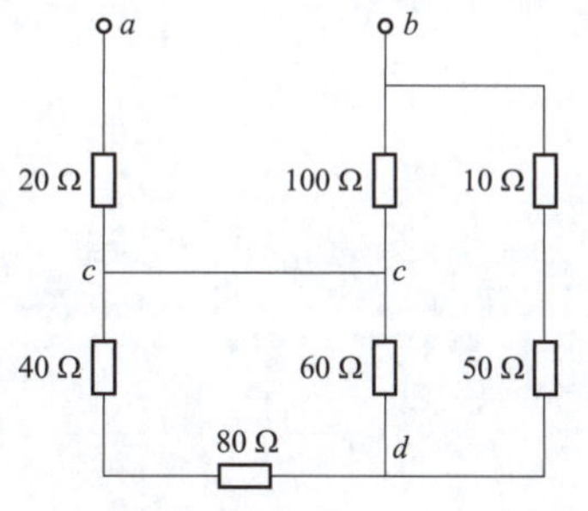


图 1-27　等电位法分析示例——"捏"字诀

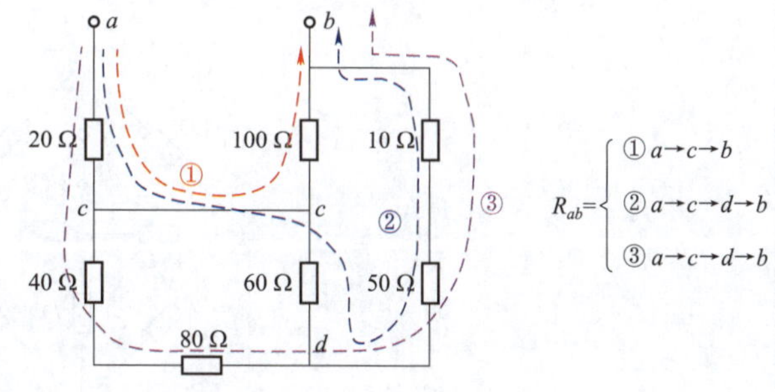


图 1-28　等电位法分析示例——"走"字诀

第三步："搭"字诀。

如图 1-29 所示，将如图 1-26 所示电路图，按如图 1-28 所示的简化支路走法，重新搭建以 $a{\to}b$、$a{\to}c{\to}b$、$a{\to}c{\to}d{\to}b$ 并联支路的电路图，即可进行电路的总电阻计算：

$$R_{ab}=\{20+[100//((60//120)+60)]\}=\{20+[100//((40)+60)]\}=\{20+[100//(100)]\}=\{20+[50]\}=70\ \Omega \tag{1-25}$$

如图 1-30 所示，用仿真软件对电路进行仿真，用 12 V 电源采样总电流为 171.13 mA，可计算得：

$$R_{ab}=x=\frac{12}{0.171\,13}=70.12\ \Omega$$

与理论计算的 $R_{ab}$ 基本一致。

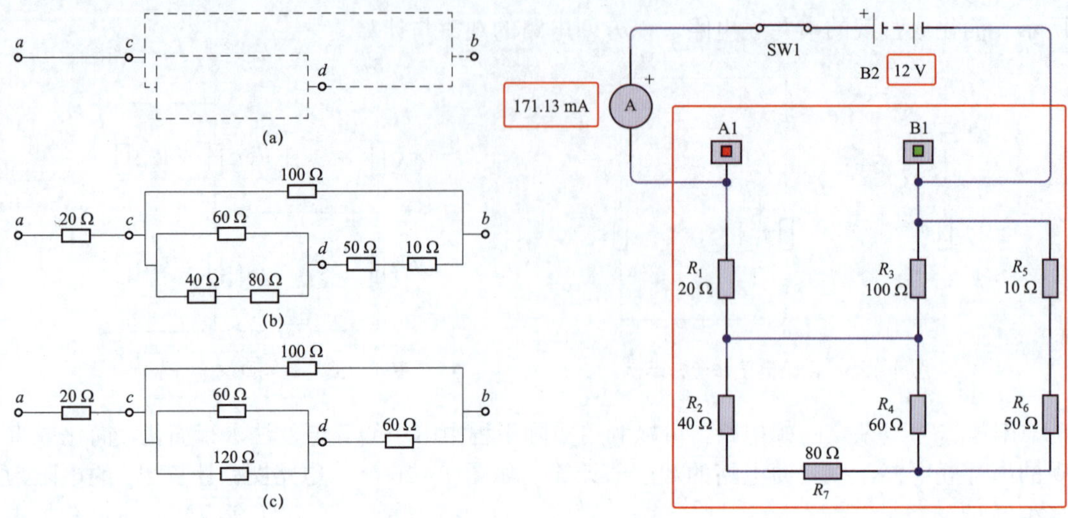


图 1-29　等电位法分析示例——“搭”字诀　　　图 1-30　等电位法分析示例的仿真电路

**课外学习表**

1. 请根据图 1-31 所示的示例电路图，用等电位法（“捏走搭”三部曲）分析电路并计算总电阻 $R_{ab}$，如表 1-13 所示。(注：电路计算中用“+”表示串联关系，用“//”表示关联关系。

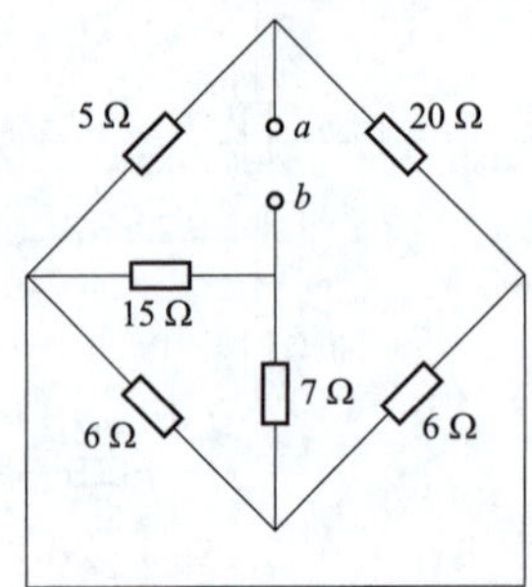


图 1-31　示例电路图

表 1-13　等电位法分析步骤

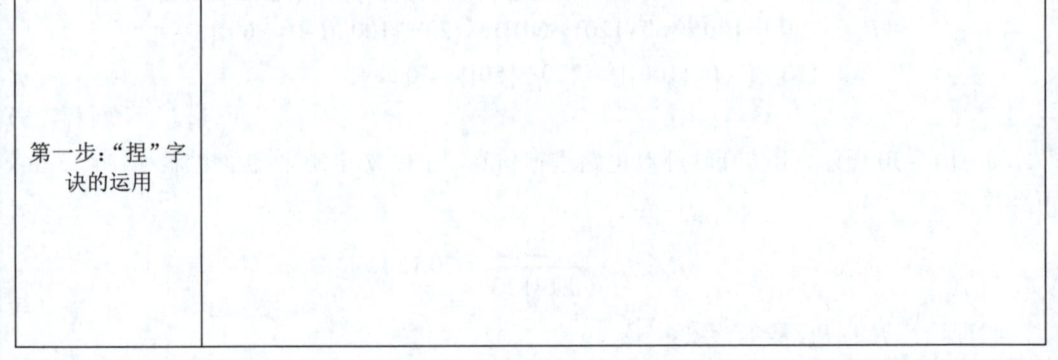

| 第一步：“捏”字诀的运用 | |
|---|---|

续表

| | |
|---|---|
| 第二步："走"字诀的运用 | |
| 第三步："搭"字诀的运用 | |
| 第四步：计算总电阻 $R_{ab}$ | |

学习表 2　简单灯光电路焊接前测量

1. 请根据如图 1－32 所示的灯光控制电路图，用万用表测量电子元器件，完成表 1－14～表 1－16。（注：＋B 电源为 12VDC）

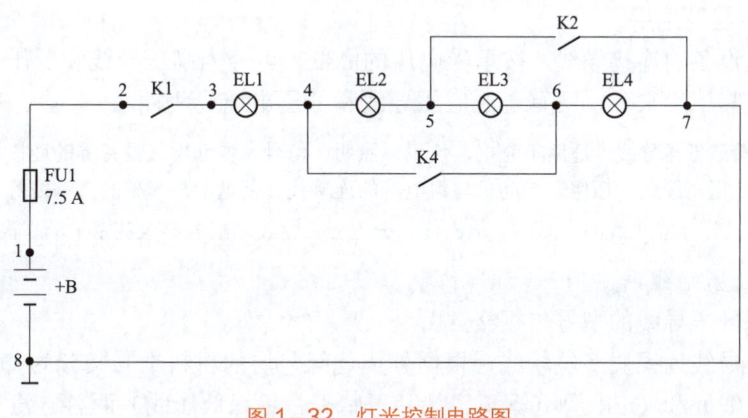


图 1－32　灯光控制电路图

续表

1）开关与灯泡的选用（根据保险丝限定电流与电源计算功率）（见表 1-14）。

表 1-14　开关与灯泡的选用（根据保险丝限定电流与电源计算功率）

| 开关 K1<br>最大允许电流 | | 开关 K1<br>最大允许功率计算 | |
|---|---|---|---|
| 灯 EL<br>最大允许电流 | | 灯 EL<br>最大允许功率计算 | |

2）欧姆定律的应用，计算电流，选用导线粗细规格，焊接时选用（见表 1-15）。

表 1-15　计算电流，选用导线粗细规格，焊接时选用

| 支路电流计算/A | | 应用场景 | 导线规格/$mm^2$ |
|---|---|---|---|
| 线路 $L_{1-2}/L_{7-8}$ 最大电流 | | | |
| 支路 $L_{4-5}/L_{5-6}/L_{6-7}$ 支路最大电流 | | | |

3）电烙铁的选用及焊接注意事项（见表 1-16）。

表 1-16　电烙铁的选用及焊接注意事项

| 电烙铁规格选用 | 适合的焊接使用手法 | 注意事项 |
|---|---|---|
| | | |

**参考信息：简单灯光电路的焊接**

焊接简单灯光电路首先需要选用必要的线路、电子元器件材料，再使用可靠的电工工具进行电路的焊接制作。

1. 汽车导线及选用。

汽车电气设备的连接导线，按承受电压的高低，可分为高压导线和低压导线两种。其中低压导线按其用途来分，又有普通低压导线和低压电缆线两种。

- 低压导线
  - 普通低压导线：适用于充电、仪表、照明、信号及辅助电气设备等的连接导线
  - 低压电缆线：适用于起动机与蓄电池的连接线、蓄电池与车架的搭铁线等
- 高压导线：适用于点火线圈（高压）输出线、分电器盖至发动机各缸火花塞上的（高压）分线等

1）普通低压导线。

（1）普通低压导线的型号与规格。

普通低压导线为铜质多丝软线，根据外皮绝缘包层的材料不同又分为 QVR 型（聚氯乙烯绝缘低压线）和 QFR 型（聚氯乙烯-丁腈复合绝缘低压线）两种。汽车用低压导线的型号与规格如表 1-17 所示。

表 1－17 汽车用低压导线的型号与规格

| 型号 | 名称 | 标称截面积/mm² | 芯线结构 | | 绝缘层标称厚度/mm | 导线最大外径/mm |
|---|---|---|---|---|---|---|
| | | | 根数 | 直径/mm | | |
| QVR | 聚氯乙烯绝缘低压线 | 0.5 | | | 0.6 | 2.2 |
| | | 0.6 | | | 0.6 | 2.3 |
| | | 0.8 | 7 | 0.39 | 0.6 | 2.5 |
| | | 1.0 | 7 | 0.43 | 0.6 | 2.6 |
| | | 1.5 | 17 | 0.52 | 0.6 | 2.9 |
| | | 2.5 | 19 | 0.41 | 0.8 | 3.8 |
| | | 4 | 19 | 0.52 | 0.8 | 4.4 |
| | | 6 | 19 | 0.64 | 0.9 | 5.2 |
| | | 8 | 19 | 0.74 | 0.9 | 5.7 |
| | | 10 | 49 | 0.52 | 1.0 | 6.9 |
| | | 16 | 49 | 0.64 | 1.0 | 8.0 |
| | | 25 | 98 | 0.58 | 1.2 | 10.3 |
| | | 35 | 133 | 0.58 | 1.2 | 11.3 |
| | | 50 | 133 | 0.68 | 1.4 | 13.3 |

（2）普通低压导线截面积的选择。

低压导线的截面积可以根据用电设备的负载电流的大小进行选择。其原则一般为：长时间工作的电气设备可选用实际载流量 60%的导线；短时间工作的用电设备可选用实际载流量 60%～100%的导线。同时，还应考虑电路中的电压降和导线发热等情况，以免影响用电设备的电气性能和超过导线的允许温度。为保证一定的机械强度，一般低压导线截面积不小于 0.5 mm。汽车用低压导线的允许载流量如表 1－18 所示。

表 1－18 汽车用低压导线的允许载流量

| 铜芯导线截面积/mm² | 0.5 | 0.75 | 1.0 | 1.5 | 2.5 | 4 | 6 | 10 | 16 | 25 | 35 | 50 |
|---|---|---|---|---|---|---|---|---|---|---|---|---|
| 载流量（60%） | 7.5 | 9.6 | 11.4 | 14.4 | 19.2 | 25.2 | 33 | 45 | 63 | 82.8 | 102 | 129 |
| 载流量（100%） | 12.5 | 16 | 19 | 24 | 32 | 42 | 55 | 75 | 105 | 138 | 170 | 215 |

2）低压电缆线。

低压电缆线是由铜丝编织而成的软铜线，其截面积有 25 mm²、35 mm²、43 mm²、50 mm²、70 mm² 等多种规格，根据用途的不同有起动电缆和搭铁电缆之分。

起动电缆用来连接蓄电池与起动机开关的主接线柱，允许电流达 500～1 000 A，为了保证起动机能正常工作，并发出足够的功率，要求在线路上每 100 A 的电流电压降不得超过 0.1 V。搭铁电缆即为蓄电池负极与车架的搭铁线，国产汽车常用的搭铁线长度有 300 mm、450 mm、600 mm、760 mm 4 种。

汽车上多根导线外表一般都会根据需要包覆成线束，车用安全气囊线束规定用黄色标识的线束及插头以示区别于其他线束。

3）高压导线。

高压导线用来传送高电压，传统汽车上主要有点火线圈（高压）输出线，由于工作电压很高（一般在 15 kV 以上），电流较小，因此高压导线的绝缘包层很厚，耐压性能好，但线芯截面积很小。国产汽车用高压点火线，可分为普通铜芯高压线和高压阻尼线两种。高压阻尼线可抑制或衰减点火系统所产生的对无线电设备干扰的电磁波，目前已广泛使用。新能源汽车由于普遍采用了高压动力电池，因此其高压线束是特制的，其外表用醒目的橙色加以标识。

2. 剥线钳及使用方法。

剥线钳为内线电工、电机修理、仪器仪表电工常用的工具之一，专供电工剥除电线头部的表面绝缘层用。剥线钳的使用方法是将待剥皮的线头置于钳头的刃口中，用手将两钳柄一捏，然后一松，绝缘皮便与芯线脱开。

3. 热缩管及使用方法。

热缩管广泛应用于电子设备的接线防水、防漏气，电线分支处的密封固定，金属管线的防腐保护，电线电缆的修补等场合。将热缩管预先套在母线上，待所有元器件安装完毕，螺钉已紧固后，将热缩管铺平，放在适当的位置，用热风加热器将热缩管热缩在母线上即可。一般都是用烙铁放在热缩管上来回加热使其缩到不能缩即可。

含胶双壁热缩套管外层采用优质的聚烯烃合金，内层由热熔胶复合加工而成。外层具有绝缘、防腐、耐磨等优点，内层具有低熔点、防水密封和机械应变缓冲性能等优点。

4. 电烙铁及使用方法。

1）常用电烙铁的分类。

（1）内热式电烙铁。由连接杆、手柄、弹簧夹、烙铁芯、烙铁头（也称铜头）5部分组成。烙铁芯安装在烙铁头内（发热快，热效率高）。烙铁芯采用镍铬电阻丝绕在瓷管上制成，一般 20 W 的电烙铁的电阻为 2.4 kΩ 左右，35 W 的电烙铁的电阻为 1.6 kΩ 左右。

（2）外热式电烙铁。一般由烙铁头、烙铁芯、外壳、手柄、插头等部分组成。烙铁头安装在烙铁芯内，用以热传导性好的铜为基体的铜合金材料制成。烙铁头的长短可以调整（烙铁头越短，烙铁头的温度就越高），且有凿式、尖锥形、圆面形和半圆沟形等不同的形状，以适应不同焊接面的需要。如图 1-33 所示为外热式与内热式电烙铁。

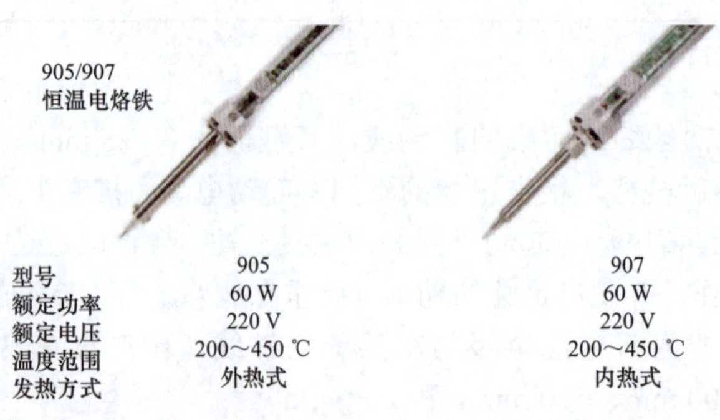


图 1-33 外热式与内热式电烙铁

（3）其他烙铁。

① 恒温电烙铁。恒温电烙铁的烙铁头内，装有磁铁式的温度控制器来控制通电时间，实现恒温的目的。在焊接温度不宜过高、焊接时间不宜过长的元器件时，应选用恒温电烙铁，但它价格较高。

② 吸锡电烙铁。吸锡电烙铁是将活塞式吸锡器与电烙铁溶于一体的拆焊工具，它具有使用方便、灵活、适用范围宽等特点；不足之处是每次只能对一个焊点进行拆焊。

③ 气焊烙铁。一种用液化气、甲烷等可燃气体燃烧加热烙铁头的烙铁。气焊烙铁适用于供电不便或无法供给交流电的场合。

2）电烙铁的功率。

电烙铁的工作电源一般采用 220 V 交流电。电工通常使用 20 W、2 W、30 W、35 W、40 W、45 W、50 W 的烙铁。

一般来说，电烙铁的功率越大，热量越大，烙铁头的温度越高。焊接集成电路、印制线路板、集成电路一般选用 20 W 内热式电烙铁。使用的烙铁功率过大，容易烫坏元器件（一般极管、三极管节点温度超过 200 ℃时就会烧坏）和使印制导线从基板上脱落；使用的烙铁功率太小，焊锡不能充分熔化，焊剂不能挥发出来，焊点不光滑，不牢固，易产生虚焊。若焊接时间过长，也会烧坏器件，一般每个焊点在 1.5～4 s 内完成。

3）电烙铁的选用。

（1）选用电烙铁的原则。

① 烙铁头的形状要适应被焊件物面要求和产品装配密度。

② 烙铁头的顶端温度要与焊料的熔点相适应，一般要比焊料熔点高 30～80 ℃（不包括在电烙铁头接触焊接点时下降的温度）。

③ 电烙铁热容量要恰当。

（2）选择电烙铁功率的原则。

① 焊接集成电路、晶体管及其他受热易损的元器件时，考虑选用 20 W 内热式电烙铁或 25W 外热式电烙铁。

② 焊接较粗导线及同轴电缆时，考虑选用 50 W 内热式电烙铁或 45～75 W 外热式电烙铁。

③ 焊接较大元器件时，如金属底盘接地焊片，应选 100 W 以上的电烙铁。

4）电烙铁的使用。

（1）电烙铁的握法。

如图 1－34 所示，电烙铁的握法分为反握法、正握法和握笔法 3 种。

① 反握法。反握法是用五指把电烙铁的柄握在掌内。此法适用于大功率电烙铁，焊接散热量大的被焊件。

② 正握法。正握法适用于较大的电烙铁，弯形烙铁头的电熔铁一般也用此法。

③ 握笔法。用握笔的方法握电烙铁，此法适用于小功率电烙铁，焊接散热量小的被焊件，如焊接收音机、电视机的印制电路板等。

（2）电烙铁使用前的处理。

在使用前先通电给烙铁头“上锡”。接上电源，当烙铁头温度升到能熔锡时，将烙铁头在松香上沾涂一下，等松香冒烟后再沾涂一层焊锡，如此反复进行 2～3 次，使烙铁头的刃面全部挂上一层锡便可以使用了。

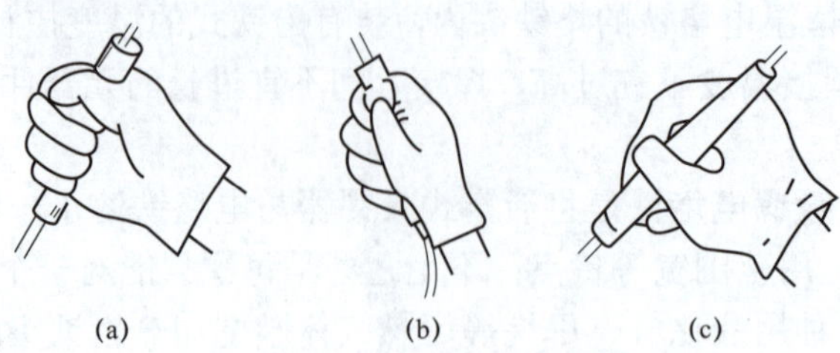

图 1-34 电烙铁的握法

（a）反握法；（b）正握法；（c）握笔法

**素养课堂：**

## 职业素养（7S 管理）：安全生产与人身自我保护意识培养

电烙铁工作时温度很高，焊接时，注意个人防护，以免触碰到高温部件。电烙铁不使用时要注意及时归位，必要时需要断电，切忌不可人离开后电烙铁还在通电工作！

应注意防止烫伤！如有发生烫伤事故，及时用大量的清水冲洗降温，之后及时就医。

## 三、成绩评价

| 成绩评价方法 | 评分值 |
| --- | --- |
| 组内评价（A） | |
| 教师评价（B） | |
| 综合成绩＝A×50%＋B×50% | |
| 说明：<br>1. 组内评价分：组长负责，组员按百分制打分，取组员平均值。<br>2. 评价内容包括：任务完成度（50%）＋实际参与度（15%）＋规范操作（20%）＋7S 管理（15%），未参加工作任务、未提交作业记 0 分。 | |

# 任务 3 简单灯光电路诊断

## 一、任务信息

| 任务难度 | 初级 | | |
| --- | --- | --- | --- |
| 学时 | | 班级 | |
| 成绩 | | 日期 | |
| 姓名 | | 教师签名 | |
| 案例导入 | 如何用汽车电路故障诊断知识对一个简单灯光不能点亮的故障进行诊断？预习要点在于故障诊断方法如何应用。 | | |

续表

| | | |
|---|---|---|
| 案例导入 | 打开汽车灯光开关，灯不能点亮，简单检查发现保险丝存在熔断，思考为什么说直接更换保险丝的做法是不合适的？<br>案例导入 | |
| 能力目标 | 知识 | 1. 能够说明汽车电路的基本状态。<br>2. 能够说明汽车电路的基本功能。<br>3. 能够说明电路检测仪器的功能 |
| | 技能 | 1. 能够对比分析简单灯光电路的正常与故障状态下的功能。<br>2. 能够运用故障诊断知识对简单灯光电路进行原因分析。<br>3. 能够运用万用表对电路进行故障诊断与排除 |
| | 素养 | 1. 掌握万用表的基本操作规程。<br>2. 掌握汽车电路的基本故障诊断思维。<br>3. 能够养成基于严谨、规范、爱岗敬业等工匠精神的工作态度。<br>4. 具备一定的团队组织管理、品质控制等基础管理素养 |

## 二、任务流程

### （一）任务准备

从一个实际的电路故障排除案例学习故障诊断的技巧。请扫描下方二维码进行学习。

电路故障诊断思维的学习

### （二）任务实施

工作表 1 简单灯光电路的故障诊断

1. 故障诊断前准备。

1）请根据如图 1-35 所示的简单灯光电路图，按图在实验箱上连接电路，并确保电路实现功能正常。

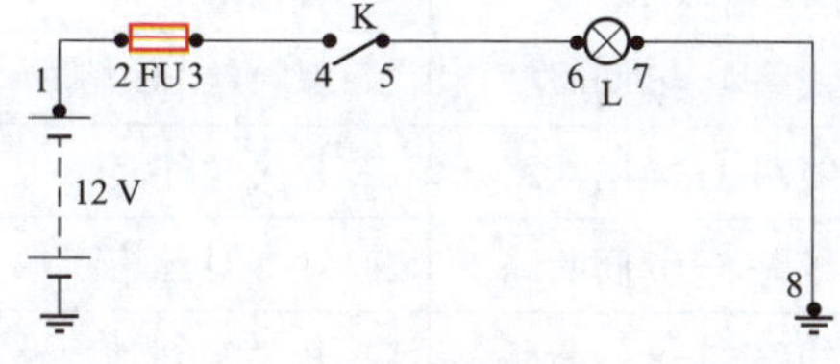


图 1-35 简单灯光电路图

续表

2）按电路实现功能的测量要求，测量电路相关参数是否正确？电路实现功能是否正常？

根据已学知识，思考判断电路连接符合电路图要求的方法有哪些？从现场工程的角度、批量管理的角度进行阐述，完成表 1－19 中的内容。

表 1－19　电路连接“工程质量”的品质控制方法思考

| 方法序号 | 方法名称 | 优缺点分析 | 适合应用场合 |
| --- | --- | --- | --- |
| 1 | 数线法 | | |
| 2 | 功能法 | | |
| 3 | 按图走线法 | | |
| 4 | 电位法 | | |

3）在确保电路连接正常的情况下，由教师根据需要（学生对故障的理解有偏差的情况）对实验箱电路设置故障。

2. 请根据给定条件完成简单灯光电路的故障诊断。

1）故障症状：已知 12 V 电源为正常，K 闭合，灯 L 不亮；在表 1－20 中勾选可能原因。

表 1－20　简单灯光电路的故障可能原因分析

| 可能原因 | □ 蓄电池电量不足 | □ 蓄电池搭铁不良 |
| --- | --- | --- |
| | □ 线路 1—2 间断路 | □ 保险丝 FU 熔断 |
| | □ 线路 3—4 间断路 | □ 开关 K 不良 |
| | □ 线路 5—6 间断路 | □ 灯 L 灯丝熔断 |
| | □ 线路 7—8 间断路 | □ 线路 1—2 对地短路 |
| | □ 开关 K 对地短路 | □ 线路 3—4 对地短路 |
| | □ 线路 5—6 对地短路 | □ 线路 7—8 对地短路 |

2）在上述灯 L 不能点亮的情况下，如果开关 K 闭合时，万用表测量端子 4 和 5 间电压 $U_{4-5}$ 读数为 0 V，在表 1－21 中勾选可能原因。

表 1－21　在灯 L 不亮故障状态下，$U_{4-5}$ = 0V 的可能原因分析

| 开关 K 闭合，万用表测量端子 4 和 5 的电压读数为 0 的可能原因 | □ 蓄电池电量不足 | □ 蓄电池搭铁不良 | □ 线路 1—2 对地短路 |
| --- | --- | --- | --- |
| | □ 线路 1—2 间断路 | □ 保险丝 FU 熔断 | □ 线路 3—4 对地短路 |
| | □ 线路 3—4 间断路 | □ 开关 K 不良 | □ 线路 5—6 对地短路 |
| | □ 线路 5—6 间断路 | □ 灯 L 灯丝熔断 | □ 线路 7—8 对地短路 |
| | □ 线路 7—8 间断路 | □ 开关 K 对地短路 | |

续表

3）在灯 L 不亮、$U_{4-5}=0$ V 测量基础上，移动万用表位置到不同的两个位置，则：

（1）如果移动万用表表针，测量的是端子 4 和 6 间电压 $U_{4-6}$ 读数为 12 V，则在表 1－22 中勾选可能原因。

表 1－22 在灯 L 不亮故障状态下，$U_{4-5}=0$ V 的可能原因分析

| 开关 K 闭合，万用表测量端子 4 和 6，读数为 12 的可能原因 | □ 蓄电池电量不足 | □ 蓄电池搭铁不良 | □ 线路 1－2 对地短路 |
|---|---|---|---|
| | □ 线路 1—2 间断路 | □ 保险丝 FU 熔断 | □ 线路 3—4 对地短路 |
| | □ 线路 3—4 间断路 | □ 开关 K 不良 | □ 线路 5—6 对地短路 |
| | □ 线路 5—6 间断路 | □ 灯 L 灯丝熔断 | □ 线路 7—8 对地短路 |
| | □ 线路 7—8 间断路 | □ 开关 K 对地短路 | |

（2）如果移动万用表表针，测量的是端子 3 和 6 间电压 $U_{4-6}$ 读数为 12 V，则在表 1－23 中勾选可能原因。

表 1－23 在灯 L 不亮故障状态下，$U_{3-6}=12$ V 的可能原因分析

| 开关 K 闭合，万用表测量端子 3 和 6，读数为 12 的可能原因 | □ 蓄电池电量不足 | □ 蓄电池搭铁不良 | □ 线路 1—2 对地短路 |
|---|---|---|---|
| | □ 线路 1—2 间断路 | □ 保险丝 FU 熔断 | □ 线路 3—4 对地短路 |
| | □ 线路 3—4 间断路 | □ 开关 K 不良 | □ 线路 5—6 对地短路 |
| | □ 线路 5—6 间断路 | □ 灯 L 灯丝熔断 | □ 线路 7—8 对地短路 |
| | □ 线路 7—8 间断路 | □ 开关 K 对地短路 | |

3. 思考总结。

1）请对上述故障的诊断与排除做思考总结，对断路和短路的故障，在具体检查技巧上有什么不同，并填在表 1－24 中？

表 1－24 故障诊断后思考总结

| 故障类型 | 故障特点 | 优势与劣势比较 | 适合场合 |
|---|---|---|---|
| 断路 | （1）局部性的线路位置，但对功能影响可能是全局性的。<br>（2）故障检测需要不断缩小范围，耗时长 | 精准、检查耗时长 | 故障的检查、精确定位 |
| 短路 | （1）局部性的线路位置，但对功能影响基本是全局性的。<br>（2）一处短路，相关线路全局处于短路状态 | 涉及范围广、是否短路基本可一次性判定 | 排除法 |

2）对保险丝熔断的思考。

（1）保险丝熔断的可能原因有哪些？请分析。

续表

| (2) 如果发现保险丝有熔断的情况，比较合理的检查方法应如何设计？ |
| --- |
| |

**参考信息：汽车电路的基本状态与万用表等仪器及使用方法**

1. 汽车电路的基本状态。

电路有空载、短路、有载工作 3 种状态，分别对应电路的断路或开路、短路和通路（包括虚接），如图 1－36 所示。

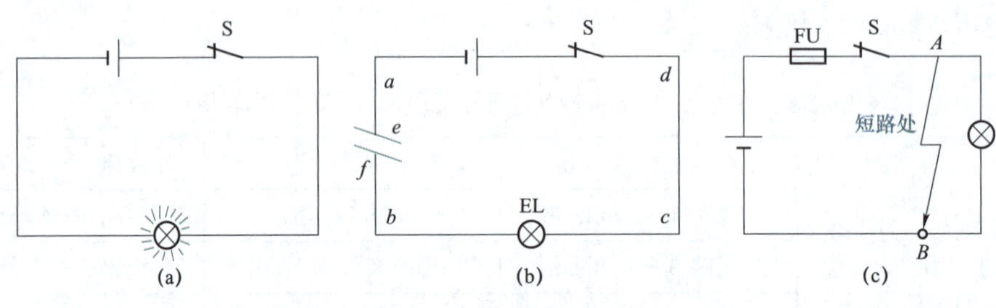


图 1－36　电路的 3 种基本状态

（a）通路；（b）断路/开路；（c）短路

负载在额定功率下的工作状态叫作额定工作状态或满载，低于额定功率的工作状态叫作轻载，高于额定功率的工作状态叫作过载或超载。由于过载很容易烧坏电器设备，所以一般情况下不允许电路出现过载。

1）有载（通路）状态。

电路中有电流流过，电源输出电功率，负载取用电功率，称为有载工作状态。

（1）通路。

通路（Closed Circuit/Conduction）在汽车电路中，是指当电源、开关和负载（如灯泡、电动机等电器设备）通过导线形成一个闭合回路时，电路处于通路状态。此时，电流可以从电源正极经由导线流过负载，然后回到电源负极（或通过车体接地），使负载正常工作，此时电路中有电流通过。

（2）虚接。

通路的另外一种异常状态是虚接，其本质是导致电路的电阻变大，但电路仍能工作。

电路的虚接（Virtual Disconnection 或称假性断路、接触不良）是指在电路中，本应导通的两点之间由于接触电阻增大或实际未完全连接而使电流无法顺畅通过的现象。这种情况通常发生在导线连接点、插头插座、开关触点或者电子元件焊点等位置，可能是由于以下原因造成的：

① 接触面氧化、磨损或腐蚀导致接触电阻增加。

② 插接件松动，接触压力不足，造成时断时续的接触状态。

③ 焊接质量不佳，如虚焊（焊接表面看似连接但内部并未形成良好的金属熔融结合）。

④ 导线老化、绝缘层破损引起的局部短路或断路。

⑤ 长期振动、热胀冷缩等因素影响下的连接松动。

电路虚接会导致电气设备不能正常工作，或者工作效率降低，严重时可能会引发过热、火灾等安全问题。在汽车电路中，虚接可能导致灯光不亮、仪表显示异常、电气功能失效等问题，对行车安全和车辆性能产生不利影响。检测与修复电路虚接是汽车电路维修的重要内容，也是难点之一。

2）空载（开路或断路）状态。

当开关 S 断开，电路中电流为 0，这称为空载，也称为断路或开路，电源与负载没有接通成闭合回路，电源不输出电功率。

断路（Open Circuit/Disconnection）是指电路中的某个部分出现断裂或者接触不良导致电流无法流动时，电路就处于断路状态。在这种状态下，无论怎样操作开关，负载都无法得到电力供应，因此不会工作。例如，熔断器烧断、电线破损或者接头松脱等情况都会造成断路。

当电路开关没有闭合，或者导线没有连接好，或元器件烧坏时，即电路在某处断开，处在这种状态的电路叫作断路/开路。如图 1－36（b）中 $e$、$f$ 之间的导线断开造成电路断路，则：

① 电路不能正常工作，也就是图中灯泡不能发光。

② 断路点所在电路中电流为 0。

③ 电压特点：与电源负极相连的各点（如 $a$、$e$）与电源负极间的电压为 0，与电源正极相连的各点（如 $b$、$c$、$d$、$f$）与电源负极之间的电压等于电源电压。

3）短路状态。

（1）短路定义及危害。

短路（Short Circuit）是指电源未经负载而直接由导体接通构成闭合回路或者某一用电器两端被一阻值很小的导体直接接通，从而使电流不经过预定路径而产生异常大电流的情况。短路会导致电流瞬间剧增，可能损坏电路元件，包括熔断保险丝、烧蚀线路甚至引发火灾。常见的短路原因包括线路绝缘层破损、金属物不慎搭接到电路上、电气元件内部短路等。

如图 1－36（c）所示的电路中，电流不经灯泡而由短路点 $A$、$B$ 构成回路。当电源两端的导线由于某种事故而直接相连，这时电源输出电流不经过负载，只经过连接导线直接流回电源。这种状态称为短路状态，简称短路。短路时的电流称为短路电流，用 $I_s$ 表示。因为电源内阻 $R_0$ 很小，故 $I_s$ 很大。短路时外电路的电阻为 0，故电源和负载的端电压均为 0。这时，电源所产生的电能全部被电源内电阻消耗转变为热能，故电源的输出功率和负载取用的功率均为 0，极易引起电源起火或爆炸。因为 $I_s$ 很大，短路时电源本身及 $I_s$ 所流过的导线温度剧增，将会损坏绝缘，烧毁设备，甚至引起火灾。因此电路短路是一种严重的事故，应尽力避免。为防止短路所产生的严重后果，通常在电路中接入熔断器或自动开关，以能在发生短路时迅速切断故障电路，而确保电源和其他电气设备的安全运行。

当电路发生短路时，则：

① 用电器无法正常工作，连接电源的导线会发热，甚至燃烧。

② 点 $a$、$b$ 所在的电路电流非常大，点 $c$、$d$ 所在的电路电流为 0。

③ 用电器两端电压为 0。

④ 注意：电源短路是一种很危险的状态，在电路中一定要避免。

（2）汽车电路的短路形式。

由于汽车电路的特点，决定了汽车电路的短路形式有一定的规律可循。根据汽车电路短路的特点，可以分为对电源短路、对地短路和线路互相短路。

**工作表 2　简单灯光电路的故障诊断**

1. 故障诊断前准备。

1）请根据如图 1-37 所示的简单灯光电路图，按图在实验箱上连接电路，并确保电路实现功能正常。

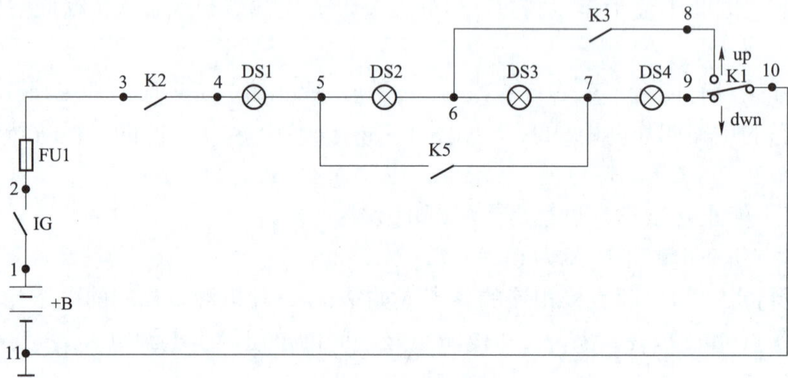


图 1-37　简单灯光电路图

2）按电路实现功能的测量要求，测量电路相关参数是否正确？电路实现功能是否正常？

根据已学知识，思考判断电路连接符合电路图要求的方法有哪些？从现场工程的角度、批量管理的角度进行阐述，完成表 1-25 的内容。

表 1-25　电路连接“工程质量”的品质控制方法思考

| 方法序号 | 方法名称 | 优缺点分析 | 适合应用场合 |
|---|---|---|---|
| 1 | 数线法 | | |
| 2 | 功能法 | | |
| 3 | 按图走线法 | | |
| 4 | 电位法 | | |

3）计算条件：$U_{+B}=12V$；$R_{DS1}=R_{DS2}=R_{DS3}=R_{DS4}=3\ \Omega$（数据仅供参考，以实际实验箱的实测数值为准）。计算线路电阻和实际实验箱电路测量结果填写于表 1-26 中，思考是否还有其他用最少检查项目快速测量线路是否正确的方法？

续表

表 1-26 通电前线路计算记录表

| 检查项目 | 计算结果 | 实验箱实测数值 | 不一致的原因分析 |
| --- | --- | --- | --- |
| 4 点与 9 点之间的电阻 | 12 Ω | | |
| 5 点与 7 点之间的电阻 | 6 Ω | | |

4）通电检测：在确保电路连接正常的情况下测量。

在相关开关开闭状态下，对实物连接进行电位、电流测量，并对测试数据进行简单分析，并将结果填写于表 1-27 中。

表 1-27 通电后线路测量数据记录表

| 检查项目 | | 测量结果 | 计算结果 | 错误原因分析 |
| --- | --- | --- | --- | --- |
| K2 闭合，K1 在 dwn 位置 | $V_5$ | | 9 V | |
| | $V_6$ | | 6 V | |
| | $V_7$ | | 3 V | |
| | $U_{5-9}$ | | 9 V | |
| | $U_{6-7}$ | | 3 V | |
| | $I_{DS1}$ | | 1 A | |
| | $I_{DS3}$ | | 1 A | |
| K1 在 up 位置且 K2、K3 闭合 | $V_5$ | | 6 V | |
| | $V_6$ | | 0 V | |
| | $V_7$ | | 0 V | |
| | $U_{5-9}$ | | 6 V | |
| | $U_{7-9}$ | | 0 V | |
| | $I_{DS1}$ | | 2 A | |
| | $I_{DS3}$ | | 0 A | |
| K1 在 up 位置，且 K2、K3、K5 均闭合 | $V_5$ | | 4 V | |
| | $V_7$ | | 4 V | |
| | $V_9$ | | 4 V | |
| | $U_{4-9}$ | | 0 V | |
| | $U_{7-9}$ | | 0 V | |
| | $I_{DS3}$ | | 2.67 A | |
| | $I_{DS4}$ | | 0 A | |

续表

5）在确保电路连接正常的情况下，由教师根据需要（学生对故障的理解有偏差的情况）对实验箱电路设置故障。

2. 请根据给定条件完成简单灯光电路的故障诊断。

照虎画猫：学习参考简单灯光电路的故障诊断样本（见表 1－28）。

**表 1－28　简单灯光电路的故障诊断样本**

<table>
<tr><td colspan="5">故障检查记录分析表一（样本）</td></tr>
<tr><td>故障症状描述</td><td colspan="4">（1）K2 闭合，灯 DS1、DS2、DS3、DS4 均不亮；<br>（2）K2、K3、K5 闭合，K1 置于 Up 位置时，灯 DS1、DS2 亮（灯 DS3 不亮）</td></tr>
<tr><td>电路正常功能</td><td colspan="4">（1）K2 闭合（K3 无论是否闭合），灯 DS1、DS2、DS3、DS4 均亮（串联）；<br>（2）K2、K5 闭合（K3 无论是否闭合），灯 DS1、DS4 亮（串联）；<br>（3）K2、K3 闭合，K1 置于 up 位置时，灯 DS1、DS2 亮（串联）；<br>（4）K2、K3、K5 闭合，K1 置于 up 位置时，灯 DS1+（DS2//DS3）亮</td></tr>
<tr><td rowspan="2">具体可能原因分析</td><td colspan="4">根据故障症状、结合原理图，分析所有可能的原因；</td></tr>
<tr><td colspan="4">根据故障症状，可以得出：灯 DS3 及线路 6—7 存在故障</td></tr>
<tr><td rowspan="8">检修步骤、结果分析与判断</td><td colspan="2">检查方法描述</td><td>结果记录</td><td>分析与判断</td></tr>
<tr><td>上电，打开 IG 开关</td><td>测量电路的电源及 IG 端是否正常</td><td>$U=12$ V</td><td>电源与 IG 端正常</td></tr>
<tr><td>K2 闭合</td><td>测量 6 点电位</td><td>$V_6=12$ V</td><td>6 点电位正常（线路 1—6 正常）</td></tr>
<tr><td>K2 闭合</td><td>测量 7 点电位</td><td>$V_7=0$ V</td><td>7 点电位异常（或线路 6—7 故障）</td></tr>
<tr><td>K2、K5 闭合</td><td>测量 7 点电位</td><td>$V_7=6$ V</td><td>7 点电位正常(线路 7—9—10 正常)</td></tr>
<tr><td>K2、K5、K3 闭合</td><td>测量 $U_{76}$</td><td>$U_{7-6}=6$ V</td><td>线路 6—7 故障</td></tr>
<tr><td>断电，关闭各开关</td><td>测量 6—7 电阻</td><td>无穷大</td><td>线路 6—7 点异常</td></tr>
<tr><td>断电，关闭各开关</td><td>测量灯泡 DS3 电阻</td><td>无穷大</td><td>灯泡 DS3 熔断</td></tr>
<tr><td>故障点排除确认</td><td colspan="4">根据各点测量结果，故障点在 6—7 点间（灯泡 DS3 熔断或灯座故障）。<br>更换灯泡 DS3，重新上电检查，电路功能恢复正常</td></tr>
</table>

续表

电路功能的二进制表格法如表 1－29 所示。

表 1－29 电路功能的二进制表格法

| 开关K2 | 开关K5 | 开关K3 | 开关K1 | 灯 DS3 故障态下的灯组合（0——不工作、1——工作） | | | | 正常态下的灯组合（0——不工作、1——工作） | | | |
|---|---|---|---|---|---|---|---|---|---|---|---|
| 0——opn<br>1——cls | 0——opn<br>1——cls | 0——opn<br>1——cls | 0——Up<br>1——Dwn | 灯 DS1 | 灯 DS2 | 灯 DS3 | 灯 DS4 | 灯 DS1 | 灯 DS2 | 灯 DS3 | 灯 DS4 |
| 0 | 0 | 0 | 1 | 0 | 0 | 0 | 0 | 0 | 0 | 0 | 0 |
| 0 | 0 | 1 | 1 | 0 | 0 | 0 | 0 | 0 | 0 | 0 | 0 |
| 0 | 1 | 0 | 1 | 0 | 0 | 0 | 0 | 0 | 0 | 0 | 0 |
| 0 | 1 | 1 | 1 | 0 | 0 | 0 | 0 | 0 | 0 | 0 | 0 |
| 1 | 0 | 0 | 1 | 0 | 0 | 0 | 0 | 1 | 1 | 1 | 1 |
| 1 | 0 | 1 | 1 | 0 | 0 | 0 | 0 | 1 | 1 | 1 | 1 |
| 1 | 1 | 0 | 1 | 1 | 0 | 0 | 1 | 1 | 0 | 0 | 1 |
| 1 | 1 | 1 | 1 | 1 | 0 | 0 | 1 | 1 | 0 | 0 | 1 |
| 0 | 0 | 0 | 0 | 0 | 0 | 0 | 0 | 0 | 0 | 0 | 0 |
| 0 | 0 | 1 | 0 | 0 | 0 | 0 | 0 | 0 | 0 | 0 | 0 |
| 0 | 1 | 0 | 0 | 0 | 0 | 0 | 0 | 0 | 0 | 0 | 0 |
| 0 | 1 | 1 | 0 | 0 | 0 | 0 | 0 | 0 | 0 | 0 | 0 |
| 1 | 0 | 0 | 0 | 0 | 0 | 0 | 0 | 0 | 0 | 0 | 0 |
| 1 | 0 | 1 | 0 | 1 | 1 | 0 | 0 | 1 | 1 | 0 | 0 |
| 1 | 1 | 0 | 0 | 0 | 0 | 0 | 0 | 0 | 0 | 0 | 0 |
| 1 | 1 | 1 | 0 | 1 | 1 | 0 | 0 | 1 | 1 | 0 | 0 |

3. 拓展练习。

请设置其他的故障，用故障诊断分析表（见表 1－30）对故障进行诊断与排除，并做好相应的填表工作及总结思考。

表 1－30 故障诊断分析表

| 故障检查记录分析表（空表） | |
|---|---|
| 故障症状描述 | |
| 电路正常功能 | |

续表

续表

| | | | | |
|---|---|---|---|---|
| 具体可能原因分析 | 根据故障症状，结合原理图，分析所有可能原因 | | | |
| | 根据故障症状，可以得出：________________<br>________________<br>________________ | | | |
| 检修步骤、结果分析与判断 | 检查方法描述 | | 结果记录 | 分析与判断 |
| | 上电，打开 IG 开关 | 测量电路的电源及 IG 端是否正常 | $U=12$ V | 电源与 IG 端正常 |
| | | | | |
| | | | | |
| | | | | |
| | | | | |
| | | | | |
| | | | | |
| | | | | |
| | | | | |
| | | | | |
| 故障点排除确认 | 根据各点测量结果，故障点在________________<br>________________。<br>________________，重新上电检查，电路功能恢复正常 | | | |

2. 万用表等仪器及使用方法。

1）汽车电路中常用的测量仪器概述。

汽车电路中常用的测量仪器包括但不限于以下几种：

（1）数字万用表：数字万用表是最基本的电路、电气检测工具，可以测量电压、电流、电阻等多种参数，是维修人员进行初步故障诊断和日常检查不可或缺的设备。

（2）示波器：示波器用于观察和分析电信号的变化过程，特别适用于对复杂电路中的瞬态信号或交流信号进行精确测量，如点火系统的波形分析、总线传输的信号分析等。

（3）电流钳：电流钳配合数字万用表使用，无须切断电路即可直接测量线路上的电流值，非常方便安全。市面上已有很多钳式万用表（电流表）集成了电流钳和数字万用表的功能。

（4）汽车电路检测仪：也称为汽车线路检测仪或汽车电路诊断仪、解码器，这类工具专为汽车电子控制系统设计，能够通过连接车辆故障诊断接口（OBD－II）读取故障码、数据流等，并具备测试特定电路通断、负载测试、电压测量等功能。

（5）试灯：又称试电笔，用来检测电路是否导通以及电源是否存在。试灯一端接在待测电路，另一端接触车身接地，根据灯泡是否点亮判断电路状态。注意试灯可用在常规电气电路的故障检测上，但不适合用于电子电路、总线传输的电路上，以免造成不必要的误判或损伤。

（6）跨接线：虽然不是严格意义上的测量仪器，但跨接线在电路检测时可以帮助临时建立一个外部电源连接，用于起动蓄电池亏电的车辆或者模拟电路通路进行简易检测。

（7）绝缘电阻测试仪：测量电线、电缆和其他部件的绝缘阻值，确保其良好的绝缘性能。对于新能源汽车的高压系统，绝缘电阻测试仪是必选项。

以上各种测量仪器在汽车电路维护与故障诊断过程中发挥着重要作用，选择合适的工具能更有效地识别和解决电路问题。本书限于电工电子技术的基础，重点对数字万用表的使用做介绍。

2）数字万用表。

如图 1－38 所示，万用表又称为复用表、多用表、三用表、繁用表等，是汽车电路检修不可缺少的测量仪表，最常用于测量电压、电流和电阻。

数字万用表相对示波器灯汽车专用仪器来说，属于比较简单的测量仪器。数字万用表的使用，需要从熟悉最基本的电压、电阻、电流、二极管等测量方法、规程开始，逐步深入到三极管、MOS 场效应管等的测量方法学习，本节重点介绍汽车电路中最常用的一些基本方法。

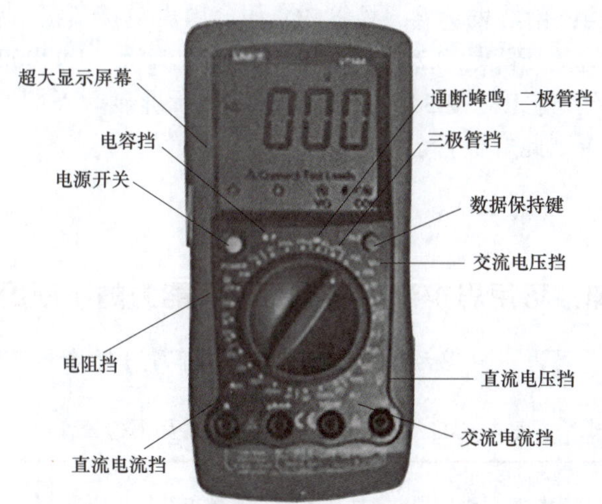


图 1－38 数字万用表（引用北理工出版社李兆平主编的《汽车电工电子技术》P29 页图）

（1）电压的测量。

① 直流电压的测量。首先将黑表笔插进“COM”孔，红表笔插进“VΩ”孔。把旋钮选到比估计值大的量程（注意：表盘上的数值均为最大量程，“V－”表示直流电压挡，“V～”表示交流电压挡，“A”是电流挡），接着把表笔接电源或电池两端，保持接触稳定。数值

可以直接从显示屏上读取，若显示为“1”，则表明量程太小，就要加大量程后再测量。如果在数值左边出现“–”，则表明表笔极性与实际电源极性相反，此时红表笔接的是负极。

② 交流电压的测量。表笔插孔与直流电压的测量一样，不过应该将旋钮打到交流挡“V～”处所需的量程即可。交流电压无正负之分，测量方法跟前面相同。无论测交流还是直流电压，都要注意人身安全，不要随便用手触摸表笔的金属部分。

（2）电流的测量。

① 直流电流的测量。先将黑表笔插入“COM”孔。若测量大于 200 mA 的电流，则要将红表笔插入“10 A”插孔并将旋钮打到直流“10 A”挡；若测量小于 200 mA 的电流，则将红表笔插入“200 mA”插孔，将旋钮打到直流 200 mA 以内的合适量程。调整好后，就可以测量了。将万用表表针串进电路中，保持稳定，即可读数。若数值左边出现“–”，则表明电流从黑表笔流进万用表。

② 交流电流的测量。测量方法与 1 相同，不过挡位应该打到交流挡位，电流测量完毕后应将红笔插回“VΩ”孔，若忘记这一步而直接测电压，万用表或电源很容易损坏报废。

（3）电阻的测量。

将表笔插进“COM”和“VΩ”孔中，把旋钮旋到“Ω”中所需的量程，用表笔接电阻两端金属部位，测量中可以用手接触电阻，但不要把手同时接触电阻两端，这样会影响测量精确度，人体电阻很大但也只是有限大的导体。读数时，要保持表笔和电阻有良好的接触。注意单位：在“200”挡时单位是“Ω”，在“2 k”到“200 k”挡时单位为“kΩ”，“2 M”以上的单位是“MΩ”。

（4）二极管的测量。

数字万用表可以测量发光二极管、整流二极管等，测量时，表笔位置与电压测量一样，将旋钮旋到“→|—”挡；用红表笔接二极管的正极，黑表笔接负极，就会显示二极管的正向压降。肖特基二极管的压降是 0.2 V 左右，普通硅整流管（1N4000、1N5400 系列等）约为 0.7 V，发光二极管为 1.8～2.3 V。调换表笔，显示屏显示“1”则为正常，因为二极管的反向电阻很大，否则此二极管已被击穿。

**素养课堂：**

## 工匠精神：巧用思辨法——学习总结能力的不断磨炼提升

如表 1–31 所示，思考在电路故障检修过程中如何利用断路和短路特性互相检查？

表 1–31　利用断路和短路特性互相检查

| 故障形式 \ 项目 | 互为转换思维应用 | 具体方法 | 结果判定 |
|---|---|---|---|
| 线路存在断路故障 | 断路的故障用短路的思维去查找问题 | 在断路的线路上，跨接电线，看特定点电位变化 | 跨接电线后，电位发生了变化，说明该位置是断路的部位 |
| 线路存在短路故障 | 短路的故障用断路的思维去查找问题 | 在短路的线路上，断开线路插头或回路，看特定点电位变化 | 线路局部断开后，电位发生了变化，说明该位置是短路的部位 |

### （三）知识拓展

1. 关于电路的有载工作状态。

为了保证电气设备和器件能安全、可靠和经济的工作，制造厂规定了每种设备和器件在工作时所允许的最大电流、最高电压和最大功率，这称为电气设备和器件的额定值，常用下标符号 N 表示，如额定电流 $I_N$、额定电压 $U_N$ 和额定功率 $P_N$。这些额定值常标记在设备的铭牌上，故又称为铭牌值。

电气设备和器件应尽量工作在额定状态，这种状态又称为满载。电流和功率低于额定值的工作状态叫轻载，高于额定值的工作状态叫过载。有些用电设备如电灯、电炉等，只要在额定电压的条件下使用，其电流和功率就会符合额定值，故只标明 $U_N$ 和 $P_N$。另一类电气设备如变压器、电动机等，再加上额定电压后，其电流和功率取决于它所负载的大小。例如电动机所带机械负载过大，将会因电流过大而严重发热，甚至烧毁。故在一般情况下，设备不应过载运行。在电路中常装设自动开关、热继电器，用来在过载时自动断开电源，确保设备安全。

2. 关于电路在出现保险丝熔断的故障诊断思考。

（1）站在保险丝为什么会熔断的角度思考原因，保险丝出现熔断，不外乎保险丝质量不过关、选型不当（额定电流不满足要求）、电流负载过大（电路中存在短路等异常情况）。

（2）在上述 3 个原因中，故障诊断时如何优选？先换保险丝还是先查电路？如果再次更换保险丝后，仍然烧熔，如何快速有效地找到故障的部位？可参考素养课堂——巧用思辨法内的方法。

3. 关于故障部位与故障点的区别。

电位检测法用于划分故障部位，电压检测法用于确定故障点。故障部位是局部性的区域，故障点相对来说是确定的点。

## 三、成绩评价

| 成绩评价方法 | 评分值 |
|---|---|
| 组内评价（A） | |
| 教师评价（B） | |
| 综合成绩 = A × 50% + B × 50% | |
| 说明：<br>1. 组内评价分：组长负责，组员按百分制打分，取组员平均值。<br>2. 评价内容包括：任务完成度（50%）+ 实际参与度（15%）+ 规范操作（20%）+ 7S 管理（15%），未参加工作任务、未提交作业记 0 分。 | |

# 项目二　负载直接控制电路检修

## 任务1　灯光直接控制电路分析

### 一、任务信息

<table>
<tr><td>任务难度</td><td colspan="4">初级</td></tr>
<tr><td>学时</td><td colspan="2"></td><td>班级</td><td></td></tr>
<tr><td>成绩</td><td colspan="2"></td><td>日期</td><td></td></tr>
<tr><td>姓名</td><td colspan="2"></td><td>教师签名</td><td></td></tr>
<tr><td>案例导入</td><td colspan="4">如何利用不同的开关实现对特定灯组合的亮灭控制。<br>案例导入</td></tr>
<tr><td rowspan="3">能力目标</td><td>知识</td><td colspan="3">1. 能够说明汽车电路的开关控制方法。<br>2. 能够说明汽车电路的子回路及组合特点。<br>3. 能够说明电路基本物理量中电位的含义</td></tr>
<tr><td>技能</td><td colspan="3">1. 能够分析简单灯光电路的功能。<br>2. 能够对简单灯光电路进行连线。<br>3. 能够运用欧姆定律对电路进行物理量的计算</td></tr>
<tr><td>素养</td><td colspan="3">1. 掌握电气安全的基本操作规程。<br>2. 能够养成严谨的工作态度</td></tr>
</table>

## 二、任务流程

### （一）任务准备

对比灯光直接控制电路图与连线后的功能实现演示，请扫描下方二维码进行学习。

灯光直接控制电路分析

### （二）任务实施

工作表 1　灯光直接控制电路的认识

1. 请根据如图 2－1 所示的灯光直接控制电路图，分析电路的实现功能。

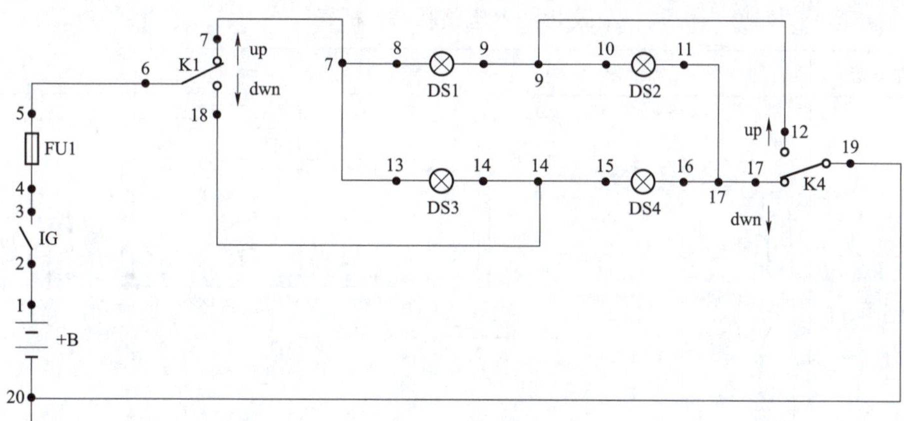


图 2－1　灯光直接控制电路图

1）分析如图 2－1 所示的灯光直接控制电路图的实现功能，完成如表 2－1 所示的电路实现功能分析。

表 2－1　电路实现功能分析

| 工作条件 | 实现功能 |
| --- | --- |
| （1）K1 置于 up 位置，K4 置于 up 位置 | 灯 DS1//（灯 DS2＋DS3＋DS4）点亮 |
| | |
| | |
| | |

续表

2）表格法。

模拟计算机的判断方法，开关 up 位置用“0”表示，开关 dwn 位置用“1”表示，灯 DS1、DS2、DS3、DS4 灭状态用“0”表示、亮状态用“1”表示，根据图示电路图，完成如表 2－2 所示的电路实现功能分析的填写。

表 2－2　电路实现功能分析

| 开关 K1 | 开关 K2 | 灯 DS1 | 灯 DS2 | 灯 DS3 | 灯 DS4 | 灯组合 |
|---|---|---|---|---|---|---|
| 0 | 0 | 1 | 1 | 1 | 1 | 1111→1//（1+1+1） |
|  |  |  |  |  |  |  |
|  |  |  |  |  |  |  |
|  |  |  |  |  |  |  |

3）画图法。

用等效电路图的方法，画出如表 2－3 所示开关组合的灯工作情况。

表 2－3　电路状态分析表

| 电路状态 | 等效电路图 |
|---|---|
| K1 在 up 位置，K4 在 up 位置 | 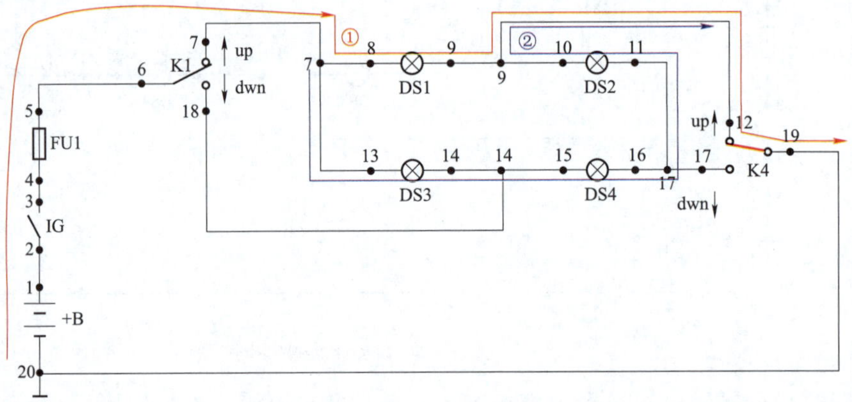  |
| K1 在 up 位置，K4 在 dwn 位置 |  |

续表

续表

| 电路状态 | 等效电路图 |
| --- | --- |
| K1 在 dwn 位置，K4 在 up 位置 | |
| K1 在 dwn 位置，K4 在 dwn 位置 | |

**参考信息：汽车灯光基本知识**

1. 汽车灯光系统的基本概述。

汽车灯光是确保安全驾驶的关键组成部分，为了保证汽车的正常工作和行驶安全可靠，汽车上必须安装各类照明设备和信号显示装置，一方面方便车内乘员及时掌握车辆状况，另一方面及时为车外行人与其他车辆提供准确的车辆运行状态信息。不同汽车的灯光照明与信号显示系统是不完全相同的，除了美观、实用外，汽车灯光照明与信号显示系统必须要满足以下两个作用要求：保证汽车的运行安全要求和符合汽车交通法规要求。

作为汽车灯光照明与信息显示系统组成的核心基础部件——灯光，其结构形式和类型极其多样，但从汽车电工电子技术的角度，灯光的核心基础作用是一致的。汽车灯光的基本作用体现在两个方面：灯光作为指示用途和灯光作为负载（用电器）。

（1）灯光作为指示用途。

灯光在汽车上作为指示用途时，不需要过多考虑负载电流大小。其主要作用是向其他道路使用者传递车辆状态、意图以及位置信息，确保道路交通安全。以下是几种常见的具有指示功能的灯光类型。

① 转向灯：又可以分为左转向灯和右转向灯，其作用是用于表示驾驶员打算向左/右转弯或变道，信号灯闪烁以提醒周围车辆和行人注意。

② 刹车灯/尾灯：刹车灯会在驾驶员踩下制动踏板时亮起，通知后方车辆当前正在减速或停车，减少追尾事故的发生。

③ 高位刹车灯：安装在车辆后部较高位置，进一步提高刹车动作的可见性，尤其在多层道路上效果显著。

④ 应急警示灯（双闪灯）：在紧急情况下开启，表示车辆处于故障状态或需要特别关注，如车辆抛锚、发生事故或进行临时停车。

⑤ 倒车灯：当车辆挂入倒挡时自动点亮，表明车辆即将或正在倒车。

⑥ 日间行车灯：即使在白天也保持开启，增强车辆在道路上的能见度，提高行车安全性。

⑦ 雾灯：在恶劣天气条件下使用，提供近地面且穿透力较强的照明，告知其他道路用户车辆的位置和行驶方向。

⑧ 驻车指示灯：通常与转向灯集成在一起，当车辆停靠路边时开启，提醒其他车辆和行人注意。

⑨ 示廓灯（位置灯/小灯）：提供车辆轮廓及宽度的辨识，便于夜间和阴雨天等低能见度环境下识别车辆的存在。

这些灯光通过不同的颜色、亮度和闪烁模式传达特定的信息，使驾驶员能够有效地与其他道路使用者沟通，并确保所有参与交通的人员都能对路况有清晰的认识。但从汽车电工电子技术的角度，其实质是控制灯光的亮灭、亮度及其各灯的组合。

（2）灯光作为负载（用电器）/照明用途。

灯光作为照明用途时在汽车上的作用至关重要，它为驾驶员提供清晰的视线，确保在夜间、低光照条件以及其他能见度较低的环境中安全驾驶。照明用途的灯光光源通常采用发热式照明灯（白炽灯、单丝灯、双丝灯）和特殊照明灯（卤素灯、氙气灯、LED 大灯、LED 流水灯、LED 制动灯）等。主要的汽车照明灯光类型及其作用有以下几种。

① 前照灯（大灯）：汽车前照灯由近光灯和远光灯组成，对汽车正常行驶影响作用极为关键。

近光灯：用于近距离照明前方道路，光线分布相对均匀且向下倾斜，以避免对迎面来车驾驶员造成眩目。

远光灯：提供更远距离的照明，适用于无其他车辆或行人影响的开阔路段。但在会车、跟车或遇到交通标志等情况下应切换回近光灯，以免干扰他人视线。

② 雾灯：同汽车照明灯，雾灯在雨雾天气行驶扮演了极其重要的作用，一般来说前雾灯的作用主要是照明，后雾灯的作用主要是为后车提供必要的车辆位置信息提示作用，而非照明作用。

前雾灯：安装位置较低，发出黄色或橙色的光线，具有较强的穿透力，在雾天、雨雪等恶劣天气条件下能够照亮车辆前方较近地面，提高路面可见度。

后雾灯：红色光源，用于增强后方车辆对己车位置的认知，尤其是在能见度极低的情况下。

③ 内部照明灯：车辆内部照明灯主要按照位置进行区分。有仪表板照明灯、车内环境灯和后备箱/行李箱照明灯等组成。

仪表板照明灯：保证驾驶员清楚读取仪表盘信息。

车内环境灯：包括阅读灯、门把手灯、踏步灯等，为乘客提供舒适的车内环境和操作便利性。

后备箱/行李箱照明灯：在开启后备箱时自动点亮，便于查看和整理物品。

④ 倒车灯与倒车影像辅助灯：倒车时提供后方照明，帮助驾驶员看清车辆后部及周围环境；倒车影像辅助灯则专为摄像头系统提供额外的照明，以便于通过车载显示屏观察。

灯光作为负载（用电器）/照明用途时，负载电流的大小控制是关键。根据用电设备的负荷电流使用原则，长时间工作的电气设备可选用额定载流量的60%，短时间工作的用电设备可选用额定载流量的 60%～100%；线材、器件选型，规格的选择要考虑负载电流的影响。灯光亮灭、亮度控制电路的延伸就是汽车牌照灯、后尾灯、前照灯的不同选型。另外要注意汽车灯光系统往往采用多路并联、独立工作的方式，各子系统间总体上互相不受影响。

实际汽车灯光亮度的调节方法可以通过改变灯光发光强度来实现，往往采用双丝灯泡或可调电阻调节的方式，甚至增加额外两路独立的灯光来实现。特别地，汽车远近光一体氙气灯的变光，实质变的不是灯的亮度，而是通过对灯光进行遮挡来实现变光的：灯泡前面有一个挡板，近光灯时挡板会挡住部分光线，远光灯时就不会遮挡光线。

### 工作表 2　灯光直接控制电路的认识

1. 请根据如图 2－2 所示的灯光直接控制电路图，分析电路的实现功能。

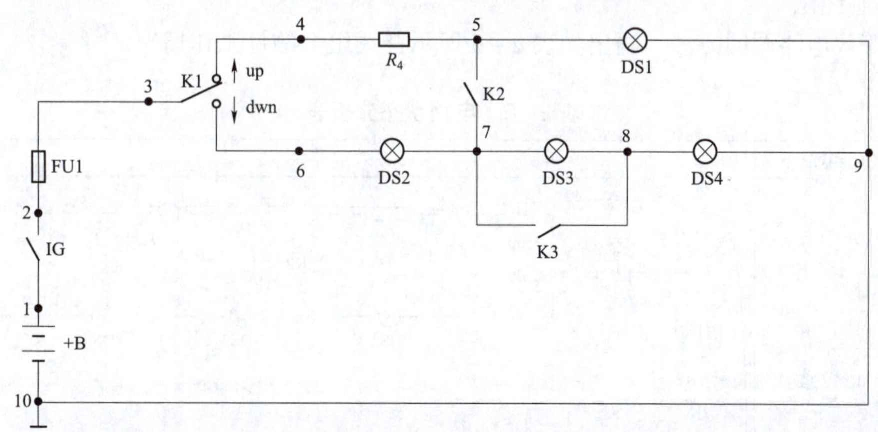


图 2－2　灯光直接控制电路图

1）分析如图 2－2 所示的灯光直接控制电路的实现功能，完成如表 2－4 所示的电路实现功能分析。

续表

表 2-4　电路实现功能分析

| 工作条件 | 实现功能 |
| --- | --- |
| （1）K1 置于 up 位置 | 电阻 $R_4$ + 灯 DS1 点亮 |
| | |
| | |
| | |
| | |
| | |
| | |

2）表格法。

模拟计算机的判断方法，开关 up 位置或断开时用“0”表示，开关 dwn 位置或闭合时用“1”表示，灯 DS1、DS2、DS3、DS4 灭状态用“0”表示、亮状态用“1”表示，根据图示电路图，完成如表 2-5 所示的电路实现功能分析。

表 2-5　电路实现功能分析

| 开关 K1 | 开关 K2 | 开关 K3 | 灯 DS1 | 灯 DS2 | 灯 DS3 | 灯 DS4 | 灯组合 |
| --- | --- | --- | --- | --- | --- | --- | --- |
| 0 | 0 | 0 | 1 | 0 | 0 | 0 | 1000 |
| | | | | | | | |
| | | | | | | | |
| | | | | | | | |
| | | | | | | | |
| | | | | | | | |
| | | | | | | | |
| | | | | | | | |

3）画图法。

用等效电路图的方法，画出如表 2-6 所示开关组合的灯工作情况。

表 2-6　电路状态分析表

| 电路状态 | 等效电路图 |
| --- | --- |
| K1 在 up 位置 | 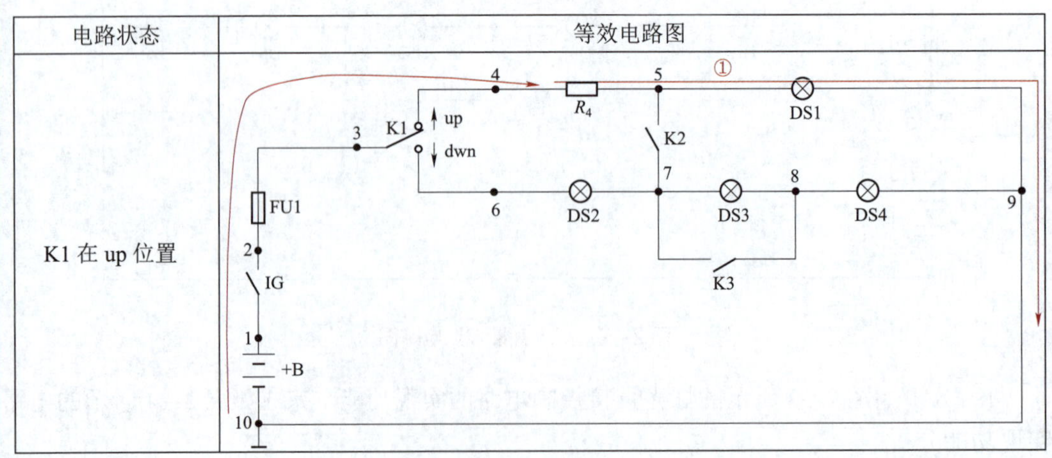 |

续表

续表

| 电路状态 | 等效电路图 |
| --- | --- |
| K1 在 up 位置，K3 闭合时 | |
| K1 在 up 位置，K2 闭合时 | |
| K1 在 up 位置，K2、K3 闭合时 | |

续表

续表

| 电路状态 | 等效电路图 |
| --- | --- |
| K1 在 dwn 位置 | |
| K1 在 dwn 位置，K3 闭合时 | |
| K1 在 dwn 位置，K2 闭合时 | |

续表

续表

| 电路状态 | 等效电路图 |
|---|---|
| K1 在 dwn 位置，K2、K3 闭合时 | |

4）实验箱电路连接与功能验证（为下次课的故障诊断做预备）。

（1）连线前，要求对照电路图预先思考并完成几项准备工作。

① 思考完成从 L1 到 L10 点的电路连接，至少需要多少连接线？

② 完成该电路，从电路子回路拆分、分解的角度，分解为多少部分比较合适？

③ 对子回路进行快速识记后，要求连线时不得查看电路，按识记的子回路进行连线，以加深对电路的理解。

④ 思考如何对自己连接的线路进行品质控制？确保连线过程与结果尽可能地少出错？一旦出错了，有什么机制可以进行纠正？思考预防性措施和补救性措施有哪些？

（2）按预准备要求思考的问题，进行实验箱电路的实际连线，并确保电路功能的正确实现。具体方法将在下次课程里做阐述。

**素养课堂：**

## 工匠精神：磨刀不误砍柴工——学习总结能力的不断磨炼提升

连线前做好预防性与补救性措施的思考，首先有助于提高对该电路的理解与对整体电路的掌控，其次通过多方位、多角度的思考，拓展除电工电子技术专业能力之外的观察能力、思考能力、自学能力、品质控制及管理能力。真正做到磨刀不误砍柴工的现场工程师工匠精神，实现个人能力与价值体现的不断磨炼提升。

## 三、成绩评价

| 成绩评价方法 | 评分值 |
|---|---|
| 组内评价（A） | |
| 教师评价（B） | |
| 综合成绩＝A×50%＋B×50% | |
| 说明：<br>1. 组内评价分：组长负责，组员按百分制打分，取组员平均值。<br>2. 评价内容包括：任务完成度（50%）＋实际参与度（15%）＋规范操作（20%）＋7S 管理（15%），未参加工作任务、未提交作业记 0 分。 | |

# 任务 2　灯光直接控制电路诊断

## 一、任务信息

| 任务难度 | 初级 | | |
|---|---|---|---|
| 学时 | | 班级 | |
| 成绩 | | 日期 | |
| 姓名 | | 教师签名 | |
| 案例导入 | 如何用汽车电路故障诊断知识对给定的灯光不能点亮的故障进行诊断？预习要点在于故障诊断方法如何应用。<br>案例导入 | | |
| 能力目标 | 知识 | 1. 能够说明汽车电路的开关控制方法与特性。<br>2. 能够说明汽车电路的子回路特性及组合特性。<br>3. 能够说明电位等特定电路基本物理量的特性 | |
| | 技能 | 1. 能够对比分析灯光直接控制电路的正常与故障状态下的功能。<br>2. 能够运用故障诊断知识对灯光直接控制电路进行原因分析。<br>3. 能够运用万用表对电路进行故障诊断与排除 | |
| | 素养 | 1. 掌握万用表的基本操作规程。<br>2. 掌握汽车电路的基本故障诊断思维。<br>3. 能够养成基于严谨、规范、爱岗敬业等工匠精神的工作态度。<br>4. 具备一定的团队组织管理、品质控制等基础管理素养 | |

## 二、任务流程

### （一）任务准备

从一个实际的电路故障排除案例学习故障诊断的技巧。请扫描下方二维码进行学习。

学习故障诊断技巧

### （二）任务实施

工作表 1　灯光直接控制电路的故障诊断

1. 故障诊断前准备。

1）请根据如图 2-3 所示的灯光直接控制电路图，按图在实验箱上连接电路，并确保电路实现功能正常。

计算条件：$U_{+B}=12$ V；$R_{DS1}=R_{DS2}=R_{DS3}=R_{DS4}=3\ \Omega$，$R_4=6\ \Omega$。

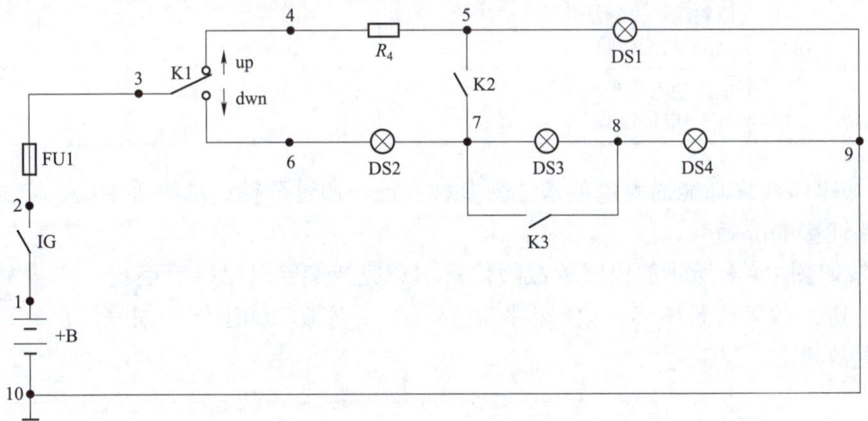


图 2-3　灯光直接控制电路图

实验箱电路连接与功能验证（对接项目二任务 1）

（1）数线法：预判工作量，完成从 L1 到 L10 点的电路连接，至少需要 14 条连接线。

（2）子回路分解法：从电路子回路拆分、分解的角度，该电路可以分解为 4 路连线比较合适；每路所用电线以不超过 8 条为宜，过多、过大的回路不适合记忆理解。

（3）阶段核验法（分检）：对子回路进行快速识记后连线，每路连线完成后，再重新用识记的回路走一遍，核验是否正确。务必保证产品质量的品质检验是分步、分阶段进行的，最后才是总检。

（4）总检：思考如何对自己连接的线路进行检验与品质控制？

① 电路静态检测法：根据电路特点，设计合理的检测点，在断电情况下，按电路默认状态，用万用表进行检测，比对计算数据与实测数据是否一致，来评判电路连接质量情况。

续表

② 电路动态检测法——功能核验：实验箱电路上电，拨动相应的开关，检验开关对应的电路功能状态是否正确，建议用本书前面推荐的表格法做全面核验，防止遗漏。

③ 电路动态检测法——电位核验：实验箱电路上电，拨动相应的开关，检验开关对应的电路功能状态下，检查关键观测点的电位是否与理论计算一致？如有偏差，分析偏差的原因；必要时继续测量各子回路的电流等是否与理论计算一致？建议用本书前面推荐的电位表格法做全面核验，防止遗漏。

（5）技能训练回头看。

根据前述章节的方法，继续思考怎样从现场工程的角度、产品批量管理的角度进行阐述，完成如表 2-7 所示的内容。

表 2-7　电路连接“工程质量”的品质控制方法思考

| 方法序号 | 方法名称 | | 过程记录 | 优缺点分析 | 适合应用场合思考 |
|---|---|---|---|---|---|
| 1 | 数线法 | | | | |
| 2 | 分检 | 子回路分解法 | | | |
| 3 | | 阶段核验法 | | | |
| 4 | 总检 | 电路静态检测法 | | | |
| 5 | | 电路动态检测法——功能核验 | | | |
| 6 | | 电路动态检测法——电位核验 | | | |

2）按电路实现功能的测量要求，用多种方法，通过分检、总检等手段，交叉保障实验箱电路连接的准确度。

2. 按如图 2-4 所示的电路的故障位置示意完成实验箱电路的连线，质量品质检验合格后，进入故障诊断环节。教师根据需要（学生对故障的理解的偏差情况）对实验箱电路设置故障。

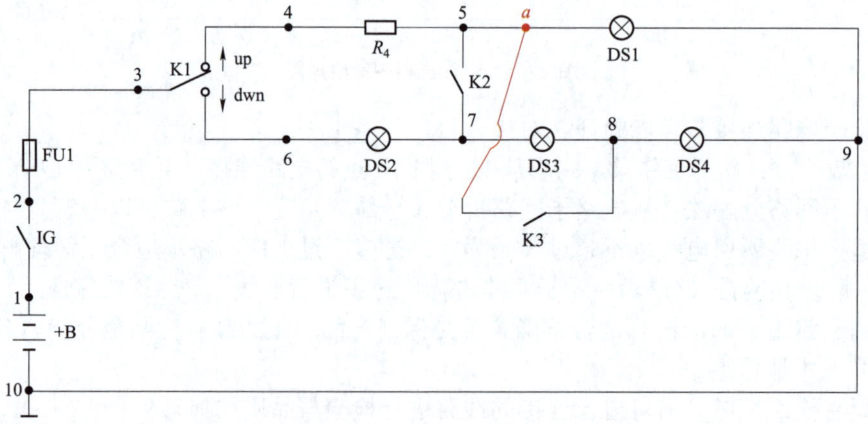


图 2-4　电路的故障位置示意

续表

照虎画猫：学习参考灯光直接控制电路的故障诊断样本（见表 2-8）。

表 2-8 灯光直接控制电路的故障诊断样本

<table>
<tr><td colspan="5">故障检查记录分析表一（样本）</td></tr>
<tr><td>故障症状描述</td><td colspan="4">（1）K1 置于 up 位置，K3 闭合，灯 DS1、DS4 亮；<br>（2）K1 置于 dwn 位置，K3 闭合，灯 DS1、DS2、DS3、DS4 均亮</td></tr>
<tr><td>电路正常功能</td><td colspan="4">（1）K1 置于 up 位置，（K2、K3 断开），灯 DS1 亮；<br>（2）K1 置于 up 位置，K3 闭合，（K2 断开），灯 DS1 亮；<br>（3）K1 置于 up 位置，（K3 断开），K2 闭合，灯 DS1、DS3、DS4 亮；<br>（4）K1 置于 up 位置，K2、K3 闭合，灯 DS1、DS4 亮；<br>（5）K1 置于 dwn 位置，（K2、K3 断开），灯 DS2、DS3、DS4 均亮；<br>（6）K1 置于 dwn 位置，K3 闭合，（K2 断开），灯 DS2、DS4 均亮；<br>（7）K1 置于 dwn 位置，（K3 断开），K2 闭合，灯 DS1、DS2、DS3、DS4 均亮；<br>（8）K1 置于 dwn 位置，K2、K3 闭合，灯 DS1、DS2、DS4 均亮</td></tr>
<tr><td rowspan="2">具体可能原因分析</td><td colspan="4">根据故障症状、结合原理图，分析所有可能原因</td></tr>
<tr><td colspan="4">根据故障症状，可以得出：开关 K3 及线路 7—8 存在故障</td></tr>
<tr><td rowspan="10">检修步骤、结果分析与判断</td><td colspan="2">检查方法描述</td><td>结果记录</td><td>分析与判断</td></tr>
<tr><td>上电，打开 IG 开关</td><td>测量电路的电源及 IG 端是否正常</td><td>$U=12\ V$</td><td>电源与 IG 端正常</td></tr>
<tr><td>K1 置于 up 位置，K3 闭合</td><td>测量 8 点电位</td><td>$V_8=2.4\ V$</td><td>8 点电位异常</td></tr>
<tr><td>K1 置于 up 位置，K3 闭合</td><td>测量 5 点电位</td><td>$V_5=2.4\ V$</td><td>5 点电位异常（或线路 5—7 短路）</td></tr>
<tr><td>K1 置于 dwn 位置，K3 闭合</td><td>测量 8 点电位</td><td>$V_8=2.4\ V$</td><td>8 点电位异常</td></tr>
<tr><td>K1 置于 dwn 位置，K3 闭合</td><td>测量 5 点电位</td><td>$V_5=2.4\ V$</td><td>5 点电位异常（或线路 5—7 短路）</td></tr>
<tr><td>断电</td><td>测量 DS3 端电阻</td><td>$R_{DS3}=3\ \Omega$</td><td>灯 DS3 线路连接正常</td></tr>
<tr><td>断电，断开 K2，闭合 K3</td><td>测量 K3 端电阻</td><td>$R_{DS3}=0\ \Omega$</td><td>开关 K3 正常</td></tr>
<tr><td>断电，断开 K2、K3</td><td>测量 K3 端电阻</td><td>$R_{DS3}=6\ \Omega$</td><td>正常应该为 3 Ω，开关 K3 连接点可能异常</td></tr>
<tr><td>断电，断开 K2、K3</td><td>测量 K2 的#7 端子与 K3 的#7 端子间电阻</td><td>无穷大</td><td>K3 的#7 端子连接错误</td></tr>
<tr><td>故障点排除确认</td><td colspan="4">根据各点测量结果，故障点在 K3 的#7 端子连接到了 K2 的#5 端子。<br>重新连接 K3 的#7 端子，重新上电检查，电路功能恢复正常</td></tr>
</table>

电路功能的二进制表格法如表 2-9 所示。

续表

表 2-9　电路功能的二进制表格法

| 开关 K2 | 开关 K3 | 开关 K1 | 开关 K3 故障态下的灯组合（0——不工作，1——工作） | | | | 正常态下的灯组合（0——不工作，1——工作） | | | |
|---|---|---|---|---|---|---|---|---|---|---|
| 0——opn<br>1——cls | 0——opn<br>1——cls | 0——Up<br>1——Dwn | 灯 DS1 | 灯 DS2 | 灯 DS3 | 灯 DS4 | 灯 DS1 | 灯 DS2 | 灯 DS3 | 灯 DS4 |
| 0 | 0 | 0 | 1 | 0 | 0 | 0 | 1 | 0 | 0 | 0 |
| 0 | 1 | 0 | 1 | 0 | 0 | 1 | 1 | 0 | 0 | 0 |
| 1 | 0 | 0 | 1 | 0 | 1 | 1 | 1 | 0 | 1 | 1 |
| 1 | 1 | 0 | 1 | 0 | 0 | 1 | 1 | 0 | 0 | 1 |
| 0 | 0 | 1 | 0 | 1 | 1 | 1 | 0 | 1 | 1 | 1 |
| 0 | 1 | 1 | 1 | 1 | 1 | 1 | 0 | 1 | 0 | 1 |
| 1 | 0 | 1 | 1 | 1 | 1 | 1 | 1 | 1 | 1 | 1 |
| 1 | 1 | 1 | 1 | 1 | 0 | 1 | 1 | 1 | 0 | 1 |

**参考信息：简单电路的故障诊断信息**

1. 连线质量品质控制方法——数线法。

如图 2-5 所示，从电源正极的 1 点起始，到电源负极的 10 点结束，该电路需要用 14 条连接线才能完成该电路图的线路连接。

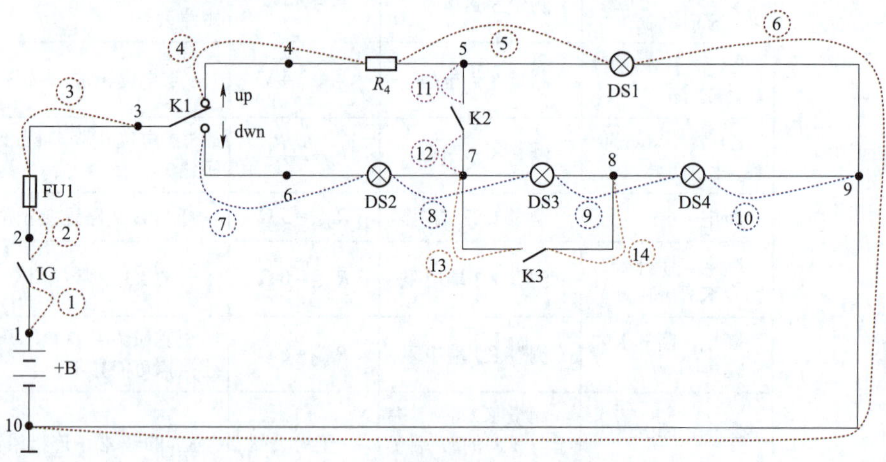


图 2-5　电路的数线法示意

2. 连线质量品质控制方法——子回路分解法。

如图 2-5 所示，从电源正极的 1 点起始，到电源负极的 10 点结束，该电路用 4 种不同颜色标识了 4 个不同的支路：红色子回路由①～⑥组成，蓝色子回路由⑦～⑩组成，开关 K2 支路用粉色标识⑪⑫，开关 K3 支路用橙色标识⑬⑭。

3. 连线质量品质控制方法——电路静态检测法。

在电路静态（电源断电、开关初始状态）下，设计如表 2－10 所示的通电前线路计算记录表对电路连接后进行电阻测量。思考为什么要测量线路电阻？通过测量哪些端子间的电阻可以判断出电路的连接质量好坏？是否一定要测量表中所示的 4 个项目，是否可以另外设计检查项目或检查点？表 2－10 作为样例，仅供参考。

表 2－10　通电前线路计算记录表

| 检查项目 | 计算结果 | 测量结果 | 结果错误原因分析 |
|---|---|---|---|
| 4 点与 10 点之间的电阻 | 9 Ω | | |
| 9 点与 7 点之间的电阻 | 6 Ω | | |
| 3 点与 7 点之间的电阻 | 15 Ω | | |
| 3 点与 6 点之间的电阻（K2 断开与闭合比较） | 18 Ω/9 Ω | | |

4. 连线质量品质控制方法——电路动态检测法（功能核验）。

按开关的不同组合，根据表 2－9 对开关的功能进行表格法整理。不同开关组合下的灯组合如表 2－11 所示。

表 2－11　不同开关组合下的灯组合

| 灯组合描述 |
|---|
| 1）K1 置于 up 位置，K3 断开，K2 断开，灯 DS1 亮 |
| 2）K1 置于 up 位置，K3 闭合，K2 断开，灯 DS1 亮 |
| 3）K1 置于 up 位置，K3 断开，K2 闭合，灯 DS1、DS3、DS4 亮 |
| 4）K1 置于 up 位置，K3 闭合，K2 闭合，灯 DS1、DS4 亮 |
| 5）K1 置于 dwn 位置，K3 断开，K2 断开，灯 DS2、DS3、DS4 均亮 |
| 6）K1 置于 dwn 位置，K3 闭合，K2 断开，灯 DS2、DS4 均亮 |
| 7）K1 置于 dwn 位置，K3 断开，K2 闭合，灯 DS1、DS2、DS3、DS4 均亮 |
| 8）K1 置于 dwn 位置，K3 闭合，K2 闭合，灯 DS1、DS2、DS4 均亮 |

对表 2－11 进行简化合并，可以简化描述为：

1）K1 置于 up 位置，（无论 K3 断开还是闭合），灯 DS1 亮；

2）K1 置于 up 位置，K2 闭合，灯 DS1、DS3、DS4 亮；

3）K1 置于 up 位置，K2、K3 闭合，灯 DS1、DS4 亮；

4）K1 置于 dwn 位置，（K2、K3 断开），灯 DS2、DS3、DS4 均亮；

5）K1 置于 dwn 位置，K3 闭合，灯 DS2、DS4 均亮；

6）K1 置于 dwn 位置，K2 闭合，灯 DS1、DS2、DS3、DS4 均亮；

7）K1 置于 dwn 位置，K2、K3 闭合，灯 DS1、DS2、DS4 均亮。

5. 连线质量品质控制方法——电路动态检测法（电位核验）。

闭合不同的开关，计算对应电路的不同检查项目，并对电路中特定点的电位进行测量比对记录于表 2－12 中。

表 2–12　通电后线路测量数据记录表

| 检查项目 | | 测量结果 | 计算结果 | 错误原因分析 |
|---|---|---|---|---|
| K1 在 up 位置 | $V_5$ | | 4 V | |
| | $V_7$ | | 0 V | |
| | $U_{5-9}$ | | 4 V | |
| | $U_{7-9}$ | | 0 V | |
| | $I_{DS1}$ | | 1.33 A | |
| | $I_{DS4}$ | | 0 A | |
| K1 在 up 位置，且 K2 闭合 | $V_5$ | | 3 V | |
| | $V_6$ | | 3 V | |
| | $U_{5-9}$ | | 3 V | |
| | $U_{6-9}$ | | 3 V | |
| | $I_{DS1}$ | | 1 A | |
| | $I_{DS2}$ | | 0 A | |
| K1 在 dwn 位置，且 K2、K3 闭合 | $V_4$ | | 4 V | |
| | $V_7$ | | 4 V | |
| | $U_{4-9}$ | | 4 V | |
| | $U_{7-9}$ | | 4 V | |
| | $I_{DS1}$ | | 1.33 A | |

工作表 2　灯光直接控制电路的故障诊断

1. 故障诊断前准备。

1）请根据如图 2–6 所示的灯光直接控制电路图，按图在实验箱上连接电路，并确保电路实现功能正常。

计算条件：$U_{+B}=12$ V；$R_{DS1}=R_{DS2}=R_{DS3}=R_{DS4}=3\ \Omega$。

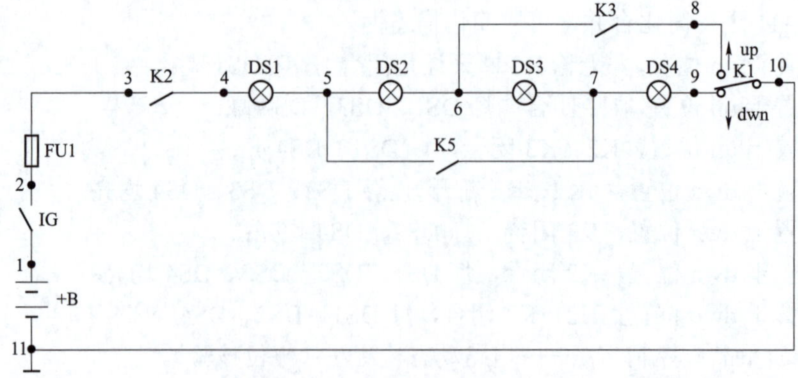


图 2–6　灯光直接控制电路图

续表

实验箱电路连接与功能验证

（1）数线法：预判工作量，完成从 L1 到 L11 点的电路连接，至少需要多少条连接线。

（2）子回路分解法：从电路子回路拆分、分解的角度，该电路可以分解为 3 路连线比较合适；每路所用电线以不超过 8 条为宜，过多、过大的回路不适合记忆理解。

（3）阶段核验法（分检）：对子回路进行快速识记后连线，每路连线完成后，再重新用识记的回路走一遍，核验是否正确。务必保证产品质量的品质检验是分步、分阶段进行的，最后才是总检。

（4）总检：思考如何对自己连接的线路进行检验与品质控制。

① 电路静态检测法：根据电路特点，设计合理的检测点，在断电情况下，按电路默认状态，用万用表进行检测，比对计算数据与实测数据是否一致，来评判电路连接质量情况。

② 电路动态检测法——功能核验：实验箱电路上电，拨动相应的开关，检验开关对应的电路功能状态是否正确，建议用本书前面推荐的表格法做全面核验，防止遗漏。

③ 电路动态检测法——电位核验：实验箱电路上电，拨动相应的开关，检验开关对应的电路功能状态下，检查关键观测点的电位是否与理论计算一致，如有偏差，分析偏差的原因；必要时继续测量各子回路的电流等是否与理论计算一致，建议用本书前面推荐的电位表格法做全面核验，防止遗漏。

（5）技能训练回头看。

根据前述章节的方法，继续思考怎样从现场工程的角度、产品批量管理的角度进行阐述，完成如表 2-13 所示的内容。

表 2-13　电路连接“工程质量”的品质控制方法思考

<table>
<tr><th>方法序号</th><th colspan="2">方法名称</th><th>过程记录</th><th>优缺点分析</th><th>适合应用场合思考</th></tr>
<tr><td>1</td><td colspan="2">数线法</td><td></td><td></td><td></td></tr>
<tr><td>2</td><td rowspan="2">分检</td><td>子回路分解法</td><td></td><td></td><td></td></tr>
<tr><td>3</td><td>阶段核验法</td><td></td><td></td><td></td></tr>
<tr><td>4</td><td rowspan="3">总检</td><td>电路静态检测法</td><td></td><td></td><td></td></tr>
<tr><td>5</td><td>电路动态检测法<br>——功能核验</td><td></td><td></td><td></td></tr>
<tr><td>6</td><td>电路动态检测法<br>——电位核验</td><td></td><td></td><td></td></tr>
</table>

续表

2）按电路实现功能的测量要求，用多种方法，通过分检、总检等手段，交叉保障实验箱电路连接的准确度。

2. 按电路图完成实验箱电路的连线，质量品质检验合格后，进入故障诊断环节。教师根据需要（学生对故障的理解的偏差情况）对实验箱电路设置故障。

1）真枪实战：灯光直接控制电路的故障诊断学习训练，如表 2－14 所示。

表 2－14　灯光直接控制电路的故障诊断表

| 故障检查记录分析表（空表） | | | | |
|---|---|---|---|---|
| 故障症状描述 | | | | |
| 电路正常功能 | | | | |
| 具体可能原因分析 | 根据故障症状、结合原理图，分析所有可能原因<br>根据故障症状，可以得出：________________<br>________________________________<br>________________________________ | | | |
| 检修步骤、结果分析与判断 | 检查方法描述 | | 结果记录 | 分析与判断 |
| | 上电，打开 IG 开关 | 测量电路的电源及 IG 端是否正常 | $U=12$ V | 电源与 IG 端正常 |
| | | | | |
| | | | | |
| | | | | |
| | | | | |
| | | | | |
| | | | | |
| | | | | |
| | | | | |
| | | | | |
| | | | | |
| | | | | |
| | | | | |
| 故障点排除确认 | 根据各点测量结果，故障点在________________<br>________________________________。<br>________________________________，重新上电检查，电路功能恢复正常。 | | | |

按前述表格法，画出该电路功能的二进制表格法（见表 2－15）。并画出该电路故障的位置示意图（见图 2－7）。

续表

表 2-15　电路功能的二进制表格法

图 2-7　电路故障的位置示意图

2）连线质量品质控制方法——数线法与子回路分解法。

从电源正极的 1 点起始，到电源负极的 11 点结束，至少需要用____条连接线才能完成该电路图的线路连接。在如图 2-8 所示的空白处用不同颜色画出相应效果图（可参考图 2-5 的画法）。

续表

图 2-8　电路故障的位置示意图

3）连线质量品质控制方法——电路静态检测法。

在电路静态（电源断电、开关初始状态）下，设计如表 2-16 所示的通电前线路计算记录表，对电路连接后进行电阻测量。思考为什么要测量线路电阻？通过测量哪些端子间的电阻可以判断出电路的连接质量好坏？是否一定要测量表 2-16 所示的项目，是否可以另外设计检查项目或检查点？表 2-16 作为样例，仅供参考。

表 2-16　通电前线路计算记录表

| 检查项目 | 计算结果 | 测量结果 | 结果错误原因分析 |
|---|---|---|---|
| | | | |
| | | | |
| | | | |
| | | | |
| | | | |
| | | | |

4）连线质量品质控制方法——电路动态检测法（功能核验）。

对表 2-15 所示的灯组合，进行简化合并，简化描述记录在如表 2-17 所示的电路实现功能描述中。

表 2-17　电路实现功能描述

| 内容 | 功能描述 |
|---|---|
| 实现功能 | |

续表

5）连线质量品质控制方法——电路动态检测法（电位核验）。

闭合不同的开关，计算对应电路的不同检查项目，并对电路中特定点的电位进行测量比对，完成如表 2-18 所示的通电后线路测量数据记录表。

表 2-18　通电后线路测量数据记录表

| 检查项目 | | 测量结果 | 计算结果 | 错误原因分析 |
|---|---|---|---|---|
| K2 闭合 | $V_5$ | | | |
| | $V_7$ | | | |
| | $U_{5-9}$ | | | |
| | $U_{6-7}$ | | | |
| | $I_{DS1}$ | | | |
| | $I_{DS3}$ | | | |
| K1 在 up 位置，且 K2、K3 闭合 | $V_5$ | | | |
| | $V_7$ | | | |
| | $U_{5-9}$ | | | |
| | $U_{7-9}$ | | | |
| | $I_{DS1}$ | | | |
| | $I_{DS3}$ | | | |
| K1 在 up 位置，且 K2、K3、K5 均闭合 | $V_5$ | | | |
| | $V_9$ | | | |
| | $U_{4-9}$ | | | |
| | $U_{7-9}$ | | | |
| | $I_{DS3}$ | | | |
| | $I_{DS4}$ | | | |

**素养课堂：**

## 工匠精神：7S 管理——生产管理中的品质控制

实验箱电路的连接过程相当于生产过程中的电路焊接。切忌用考试的思维去做生产（连线），即等所有线连接完成后再检查连线是否有问题。我们既要学会将复杂电路拆解成若干个子回路/支路，又要考虑不能拆解过细；要培养在生产过程中，拆解子回路/支路后分检、总检的生产管理意识。

## 三、成绩评价

| 成绩评价方法 | 评分值 |
| --- | --- |
| 组内评价（A） | |
| 教师评价（B） | |
| 综合成绩 = A × 50% + B × 50% | |

说明：
1. 组内评价分：组长负责，组员按百分制打分，取组员平均值。
2. 评价内容包括：任务完成度（50%）+ 实际参与度（15%）+ 规范操作（20%）+ 7S 管理（15%），未参加工作任务、未提交作业记 0 分。

# 任务 3　电机直接控制电路分析

## 一、任务信息

| 任务难度 | 初级 | | |
| --- | --- | --- | --- |
| 学时 | | 班级 | |
| 成绩 | | 日期 | |
| 姓名 | | 教师签名 | |
| 案例导入 | 当发动机水温升高时，水温开关控制散热器风扇电机开始运转工作。<br>案例导入 | | |
| 能力目标 | 知识 | 1. 能够说明汽车电路中电机的应用场景。<br>2. 能够说明汽车电路直流电机的基本结构原理。<br>3. 能够说明电机的基本铭牌含义 | |
| | 技能 | 1. 能够分析简单直流电机控制电路的功能。<br>2. 能够对简单直流电机电路进行连线。<br>3. 能够运用欧姆定律对电路进行物理量的计算 | |
| | 素养 | 1. 掌握电气安全的基本操作规程。<br>2. 能够养成严谨的工作态度 | |

## 二、任务流程

### （一）任务准备

对比简单直流电机控制电路图与连线后的功能实现演示，请扫描下方二维码进行学习。

简单直流电机控制电路分析

### （二）任务实施

工作表 1　简单直流电机控制电路的认识

1. 请根据如图 2-9 所示的直流电机控制电路图，分析电路的实现功能。

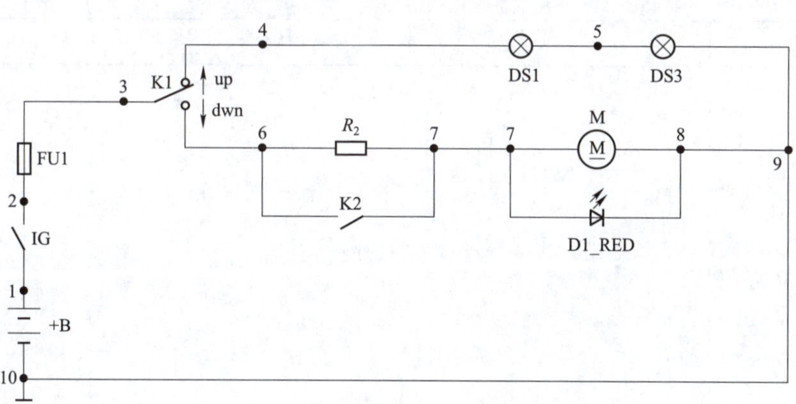


图 2-9　直流电机控制电路图

1）分析如图 2-9 所示的直流电机控制电路图的实现功能，完成如表 2-19 所示的电路实现功能分析。

表 2-19　电路实现功能分析

| 工作条件（开关 IG 闭合后） | 实现功能 |
|---|---|
| K1 置于 up 位置 | 灯 DS1+灯 DS3 串联点亮 |
| | |
| | |
| | |

续表

2）表格法。

模拟计算机的判断方法，开关 up 位置用“0”表示，开关 dwn 位置用“1”表示，灯 DS1、DS2 灭状态用“0”表示，亮状态用“1”表示，电机 M 不转用“0”表示，正常运转用“1”表示，快转用“2”表示，根据图示电路图，完成如表 2-20 所示的电路实现功能分析。

表 2-20　电路实现功能分析

| 开关 K1 | 开关 K2 | 灯 DS1 | 灯 DS2 | 电机 M |
|---|---|---|---|---|
| 0 | 0 | 1 | 1 | 0 |
| | | | | |
| | | | | |

3）画图法。

用等效电路图的方法，画出如表 2-21 所示开关组合的灯工作情况。

表 2-21　电路状态分析表

| 电路状态 | 等效电路图 |
|---|---|
| K1 在 up 位置 | 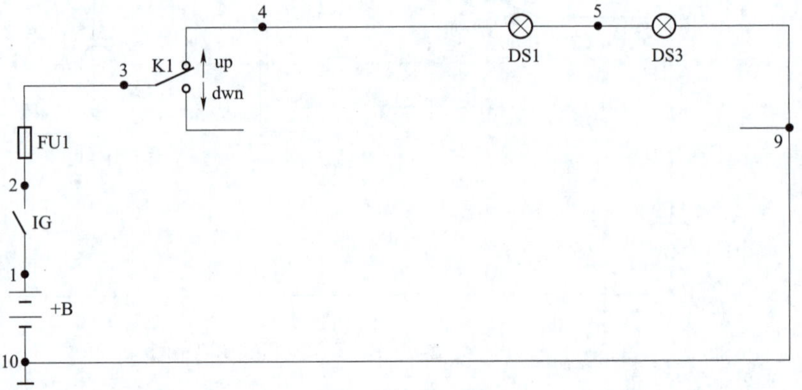 4 5 DS1 DS3 3 K1 up dwn FU1 9 2 IG 1 +B 10 |
| K1 在 dwn 位置，K2 在 opn 位置 | |

续表

续表

| 电路状态 | 等效电路图 |
| --- | --- |
| K1 在 dwn 位置，K2 在 cls 位置 | |

**参考信息：汽车电机基本知识**

1. 车用电机的基本类型。

如图 2–10 所示，车用电机根据分类标准的不同，有较多的划分类型，常见的几种划分类型有。

（1）按用途可以分为驱动电机和控制用电机。除新能源汽车普遍采用驱动电机作为车辆动力系统的驱动器外，汽车上使用最多的就是直流控制用电机。

驱动电机：直接用于驱动车辆的动力系统，如电动机驱动车辆的轮毂电机或中央驱动电机。

控制用电机：分为有刷直流电机和无刷直流（Brushless Direct Current，BLDC）电机两种，用于汽车的各种控制系统，例如电动燃油泵、怠速控制阀、电动助力转向系统等。特别是汽车上还采用了步进电机——在一些精密控制场合下使用，受电脑控制实现精确位置和速度调整。

（2）按工作电源种类分为直流电机和交流电机，其中交流电机又可以分为异步电机和同步电机两大类。

直流电机（DC Motor）：直流电机是汽车上应用最广泛的电机之一，汽车的门锁、门窗等各类电机大量地使用了低压直流电机。作为驱动电机时，主要是在早期的电动车上使用，其控制相对简单，但效率和功率密度较低，且需要复杂的换向器来改变电流方向，目前电动汽车上的驱动电机基本被交流电机所替代。

交流电机（AC Motor）：分为异步电机和同步电机两大类。

异步电机（Induction Motor），也称感应电机，因其结构简单、可靠性高而在电动汽车中得到应用，但调速性能相对永磁同步电机较差，典型车系如特斯拉就是以异步电机为主。

同步电机（Synchronous Motor），尤其是永磁同步电机（Permanent Magnet Synchronous Motor，PMSM），在国内出品的现代电动汽车中广泛应用，具有高效率、高功率密度和良好的调速性能。

（3）按结构和工作原理可以分为直流电机、异步电机、同步电机、开关磁阻电机（Switched Reluctance Motor, SRM）等。其中开关磁阻电机为近几年新出的电机产品，电机结构简单坚固，成本低，但噪声大和转矩波动明显。

（4）按运转速度可以分为高速电机、低速电机、恒速电机和调速电机。

总的来说，在现代电动汽车电机驱动领域，永磁同步电机和交流异步电机是目前最主流的电机类型。在控制用电机方面，仍然以低压直流控制电机为主。本书涉及的电机指低压直流控制用电机，至于驱动电机部分，请查阅相关资料，后续专业课程里一般会涉及驱动电机的课程。

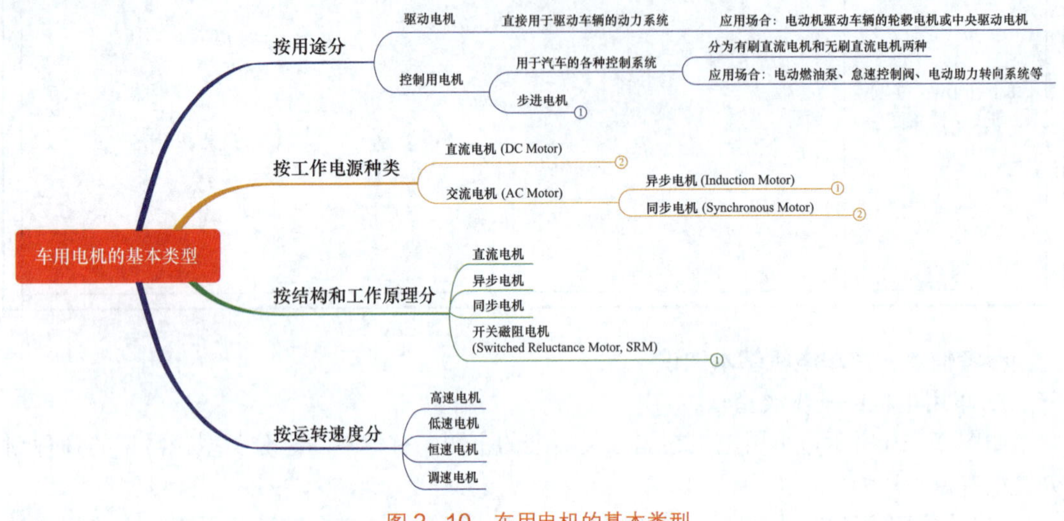


图 2-10　车用电机的基本类型

2. 直流电机的定义及类型。

1）直流电机的定义。

直流电机是指输出或输入为直流电能的旋转电机，能实现直流电能和机械能互相转换的电机。从定义上看，车用低压直流电机可以是直流电动机和直流发电机两种类型。

当将直流电机当作电动机运行时是直流电动机，将直流电能转换为机械能。电路中用字母 M 表示，其作用是将电能转换为机械能，驱动各种机械设备或装置进行转动。实际中，一般都把直流电机默认为直流电动机来使用。

当将直流电机当作发电机运行时是直流发电机，将机械能转换为电能。电路中用字母 G 表示，其作用是将机械能转化为电能。机械能动力的来源可以是自然界的热能、水力势能、风能、潮汛能、核能及燃料燃烧产生的热能等。

2）直流电机的励磁方式。

直流电机的励磁方式是指如何为直流电机的磁场绕组提供并控制所需的磁场强度，以实现电机的启动、运行和调速。根据电流供应及绕组连接方式的不同，常见的直流电机励磁方式包括以下几种。

（1）他励。励磁绕组与电枢绕组无连接关系，励磁绕组和电枢绕组分别由两个不同的电源供电，这两个电源的电压可以相同，也可以不同。由其他直流电源对励磁绕组供电的直流电机成为他励直流电机，励磁电流 $I_f$ 的大小仅决定于励磁电源的电压和励磁回路的电阻，而与电机的电枢电压大小及负载基本无关。用永久磁铁作主磁极的电机可当作他励电机，接线如图 2-11（a）所示。

（2）并励。并励直流电机的励磁绕组与电枢绕组并联，两者共用同一个电源，但励磁绕组电阻较大，因此即使在负载变化时也能保持相对稳定的励磁电流，从而维持恒定的磁场强度。励磁电流一般为额定电流的 5%，要产生足够大的磁通，需要有较多的匝数，所以并励绕组匝数多，导线较细。并励式直流电动机一般用于恒压系统。中小型直流电动机多为并励式，接线如图 2－11（b）所示。

（3）串励。串励直流电机的励磁绕组与电枢绕组串联，励磁电流与电枢电流相同，因此，串励绕组匝数很少，导线较粗。当负载增大时，励磁电流也增大，导致磁场增强，这种电机具有良好的启动性能，适用于需要大启动力矩且转速允许有较大变化的负载等应用场合，但其机械特性很软，且空载时有极高的转速，串励式直流电动机不准空载或轻载运行，接线如图 2－11（c）所示。

（4）复励。复励直流电机至少由两个绕组励磁，其中之一是串励绕组，其他为他励（或并励）绕组，又可分为积复励和差复励。通常他励（或并励）绕组起主要作用，串励绕组起辅助作用。若串励绕组和他励（或并励）绕组的磁势方向相同，称为积复励；该型电机多用于要求启动转矩较大，转速变化不大的负载；由于积复励式直流电动机在两个不同旋转方向上的转速和运行特性不同，因此不能用于可逆驱动系统中。若串励绕组和并励（或他励）绕组的磁势方向相反，称为差复励；差复励式直流电动机一般用于启动转矩小，而要求转速平稳的小型恒压驱动系统中；这种励磁方式的直流电动机也不能用于可逆驱动系统中，接线如图 2－11（d）所示。

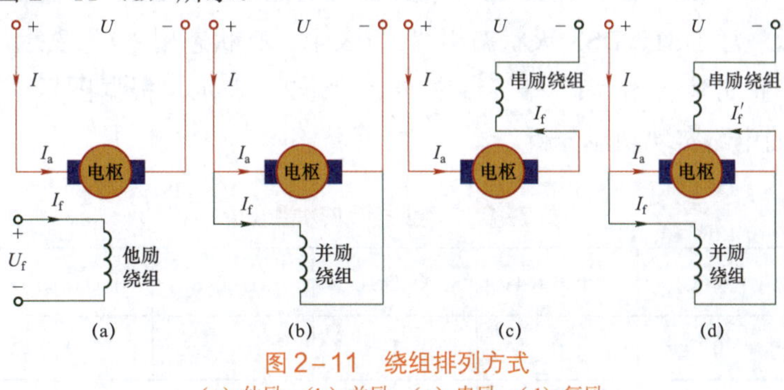


图 2－11 绕组排列方式

（a）他励；（b）并励；（c）串励；（d）复励

## 工作表 2 直流电机开关控制电路的认识

1. 请根据如图 2－12 所示的电机控制电路图，分析电路的实现功能。

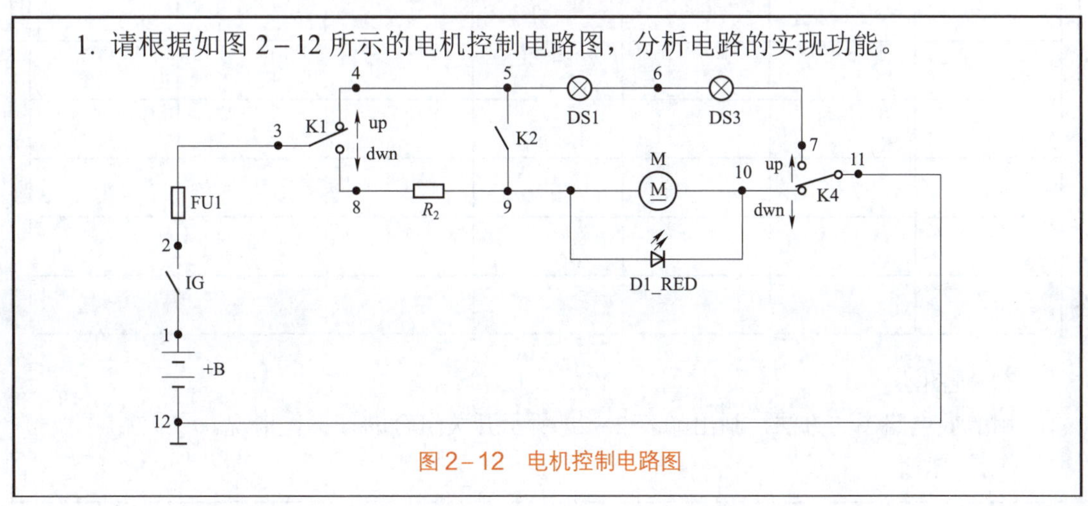


图 2－12 电机控制电路图

续表

1）分析如图 2－12 所示的电机控制电路图的实现功能，完成如表 2－22 所示的电路实现功能分析。

表 2－22　电路实现功能分析

| 工作条件 | 实现功能 |
| --- | --- |
| （1）开关 IG 闭合，K2 闭合 | （1）电机 M 运转、D1_RED 点亮。 |
| | |
| | |
| | |
| | |

2）表格法。

模拟计算机的判断方法，开关 up 位置或断开时用“0”表示，开关 dwn 位置或闭合时用“1”表示，灯 DS1、DS3 灭状态用“0”表示、亮状态用“1”表示，电机 M 不转用“0”表示、正常运转用“1”表示、慢转用“1/2”表示，根据图示电路图，完成如表 2－23 所示的电路实现功能分析。

表 2－23　电路实现功能分析

| 开关 K1 | 开关 K2 | 开关 K4 | 灯 DS1 | 灯 DS3 | 灯 D1_RED | 电机 M |
| --- | --- | --- | --- | --- | --- | --- |
| 0 | 0 | 0 | 1 | 1 | 0 | 0 |
| | | | | | | |
| | | | | | | |
| | | | | | | |
| | | | | | | |
| | | | | | | |
| | | | | | | |
| | | | | | | |

3）画图法。

用等效电路图的方法，画出如表 2－24 所示开关组合的灯工作情况。

续表

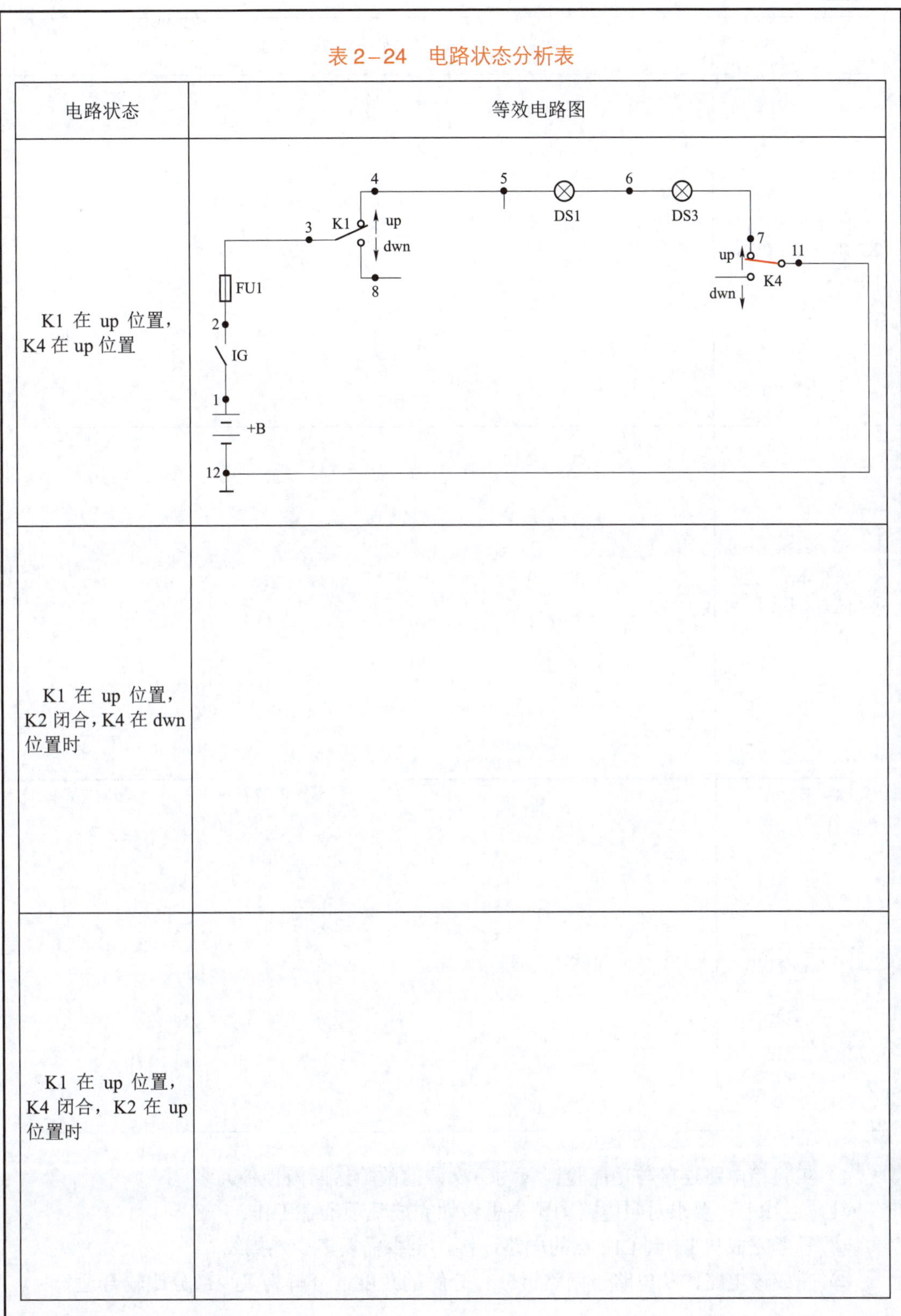


表 2-24　电路状态分析表

| 电路状态 | 等效电路图 |
|---|---|
| K1 在 up 位置，K4 在 up 位置 | （电路图） |
| K1 在 up 位置，K2 闭合，K4 在 dwn 位置时 | |
| K1 在 up 位置，K4 闭合，K2 在 up 位置时 | |

续表

| 电路状态 | 等效电路图 |
|---|---|
| K1 在 dwn 位置，K2 闭合，K4 在 dwn 位置时 | |
| K1 在 dwn 位置，K2 闭合，K4 在 up 位置时 | |
| K1 在 dwn 位置，K4 在 dwn 位置时 | |

4）实验箱电路连接与功能验证（为下次课的故障诊断做预备）。

（1）连线前，要求对照电路图预先思考性完成几项准备工作：

① 思考完成从 L1 到 L12 点的电路连接，至少需要多少连接线？

② 完成该电路，从电路子回路拆分、分解的角度，分解为多少部分比较合适？

续表

③ 对子回路进行快速识记后，要求连线时不得查看电路，按识记的子回路进行连线，以加深对电路的理解。

④ 思考如何对自己连接的线路进行品质控制？确保连线过程与结果尽可能地少出错？一旦出错了，有什么机制可以进行纠正？即思考预防性措施和补救性措施有哪些？

（2）按预准备要求思考的问题，进行实验箱电路的实际连线，并确保电路功能的正确实现。具体方法将在下次课程里做阐述。

## （三）知识拓展

1. 直流电机的电路控制方式。

最简单的电机控制电路是由一个开关和一个直流电源组成控制；一般直接控制用机械开关来实现，间接控制则要考虑控制电流或电压等因素，通常用继电器和晶体管集成（即控制器）来实现。

机械开关控制——无方向控制，用火线端控制或地线端控制；电机两端并联整流二极管。

机械开关控制——有方向控制需要，正方向接通电源与地线；电机两端并联整流二极管。

继电器开关控制——无方向或有方向控制，减少开关闭合电弧影响；电机两端并联整流二极管。

电子开关（晶体管）控制——MOSFET 或双极晶体管器件，电机两端并联电容。

电子控制器 ECU 控制——集合了控制 IC 和其他各类电子控制器件。

单方向驱动直流电机的电路。地线端控制通常采用低边驱动，供电端控制采用高边驱动，使用低边驱动的优点是可以不必使用 FET 驱动器。电机的低边驱动和高边驱动如图 2－13 所示。

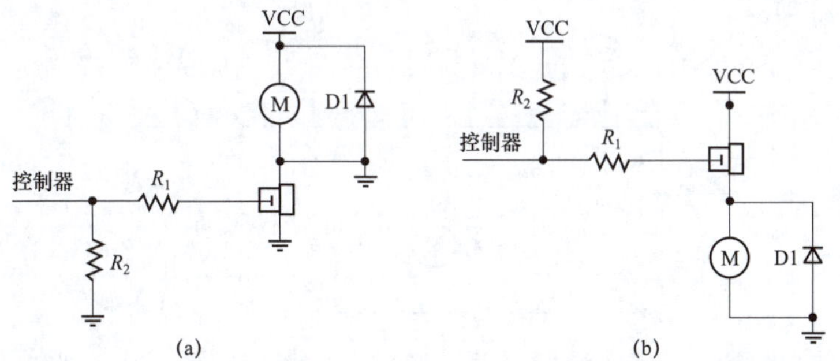


图 2－13 电机的低边驱动和高边驱动
（a）低边驱动；（b）高边驱动

2. 直流电机两端为什么要加反向二极管？还有其他方法吗？

直流电机两端（特别是指带有电刷和换向器的直流电机，或者在开关电源驱动下的无刷直流电机中的线圈部分）加反向二极管的主要原因在于：

续表

（1）抑制反电动势：当直流电机断电或电流方向改变时，由于电枢绕组是感性负载，会产生自感电动势。这个电动势的方向与原供电方向相反，其大小可能远高于电源电压，如果不加以处理，会对电源、开关元件（如晶体管、MOSFET 等）以及电机本身造成损害。反向并联的二极管（称为“续流”或“飞返”二极管）为这个自感电动势提供了一个释放通道，使感应电压可以通过二极管泄放，保护了其他电路元件。

（2）防止电磁干扰（EMI）：反电动势也会引起强烈的瞬态电流变化，产生电磁干扰，影响其他电子设备的正常工作。通过加入反向二极管，可以减少这种瞬变现象。

（3）提高可靠性：有效降低开关元件受到的应力，延长它们的使用寿命。

除了使用反向二极管以外，针对上述问题还有其他方法来应对：

（1）软关断技术：使用具有软启动和软停止功能的控制器，通过逐渐减小或切断电机电流来缓解反电动势的影响。

（2）RC 吸收网络：在电机端子上串联一个电阻与电容组成的 RC 网络，用于吸收和衰减反电动势尖峰。

（3）有源箝位电路：利用特定的电力电子器件（比如 IGBT、MOSFET 配合控制电路）构建箝位电路，主动控制反电动势的路径，将过高的电压限制在一个安全范围内。

对于现代的无刷直流（BLDC）电机和永磁同步电机（PMSM），因为它们没有电刷和换向器结构，而是通过逆变器进行调速控制，所以反电动势通常由逆变器内部电路设计解决，例如通过 PWM 斩波技术和电机参数辨识算法来进行实时控制，从而有效管理电机的反电动势。

3. 直流电机的电路控制方式。

在课中练习的基础上，需要考虑加强课外训练，如图 2-14 所示的电机控制电路适合课外拓展训练用。

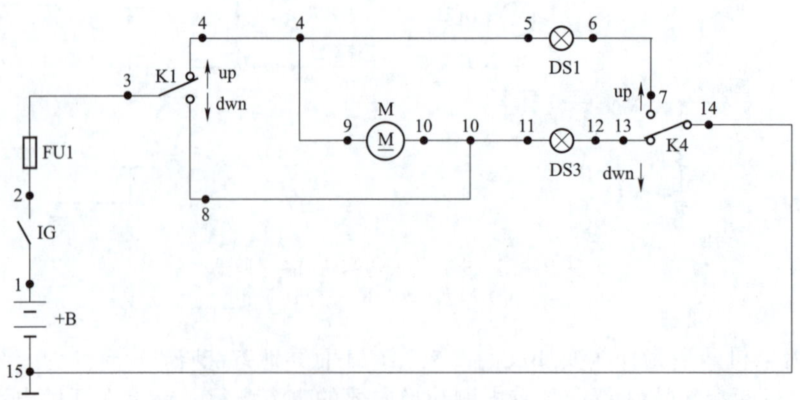


图 2-14　电机控制电路

**素养课堂：**

## 工匠精神：10 000 小时定律——学习总结能力的不断磨炼提升

10 000 小时定律的核心思想是，要在一个领域内达到世界级的专业水平，通常需要经过大约 10 000 小时的刻意练习。其强调了持续不断的、有目的性的练习（即“刻意练习”）的重要性，不仅包括反复地进行基础动作，而且涉及对技能的不断挑战和改进，以及从错误中学习的过程。其表达在很多领域中积累大量经验对于成为顶尖高手的重要性。在掌握基本知识结构原理的基础上，要不断总结、归纳，以逐步拓展知识面、技能体系和素养。

## 三、成绩评价

| 成绩评价方法 | 评分值 |
|---|---|
| 组内评价（A） | |
| 教师评价（B） | |
| 综合成绩＝A×50%＋ B×50% | |
| 说明：<br>1. 组内评价分：组长负责，组员按百分制打分，取组员平均值。<br>2. 评价内容包括：任务完成度（50%）＋实际参与度（15%）＋规范操作（20%）＋7S 管理（15%），未参加工作任务、未提交作业记 0 分。 | |

# 任务 4 电机直接控制电路诊断

## 一、任务信息

| 任务难度 | 初级 | | |
|---|---|---|---|
| 学时 | | 班级 | |
| 成绩 | | 日期 | |
| 姓名 | | 教师签名 | |
| 案例导入 | 如何用汽车电路故障诊断知识对给定的电机工作不良的故障进行诊断？预习要点在于故障诊断方法如何应用。<br>案例导入 | | |

续表

| | | |
|---|---|---|
| 能力目标 | 知识 | 1. 能够说明电机的开关控制方法与特性。<br>2. 能够说明电机电路的特性及与其他负载的组合特性。<br>3. 能够说明电位等特定电路基本物理量的特性 |
| | 技能 | 1. 能够对比分析开关控制电机电路的正常与故障状态下的功能。<br>2. 能够运用故障诊断知识对开关控制电机电路进行原因分析。<br>3. 能够运用万用表对电路进行故障诊断与排除 |
| | 素养 | 1. 掌握万用表的基本操作规程。<br>2. 掌握汽车电路的基本故障诊断思维。<br>3. 能够养成基于严谨、规范、爱岗敬业等工匠精神的工作态度。<br>4. 具备一定的团队组织管理、品质控制等基础管理素养 |

## 二、任务流程

### （一）任务准备

从一个实际的电路故障排除案例学习故障诊断的技巧。请扫描下方二维码进行学习。

电机故障诊断的学习

### （二）任务实施

工作表 1　开关控制电机电路的故障诊断

1. 故障诊断前准备。

1）请根据如图 2－15 所示的开关控制电机电路图，按图在实验箱上连接电路，并确保电路实现功能正常。

计算条件：$U_{+B}=12\ \text{V}$；$R_{DS1}=R_{DS3}=3\ \Omega$，$R_2=R_M=6\ \Omega$。

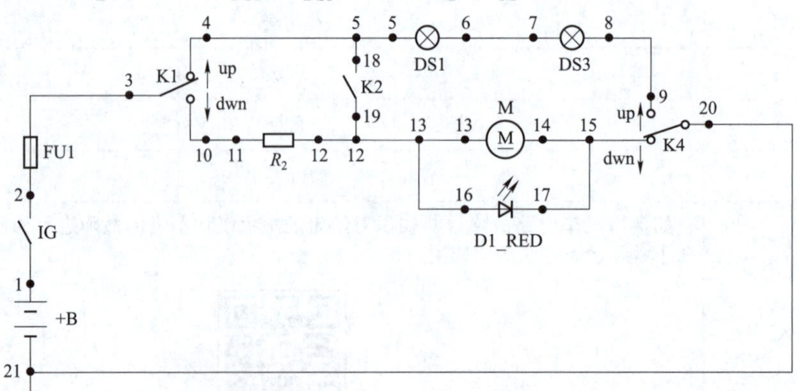


图 2－15　开关控制电机电路图

续表

实验箱电路连接与功能验证（对接项目二任务3）

（1）数线法：预判工作量，完成从L1到L21点的电路连接，至少需要14条连接线。

（2）子回路分解法：从电路子回路拆分、分解的角度，该电路可以分解为4路连线比较合适；每路所用电线以不超过8条为宜，过多、过大的回路不适合记忆理解。

（3）阶段核验法（分检）：对子回路进行快速识记后连线，每路连线完成后，再重新用识记的回路走一遍，核验是否正确。务必保证产品质量的品质检验是分步、分阶段进行的，最后才是总检。

（4）总检：思考如何对自己连接的线路进行检验与品质控制？

① 电路静态检测法：根据电路特点，设计合理的检测点，在断电情况下，按电路默认状态，用万用表进行检测，比对计算数据与实测数据是否一致，来评判电路连接质量情况。

② 电路动态检测法——功能核验：实验箱电路上电，拨动相应的开关，检验开关对应的电路功能状态是否正确，建议用本书前面推荐的表格法做全面核验，防止遗漏。

③ 电路动态检测法——电位核验：实验箱电路上电，拨动相应的开关，检验开关对应的电路功能状态下，检查关键观测点的电位是否与理论计算一致？如有偏差，分析偏差的原因；必要时继续测量各子回路的电流等是否与理论计算一致？建议用本书前面推荐的电位表格法做全面核验，防止遗漏。

（5）技能训练回头看。

根据前述章节的方法，继续思考从现场工程的角度、产品批量管理的角度进行阐述，完成如表2－25所示的内容。

表2－25 电路连接“工程质量”的品质控制方法思考

| 方法序号 | 方法名称 | | 过程记录 | 优缺点分析 | 适合应用场合思考 |
|---|---|---|---|---|---|
| 1 | 数线法 | | | | |
| 2 | 分检 | 子回路分解法 | | | |
| 3 | | 阶段核验法 | | | |
| 4 | 总检 | 电路静态检测法 | | | |
| 5 | | 电路动态检测法——功能核验 | | | |
| 6 | | 电路动态检测法——电位核验 | | | |

2）按电路实现功能的测量要求，用多种方法，通过分检、总检等手段，交叉保障实验箱电路连接的准确度。

2. 按如图2－16所示的电路的故障位置示意完成实验箱电路的连线，质量品质检验合格后，进入故障诊断环节。教师根据需要（学生对故障的理解的偏差情况）对实验箱电路设置故障。

续表

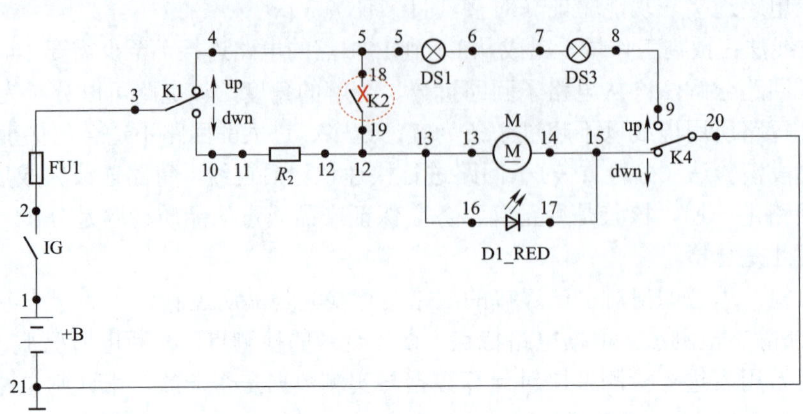


图 2-16　电路的故障位置示意

照虎画猫：学习参考开关控制电机电路的故障诊断样本（见表 2-26）。

表 2-26　开关控制电机电路的故障诊断样本

| 故障检查记录分析表一（样本） | |
|---|---|
| 故障症状描述 | （1）K1 置于 up 位置，K2 闭合，K4 置于 dwn 位置，电机 M 不转，指示灯 D1_RED 不亮；<br>（2）K1 置于 dwn 位置，K2 闭合，K4 置于 up 位置，灯 DS1 和 DS3 不亮 |
| 电路正常功能 | （1）K1 置于 up 位置，K2 断开，K4 置于 up 位置，灯 DS1、DS3 亮；<br>（2）K1 置于 up 位置，K2 断开，K4 置于 dwn 位置，灯均不亮，电机 M 不转；<br>（3）K1 置于 up 位置，K2 闭合，K4 置于 up 位置，灯 DS1、DS3 亮；<br>（4）K1 置于 up 位置，K2 闭合，K4 置于 dwn 位置，电机 M 运转，指示灯 D1_RED 亮；<br>（5）K1 置于 dwn 位置，K2 断开，K4 置于 up 位置，灯均不亮，电机 M 不转；<br>（6）K1 置于 dwn 位置，K2 断开，K4 置于 dwn 位置，电机 M 慢转，指示灯 D1_RED 亮；<br>（7）K1 置于 dwn 位置，K2 闭合，K4 置于 up 位置，灯 DS1、DS3 亮；<br>（8）K1 置于 dwn 位置，K2 闭合，K4 置于 dwn 位置，电机 M 慢转，指示灯 D1_RED 亮 |
| 具体可能原因分析 | 根据故障症状、结合原理图，分析所有可能原因 |
| | 根据故障症状分析：<br>（1）根据故障症状（1）的表现，电机 M 不转，指示灯 D1_RED 不亮：① 说明 K1 置于 up 位置，K2 闭合时，没有电流经过电机 M 和指示灯 D1_RED；② 但 K1 置于 up 位置，K2 断开，K4 置于 up 位置，灯 DS1、DS3 亮；说明开关 K1 在 up 位置正常，线路 4—8 正常；结合①和②分析，故障可能原因为：线路 5—18—19—13—14—15—20 有故障（包含了开关 K2、电机 M 和开关 K4 dwn 位置）；<br>（2）根据故障症状（2）的表现，灯 DS1 和 DS3 不亮：① 说明 K1 置于 dwn 位置，K2 闭合时，没有电流经过灯 DS1 和 DS3；② 但 K1 置于 up 位置，K4 置于 up 位置，灯 DS1、DS3 亮；说明灯 DS1 和 DS3 线路（线路 5—8 正常）；结合①和②分 |

续表

续表

| 具体可能原因分析 | 析，故障可能原因为：线路 3—10—11—12—18—19—5 或 9—5 有故障（包含了开关 K2、电阻 $R_2$ 和开关 K1 dwn 位置）；<br><br>综上分析，故障可能原因为线路 5—18—19—12 有故障（包含了开关 K2） | | | |
|---|---|---|---|---|
| 检修步骤、结果分析与判断 | 检查方法描述 | | 结果记录 | 分析与判断 |
| | 上电，打开 IG 开关 | 测量电路的电源及 IG 端是否正常 | $U_{+B}=12$ V | 电源与 IG 端正常 |
| | K1 置于 up 位置，K2 闭合（K4 置于 dwn 位置） | 测量 5 点电位 | $V_5=12$ V | 5 点电位正常 |
| | K1 置于 up 位置，K2 闭合（K4 置于 dwn 位置） | 测量 12 点电位 | $V_{12}=0$ V | 12 点电位异常（或线路 5—18—19—12 断路） |
| | 断电，闭合 K2 | 测量 K2 端电阻 | $R_{K2}=\infty$ | 开关 K2 故障 |
| | | | | |
| 故障点排除确认 | 根据各点测量结果，故障点在 K2 不能正常闭合。<br><br>更换开关 K2 后，重新上电检查，电路功能恢复正常 | | | |

电路功能的二进制表格法如表 2-27 所示。

表 2-27　电路功能的二进制表格法

| 开关 K4 | 开关 K2 | 开关 K1 | 开关 K2 故障态下的灯组合（0——不工作，1——工作） | | | | 正常态下的灯组合（0——不工作，1——工作） | | | |
|---|---|---|---|---|---|---|---|---|---|---|
| 0——up<br>1——dwn | 0——opn<br>1——cls | 0——up<br>1——dwn | 灯 DS1 | 灯 DS3 | 电机 M | D1_RED | 灯 DS1 | 灯 DS3 | 电机 M | D1_RED |
| 0 | 0 | 0 | 1 | 1 | 0 | 0 | 1 | 1 | 0 | 0 |
| 1 | 0 | 0 | 0 | 0 | 0 | 0 | 0 | 0 | 0 | 0 |
| 0 | 1 | 0 | 1 | 1 | 0 | 0 | 1 | 1 | 0 | 0 |
| 1 | 1 | 0 | 0 | 0 | 0 | 0 | 0 | 0 | 1 | 1 |
| 0 | 0 | 1 | 0 | 0 | 0 | 0 | 0 | 0 | 0 | 0 |
| 1 | 0 | 1 | 0 | 0 | 1/2 | 1 | 0 | 0 | 1/2 | 1 |
| 0 | 1 | 1 | 0 | 0 | 0 | 0 | 1 | 1 | 0 | 0 |
| 1 | 1 | 1 | 0 | 0 | 1/2 | 1 | 0 | 0 | 1/2 | 1 |

**参考信息：简单电路的故障诊断信息**

1. 连线质量品质控制方法——数线法。

如图 2-17 所示，从电源正极的 1 点起始，到电源负极的 21 点结束，该电路需要用 14 条连接线才能完成该电路图的线路连接。

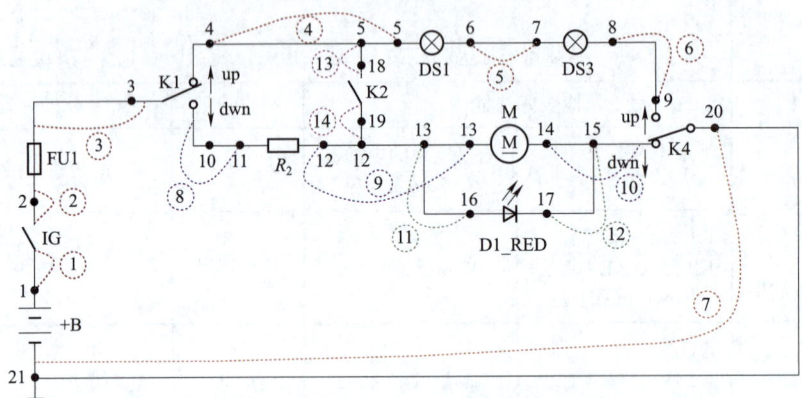


图 2-17　电路的故障位置示意

2. 连线质量品质控制方法——子回路分解法。

如图 2-17 所示，从电源正极的 1 点起始，到电源负极的 21 点结束，该电路用 4 种不同颜色标识了 4 个不同的支路：红色子回路由①～⑥组成，蓝色子回路由⑦～⑩组成，开关 K2 支路用绿色标识⑪⑫，开关 K3 支路用粉色标识⑬⑭。

3. 连线质量品质控制方法——电路静态检测法。

在电路静态（电源断电、开关初始状态）下，设计如表 2-28 所示的通电前线路计算记录表，对电路连接后进行电阻测量。思考为什么要测量线路电阻？通过测量哪些端子间的电阻可以判断出电路的连接质量好坏？是否一定要测量表所示的 4 个项目，是否可以另外设计检查项目或检查点？表 2-28 作为样例，仅供参考。

表 2-28　通电前线路计算记录表

| 检查项目 | 计算结果 | 测量结果 | 结果错误原因分析 |
|---|---|---|---|
| 4 点与 9 点之间的电阻 | 6 Ω | | |
| 10 点与 20 点之间的电阻 | 12 Ω | | |
| 3 点与 20 点之间的电阻（K2 断开与闭合比较） | ∞/6 Ω | | |
| 3 点与 20 点之间的电阻（K1 up 与 dwn 比较） | ∞/12 Ω | | |

4. 连线质量品质控制方法——电路动态检测法（功能核验）。

按开关的不同组合和表 2-27 进行表格法整理，整理后如表 2-29 所示。

表 2-29　不同开关组合下的灯组合

| 1）K1 置于 up 位置，K2 断开，K4 置于 up 位置，灯 DS1、DS3 亮 |
|---|
| 2）K1 置于 up 位置，K2 断开，K4 置于 dwn 位置，灯均不亮，电机 M 不转 |
| 3）K1 置于 up 位置，K2 闭合，K4 置于 up 位置，灯 DS1、DS3 亮 |
| 4）K1 置于 up 位置，K2 闭合，K4 置于 dwn 位置，电机 M 运转，指示灯 D1_RED 亮 |
| 5）K1 置于 dwn 位置，K2 断开，K4 置于 dwn 位置，电机 M 慢转，指示灯 D1_RED 亮 |
| 6）K1 置于 dwn 位置，K2 闭合，K4 置于 up 位置，灯 DS1、DS3 亮 |
| 7）K1 置于 dwn 位置，K2 闭合，K4 置于 dwn 位置，灯 DS1、DS3 亮，电机 M 慢转，指示灯 D1_RED 亮 |

对表 2-29 所示的灯组合，进行简化合并，可以简化描述为：

1）K1 置于 up 位置，K4 置于 up 位置，灯 DS1、DS3 亮；

2）K1 置于 up 位置，K2 断开，K4 置于 dwn 位置，灯均不亮；

3）K1 置于 up 位置，K2 闭合，K4 置于 dwn 位置，电机 M 运转，指示灯 D1_RED 亮；

4）K1 置于 dwn 位置，K2 断开，K4 置于 up 位置，灯均不亮，电机 M 不转；

5）K1 置于 dwn 位置，K2 闭合，K4 置于 up 位置，灯 DS1、DS3 亮；

6）K1 置于 dwn 位置，K4 置于 dwn 位置，灯 DS1、DS3 亮，电机 M 慢转，指示灯 D1_RED 亮。

5. 连线质量品质控制方法——电路动态检测法（电位核验）。

闭合不同的开关，计算对应电路的不同检查项目，并对电路中特定点的电位进行测量比对，记录于表 2-30 中。

表 2-30　通电后线路测量数据记录表

| 检查项目 | | 测量结果 | 计算结果 | 错误原因分析 |
|---|---|---|---|---|
| K1 在 up 位置，K4 在 up 位置，K2 闭合 | $V_4$ | | 12 V | |
| | $V_{10}$ | | 12 V | |
| | $U_{5-9}$ | | 12 V | |
| | $U_{5-15}$ | | 0 V | |
| | $I_{DS1}$ | | 2 A | |
| | $I_M$ | | 0 A | |
| K1 在 dwn 位置，K4 在 up 位置，且 K2 闭合 | $V_4$ | | 6 V | |
| | $V_{10}$ | | 12 V | |
| | $U_{5-9}$ | | 6 V | |
| | $U_{5-15}$ | | 0 V | |
| | $I_{DS1}$ | | 1 A | |
| | $I_M$ | | 0 A | |

续表

| 检查项目 | | 测量结果 | 计算结果 | 错误原因分析 |
|---|---|---|---|---|
| K1 在 dwn 位置，K4 在 dwn 位置，且 K2 闭合 | $V_9$ | | 6 V | |
| | $V_{10}$ | | 12 V | |
| | $U_{5-9}$ | | 0 V | |
| | $U_{5-15}$ | | 6 V | |
| | $I_{DS1}$ | | 0 A | |
| | $I_M$ | | 1 A | |

工作表 2　开关控制电机电路的故障诊断

1. 故障诊断前准备。

1）请根据如图 2－18 所示的开关控制电机电路图，按图在实验箱上连接电路，并确保电路实现功能正常。

计算条件：$U_{+B}=12$ V；$R_{DS1}=R_{DS3}=3\ \Omega$，$R_M=3\ \Omega$。

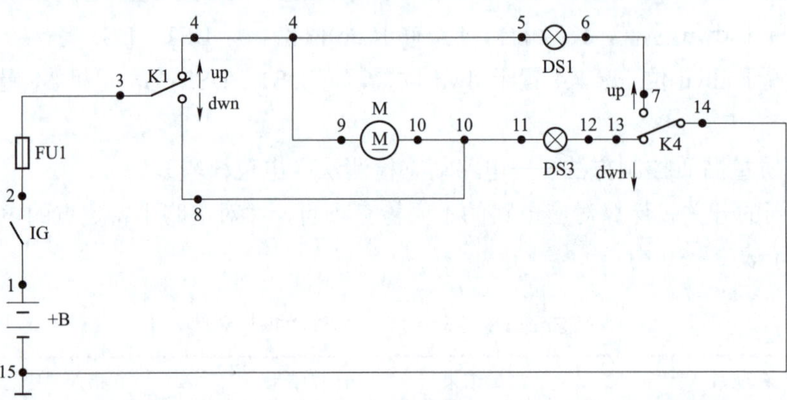


图 2－18　开关控制电机电路图

实验箱电路连接与功能验证

（1）数线法：预判工作量，完成从 L1 到 L15 点的电路连接，至少需要多少条连接线

（2）子回路分解法：从电路子回路拆分、分解的角度，该电路可以分解为 3 路连线比较合适；每路所用电线以不超过 8 条为宜，过多、过大的回路不适合记忆理解。

（3）阶段核验法（分检）：对子回路进行快速识记后连线，每路连线完成后，再重新用识记的回路走一遍，核验是否正确。务必保证产品质量的品质检验是分步、分阶段进行的，最后才是总检。

（4）总检：思考如何对自己连接的线路进行检验与品质控制？

① 电路静态检测法：根据电路特点，设计合理的检测点，在断电情况下，按电路默认状态，用万用表进行检测，比对计算数据与实测数据是否一致，来评判电路连接质量情况。

续表

② 电路动态检测法——功能核验：实验箱电路上电，拨动相应的开关，检验开关对应的电路功能状态是否正确，建议用本书前面推荐的表格法做全面核验，防止遗漏。

③ 电路动态检测法——电位核验：实验箱电路上电，拨动相应的开关，检验开关对应的电路功能状态下，检查关键观测点的电位是否与理论计算一致？如有偏差，分析偏差的原因；必要时继续测量各子回路的电流等是否与理论计算一致？建议用本书前面推荐的电位表格法做全面核验，防止遗漏。

（5）技能训练回头看。

根据前述章节的方法，继续思考从现场工程的角度、产品批量管理的角度进行阐述，完成如表 2－31 所示的内容。

表 2－31　电路连接“工程质量”的品质控制方法思考

<table>
<tr><th>方法序号</th><th colspan="2">方法名称</th><th>过程记录</th><th>优缺点分析</th><th>适合应用场合思考</th></tr>
<tr><td>1</td><td colspan="2">数线法</td><td></td><td></td><td></td></tr>
<tr><td>2</td><td rowspan="2">分检</td><td>子回路分解法</td><td></td><td></td><td></td></tr>
<tr><td>3</td><td>阶段核验法</td><td></td><td></td><td></td></tr>
<tr><td>4</td><td rowspan="3">总检</td><td>电路静态检测法</td><td></td><td></td><td></td></tr>
<tr><td>5</td><td>电路动态检测法<br>——功能核验</td><td></td><td></td><td></td></tr>
<tr><td>6</td><td>电路动态检测法<br>——电位核验</td><td></td><td></td><td></td></tr>
</table>

2）按电路实现功能的测量要求，用多种方法，通过分检、总检等手段，交叉保障实验箱电路连接的准确度。

2. 按电路图完成实验箱电路的连线，质量品质检验合格后，进入故障诊断环节。教师根据需要（学生对故障的理解的偏差情况）对实验箱电路设置故障，本例设置的故障见后。

1）真枪实战：对开关控制电机电路的故障诊断进行学习训练，将结果记录于表 2－32 中。

表 2－32　开关控制电机电路的故障诊断表

<table>
<tr><th colspan="2">故障检查记录分析表（空表）</th></tr>
<tr><td>故障症状描述</td><td></td></tr>
<tr><td>电路正常功能</td><td></td></tr>
<tr><td rowspan="2">具体可能原因分析</td><td>根据故障症状、结合原理图，分析所有可能原因</td></tr>
<tr><td>根据故障症状，可以得出：________________<br>________________<br>________________</td></tr>
</table>

续表

续表

| | 检查方法描述 | | 结果记录 | 分析与判断 |
|---|---|---|---|---|
| 检修步骤、<br>结果分析与判断 | 上电，打开 IG 开关 | 测量电路的电源及 IG 端是否正常 | $U_{+B}=12$ V | 电源与 IG 端正常 |
| | | | | |
| | | | | |
| | | | | |
| | | | | |
| | | | | |
| | | | | |
| | | | | |
| | | | | |
| | | | | |
| | | | | |
| | | | | |
| | | | | |
| 故障点排除确认 | 根据各点测量结果，故障点在__________________________________________。______________________，重新上电检查，电路功能恢复正常 | | | |

按前述表格法，画出该电路功能二进制表格法，填写在表 2－33 中。并画出该电路的故障位置示意图（见图 2－19）。

表 2－33　电路功能的二进制表格法

续表

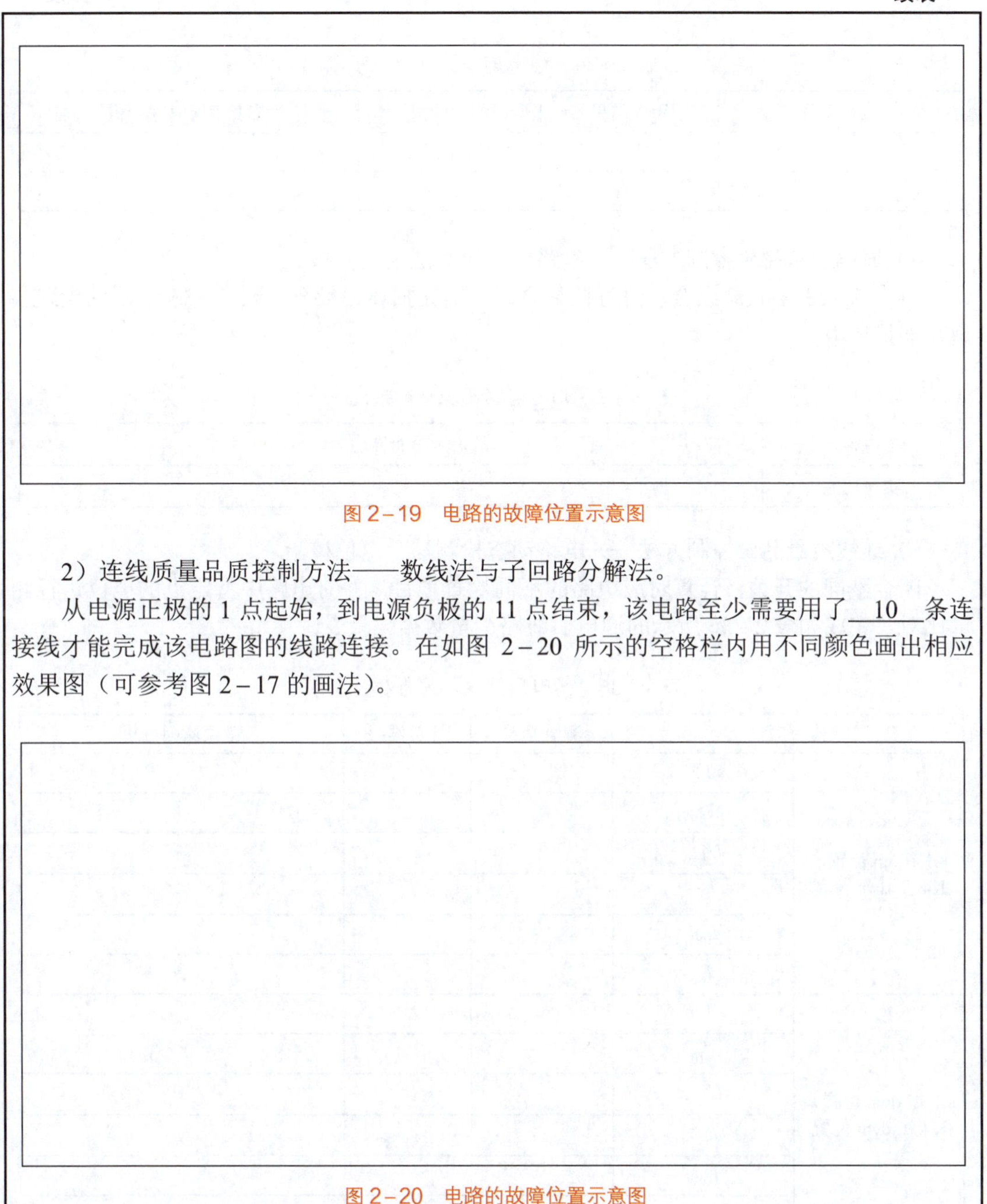

图 2-19　电路的故障位置示意图

2）连线质量品质控制方法——数线法与子回路分解法。

从电源正极的 1 点起始，到电源负极的 11 点结束，该电路至少需要用了__10__条连接线才能完成该电路图的线路连接。在如图 2-20 所示的空格栏内用不同颜色画出相应效果图（可参考图 2-17 的画法）。

图 2-20　电路的故障位置示意图

3）连线质量品质控制方法——电路静态检测法。

在电路静态（电源断电、开关初始状态）下，设计如表 2-34 所示的通电前线路计算记录表，对电路连接后进行电阻测量。思考为什么要测量线路电阻？通过测量哪些端子间的电阻可以判断出电路的连接质量好坏？是否一定要测量表 2-34 所示的项目，是否可以另外设计检查项目或检查点？表 2-34 作为样例，仅供参考。

续表

表 2-34　通电前线路计算记录表

| 检查项目 | 计算结果 | 测量结果 | 结果错误原因分析 |
| --- | --- | --- | --- |
| | | | |
| | | | |

4）连线质量品质控制方法——电路动态检测法（功能核验）。

对表 2-33 的负载组合，进行简化合并，简化描述记录在如表 2-35 所示的电路实现功能描述中。

表 2-35　电路实现功能描述

| 内容 | 功能描述 |
| --- | --- |
| 实现功能 | |

5）连线质量品质控制方法——电路动态检测法（电位核验）。

闭合不同的开关，计算对应电路的不同检查项目，并对电路中特定点的电位进行测量比对，完成如表 2-36 所示的通电后线路测量数据记录表。

表 2-36　通电后线路测量数据记录表

| 检查项目 | | 测量结果 | 计算结果 | 错误原因分析 |
| --- | --- | --- | --- | --- |
| K1 在 up 位置，K4 在 dwn 位置 | $V_6$ | | | |
| | $V_{10}$ | | | |
| | $U_{4-6}$ | | | |
| | $U_{6-10}$ | | | |
| | $I_{DS1}$ | | | |
| | $I_M$ | | | |
| K1 在 dwn 位置，K4 在 dwn 位置 | $V_6$ | | | |
| | $V_{10}$ | | | |
| | $U_{4-6}$ | | | |
| | $U_{6-10}$ | | | |
| | $I_{DS3}$ | | | |
| | $I_M$ | | | |

## （三）知识拓展

如图 2-21 所示，根据图示故障点，比较不同的故障现象的差别，并通过实验箱连接进行验证。

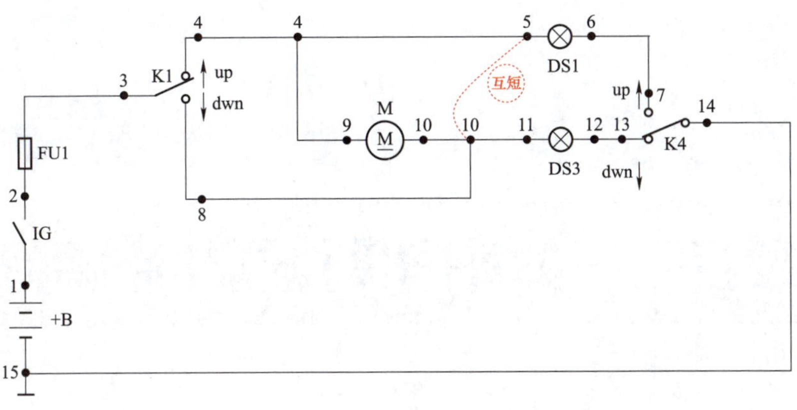


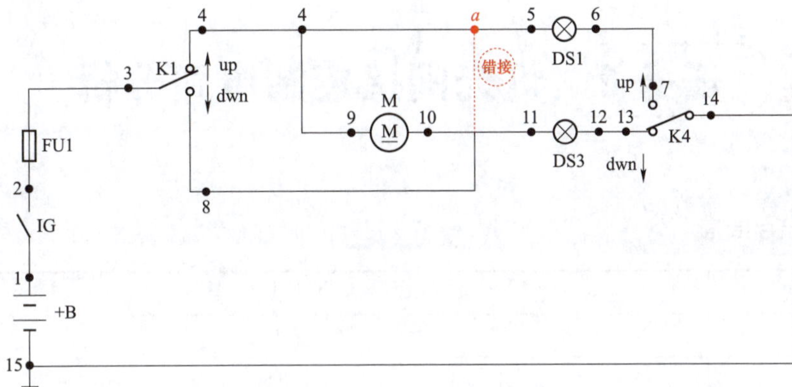


图 2-21 电路的故障位置示意

**素养课堂：**

## 工匠精神：精益求精——故障点的拓展与技能提升

不要单纯以为对某个电路的故障诊断案例比较熟悉了，就自我感觉水平很好。精益求精，要对每个部件（线路、控制器件、负载）从基本故障的类型（断路、短路、虚接）都进行必要的测试训练，从中找到规律性的问题。以精益求精的态度和技能训练提升故障诊断分析能力。

## 三、成绩评价

| 成绩评价方法 | 评分值 |
| --- | --- |
| 组内评价（A） | |
| 教师评价（B） | |
| 综合成绩＝A×50%＋ B×50% | |
| 说明：<br>1. 组内评价分：组长负责，组员按百分制打分，取组员平均值。<br>2. 评价内容包括：任务完成度（50%）＋实际参与度（15%）＋规范操作（20%）＋7S 管理（15%），未参加工作任务、未提交作业记 0 分。 | |

# 项目三　负载间接控制电路检修

## 任务 1　灯光间接控制电路分析

### 一、任务信息

<table>
<tr><td>任务难度</td><td colspan="4">中级</td></tr>
<tr><td>学时</td><td colspan="2"></td><td>班级</td><td></td></tr>
<tr><td>成绩</td><td colspan="2"></td><td>日期</td><td></td></tr>
<tr><td>姓名</td><td colspan="2"></td><td>教师签名</td><td></td></tr>
<tr><td>案例导入</td><td colspan="4">直观感觉：看看汽车的转向灯和危险警告灯是怎么工作的？<br>案例导入</td></tr>
<tr><td rowspan="3">能力目标</td><td>知识</td><td colspan="3">1. 能够说明继电器的间接控制方法。<br>2. 能够说明继电器的结构原理。<br>3. 能够说明基本继电器的性能检测方法</td></tr>
<tr><td>技能</td><td colspan="3">1. 能够分析继电器控制灯光电路的功能。<br>2. 能够对继电器控制灯光电路进行连线。<br>3. 能够运用欧姆定律对电路进行物理量的计算</td></tr>
<tr><td>素养</td><td colspan="3">1. 掌握电气安全的基本操作规程。<br>2. 能够养成严谨的工作态度</td></tr>
</table>

### 二、任务流程

#### （一）任务准备

如何用 12 V 的低压电去控制 220 V 的灯泡？请扫描下方二维码进行学习。

任务准备

## （二）任务实施

工作表 1　继电器控制灯光电路的认识

1. 请根据如图 3-1 所示的继电器控制灯光电路图，分析电路的实现功能。

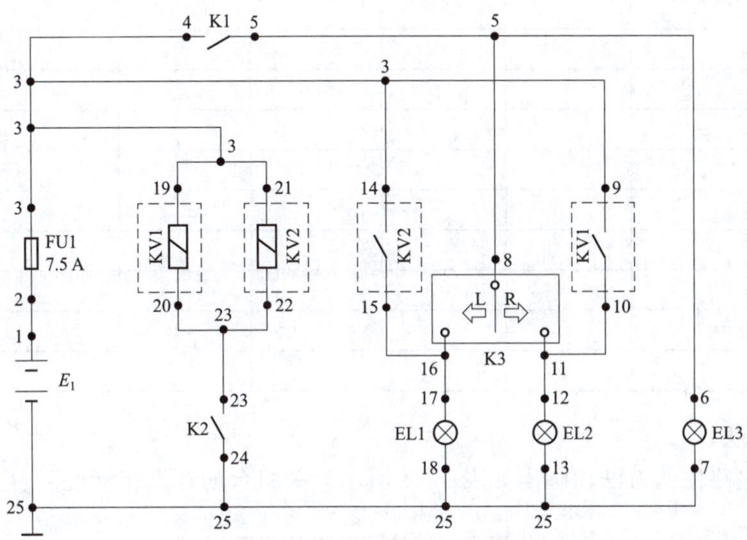


图 3-1　继电器控制灯光电路图

1）分析如图 3-1 所示的继电器控制灯光电路图的实现功能，完成如表 3-1 所示的电路实现功能分析。

表 3-1　电路实现功能分析

| 工作条件 | 实现功能 |
| --- | --- |
| K1、K2 断开，无论 K3 置于何位 | 灯 EL1、EL2、EL3 均不会点亮 |
| | |
| | |
| | |
| | |
| | |
| | |

续表

2）表格法。

模拟计算机的判断方法，开关 up 位置用“0”表示，开关 dwn 位置用“1”表示，灯 EL1、EL2、EL3 灭状态用“0”表示、亮状态用“1”表示，根据图示电路图，完成如表 3-2 所示的电路实现功能分析的填写。

表 3-2　电路实现功能分析

| 开关组合 | 开关 K1 | 开关 K2 | 开关 K3 | 灯 EL1 | 灯 EL2 | 灯 EL3 | 灯组合 |
| --- | --- | --- | --- | --- | --- | --- | --- |
| 000 | 0 | 0 | 0 | 0 | 0 | 0 | 000 |
| | | | | | | | |
| | | | | | | | |
| | | | | | | | |
| | | | | | | | |
| | | | | | | | |
| | | | | | | | |
| | | | | | | | |
| | | | | | | | |
| | | | | | | | |
| | | | | | | | |
| | | | | | | | |

3）画图法。

用等效电路图的方法，画出如表 3-3 所示开关组合的灯工作情况。

表 3-3　电路状态分析表

| 电路状态 | 等效电路图 |
| --- | --- |
| K1 闭合时 | 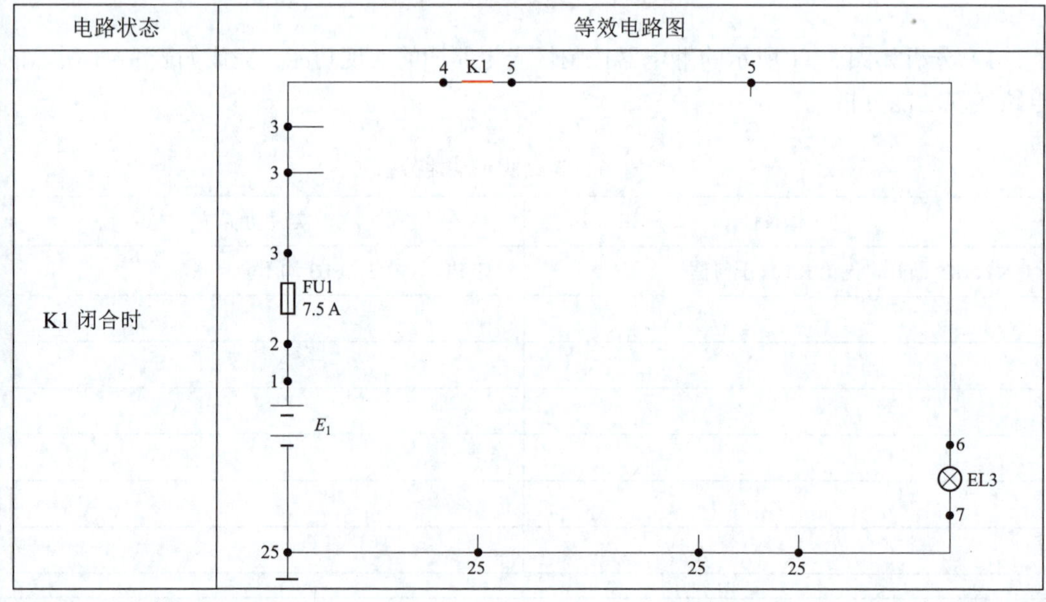 |

续表

续表

| 电路状态 | 等效电路图 |
| --- | --- |
| K1 闭合，K3 置于“R”位 | |
| K1 闭合，K3 置于“L”位 | |
| K1、K2 闭合<br>无论K3置于何位 | |

续表

| 电路状态 | 等效电路图 |
|---|---|
| K2 闭合 | |
| K2 闭合，K3 置于“L”或“R”位 | |

**参考信息：汽车继电器基本知识**

1. 继电器的基本概述。

1）什么是继电器？

汽车上许多电器部件需要用开关来控制其工作与否，由于汽车电气系统电压较低，而具有一定功率的电器部件的工作电流较大，一般在几十安以上，这么大的电流如果直接用开关或按键进行通断控制，开关或按键的触点将因无法长时间、多次承受大电流的通过而烧毁。因此，需要一种用小电流控制大电流的部件，这个部件可以是继电器和晶体管，在汽车上用得最多的基础间接控制部件就是继电器。因此，从机理上可以得出，继电器的实质是一个允许大电流的触点开关，一个受小电流控制的电磁开关；通过电磁感应作用实现主机电路的分合，所以也被称为电磁继电器。

继电器（英文名称：Relay）是一种电子控制器件，其主要功能是通过电信号的控制来实现电路的开闭，在输入量（如电、磁、声、光、热等信号）达到预设条件时，通过内部电磁机构或非电磁转换机制来接通或断开一个或多个独立的电路。现代工业中，无处不在的继电器（接触器）是控制系统的基础构件。

2）继电器的作用。

继电器最基本的作用（实质）：开关的作用，是受控制回路控制的开关。其作用类似（也可以把它看成是）用小电流去控制大电流运作的一种“自动开关”。

① 继电器用于隔离和传递信号时，可以实现两类不同的独立电路进行隔离，并传递信号。

② 继电器可以实现以小控大的作用，比如低压控制高压——用 12 V 电路控制 220 V 电灯亮灭。

③ 继电器用于以小控大时，其最基本的作用是小电流控制大电流——短期来看开关开闭瞬间会有电弧、电火花，长期来看开关触点会烧蚀、使用寿命短。

继电器用于以小控大时，负载的独立控制是关键，继电器需要考虑灭弧及延长使用寿命；工业上继电器也称为接触器。

3）常用的普通继电器结构。

常用的普通继电器，通常指的是电磁式继电器，其继电器接脚有（常开+常闭）触点和线圈接脚。

如图 3-2 所示，其部分结构如下：

① 电磁系统：包括线圈、铁芯（也称为轭铁或磁轭）和衔铁。线圈绕在铁芯上，当电流通过时会产生磁场。

② 触点系统：由常开触点（Normally Open，NO）和常闭触点（Normally Closed，NC）组成。触点是用于接通或断开外部电路的金属部件，分为动触点和静触点两部分。动触点连接到衔铁上，随着衔铁的运动而改变与静触点之间的接触状态。

③ 返回弹簧：用于保持继电器在未通电状态下的位置，并在失电后使衔铁复位，恢复触点原来的状态。

④ 外壳和其他机械组件：提供支撑、固定及绝缘作用，确保继电器内部各部件正常工作并保护其不受外部环境影响。

4）继电器的工作原理。

继电器具有控制系统（又称输入回路）和被控制系统（又称输出回路）之间的互动关系。可以说，输出是结果，输入是过程。

如图 3-3 所示，具体工作原理如下：

① 当向继电器线圈施加一定的电压或电流时，线圈会产生磁场，该磁场使衔铁被吸引向铁芯方向移动。

② 衔铁在电磁力的作用下克服返回弹簧的阻力，带动动触点运动。

③ 触点系统包括常开触点（当继电器吸合时，触点会在衔铁动作时闭合）和常闭触点（当继电器吸合时，触点会在衔铁动作时断开）。

④ 当线圈中的电流切断时，电磁场消失，衔铁在返回弹簧的作用下恢复至初始位置，相应地，触点也会恢复到原先的开闭状态。

简单来说，继电器利用电磁感应原理来实现电路的非直接切换，为自动化控制系统提供了安全可靠且灵活的控制手段。继电器的动作会导致控制回路与负载回路之间建立或断开连接，从而实现对较大电流或高压设备的远程或安全控制，即通过小电流控制大电流回路的通断，或者实现不同电压等级电路之间的隔离和转换。

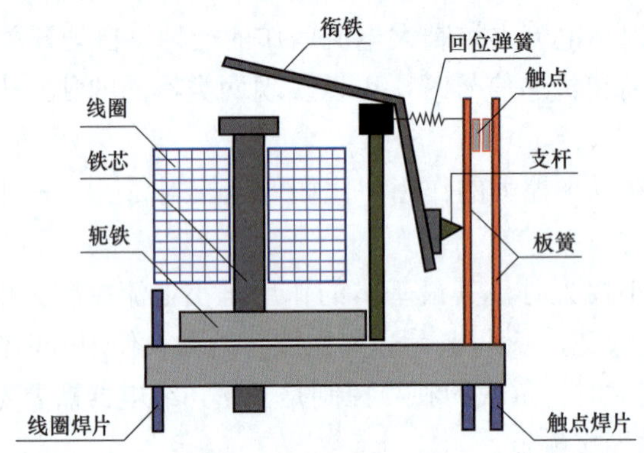


图 3-2　继电器的结构示意

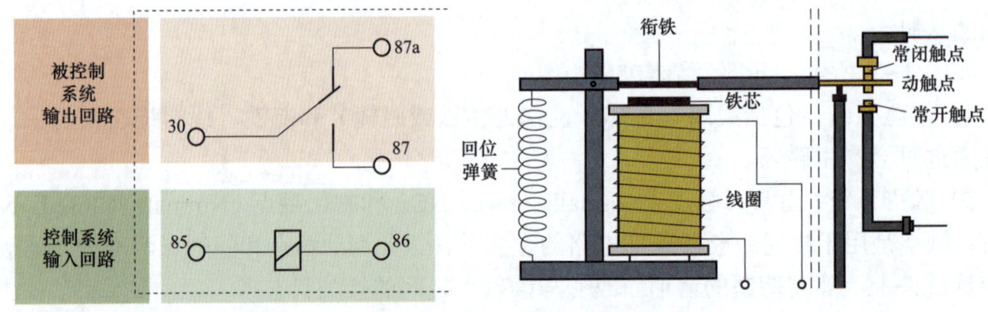


图 3-3　继电器的结构原理

5）继电器的类型。

继电器的类型非常丰富，根据不同的分类标准和应用场景，可以分为以下多种类型：如电磁式继电器、固态继电器、舌簧式继电器、温度继电器（例如热继电器用于电机过载保护）、压力继电器等，它们根据不同的应用需求设计，具有不同的触发方式和功能特点。

（1）电磁式继电器。

① 电压继电器：根据输入电压的变化动作，如 AC/DC 电压继电器。

② 电流继电器：检测电路中的电流大小并作出响应，包括过电流、欠电流继电

器等。

③ 时间继电器：延时接通或断开触点，具有延时型和短时型，实现定时控制或延时控制功能。

（2）固态继电器（Solid State Relay, SSR）：使用半导体元件（如晶体管、晶闸管等）作为开关元件，无机械接触部件，具有寿命长、反应速度快等特点。

（3）舌簧继电器（Reed Relay）：利用磁致伸缩效应工作，体积小、反应快，主要用于信号切换和弱电系统中。

（4）温度继电器（Thermal Relay）：根据环境或设备内部温度变化来控制电路，常用于电机和其他电气设备的过热保护。

（5）压力继电器：根据流体压力大小改变状态的继电器，常见于液压和气压控制系统。

6）常用继电器新旧符号。

电流继电器：旧符号 LJ，新符号 KA。

电压继电器：旧符号 YJ，新符号 KV。

时间继电器：旧符号 SJ，新符号 KT。

中间继电器：旧符号 ZJ，新符号 KM。

信号继电器：旧符号 XJ，新符号 KS。

7）继电器主要产品技术参数。

① 额定工作电压：是指继电器正常工作时线圈所需要的电压。根据继电器的型号不同可以是交流电压，也可以是直流电压。

② 直流电阻：是指继电器中线圈的直流电阻，可以通过万用表测量。

③ 吸合电流：是指继电器能够产生吸合动作的最小电流。在正常使用时，给定的电流必须略大于吸合电流，这样继电器才能稳定的工作。而对于线圈所加的工作电压，一般不要超过额定工作电压的 1.5 倍，否则会产生较大的电流而把线圈烧毁。

④ 释放电流：是指继电器产生释放动作的最大电流。当继电器吸合状态的电流减小到一定程度时，继电器就会恢复到未通电的释放状态，这时的电流远远小于吸合电流。

⑤ 触点切换电压和电流：是指继电器允许加载的电压和电流。它决定了继电器能控制电压和电流的大小，使用时不能超过此值，否则很容易损坏继电器的触点。

8）继电器性能测试。

如图 3-4 所示为继电器的电路结构示意图，继电器的性能判别方法：万用表的电阻挡和二极管的导通挡位。根据继电器内部结构图进行分析测量。

① 测触点电阻：用万用表的电阻挡，测量常闭触点与动点电阻，其阻值应为 0，如电阻大或不稳定，说明触点接触不良；而常开触点与动点的阻值就为无穷大，如有电阻值，则为触点粘连。由此可以区别出哪个是常闭触点，哪个是常开触点以及继电器是否良好（尤其是用过的继电器）。

② 测线圈电阻：可用万用表 R×10 挡测量继电器线圈的阻值，从而判断该线圈是否存在着开路现象。继电器线圈的阻值和它的工作电压及工作电流有非常密切的关系，通过

线圈的阻值可以计算出它的使用电压及工作电流。

③ 测量吸合电压和吸合电流：用可调稳压电源和电流表，给继电器输入一组电压，且在供电回路中串入电流表进行监测。慢慢调高电源电压，听到继电器吸合的声音时，记录吸合电压和吸合电流。为求准确，可以尝试多次求平均值。

④ 测量释放电压和释放电流：如上述那样连接测试，当继电器发生吸合后，再逐渐降低供电电压，当听到继电器再次发生释放声音时，记下此时的电压和电流，亦可尝试多次而取得平均的释放电压和释放电流。一般情况下，继电器的释放电压为吸合电压的10%～50%。如果释放电压小于1/10的吸合电压，则不能正常使用，这样会对电路的稳定性造成威胁，使工作不可靠。

继电器的性能测试示意图如图 3－5 所示。

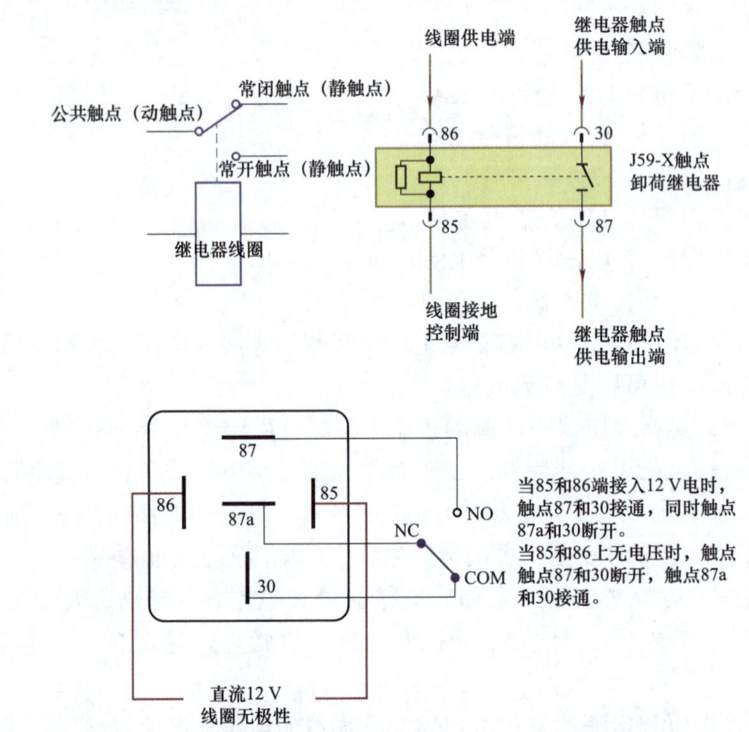


图 3－4　继电器的电路结构示意图

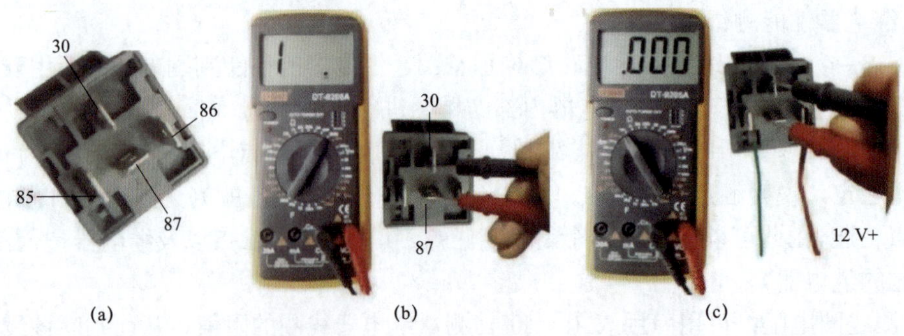


图 3－5　继电器的性能测试示意图

（a）继电器的接线端；（b）未通电时；（c）通电时

## 工作表 2 继电器控制灯光电路的认识

1. 请根据如图 3-6 所示的继电器控制灯光电路图，分析电路的实现功能。

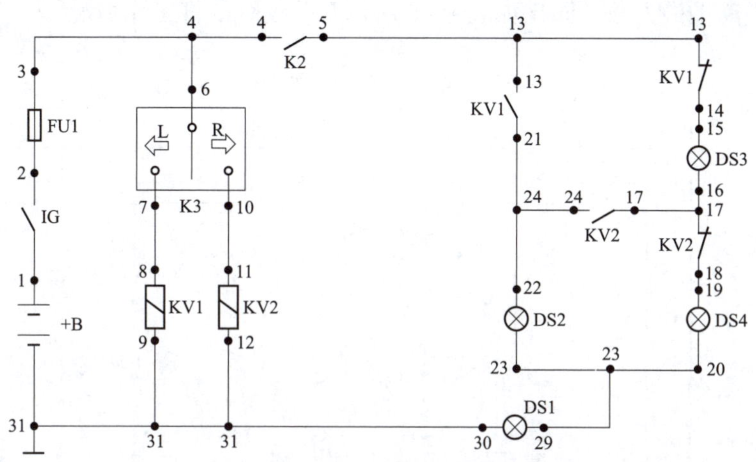


图 3-6 继电器控制灯光电路图

1）分析如图 3-6 所示的继电器控制灯光电路图的实现功能，完成如表 3-4 所示的电路实现功能分析。

表 3-4 电路实现功能分析

| 工作条件 | 实现功能 |
|---|---|
| 开关 K2 断开，无论 K3 置于何位 | 灯 DS1、DS2、DS3、DS4 均不能点亮 |
| | |
| | |
| | |

2）表格法。

模拟计算机的判断方法，开关 K2 断开时用“0”表示，闭合时用“1”表示；开关 K3 在“L”位置时用“-1”表示，“R”位置时用“1”表示，灯 DS1、DS2、DS3、DS4 灭状态用“0”表示、亮状态用“1”表示，根据图示电路图，完成如表 3-5 所示的电路实现功能分析。

表 3-5 电路实现功能分析

| 开关组合 | 开关 K2 | 开关 K3 | 灯组合 | | | | | 继电器 | |
|---|---|---|---|---|---|---|---|---|---|
| K2K3 | 0——opn<br>1——cls | 0——cls<br>-1——L<br>1——R | 灯 DS1 | 灯 DS2 | 灯 DS3 | 灯 DS4 | 灯组合 | KV1<br>0——不工作<br>1——工作 | KV2<br>0——不工作<br>1——工作 |
| 00 | 0 | 0 | 0 | 0 | 0 | 0 | 0000 | 0 | 0 |
| | | | | | | | | | |
| | | | | | | | | | |
| | | | | | | | | | |
| | | | | | | | | | |
| | | | | | | | | | |

续表

3）画图法。

用等效电路图的方法，画出如表 3-6 所示开关组合的灯工作情况。

表 3-6　电路状态分析表

| 电路状态 | 等效电路图 |
|---|---|
| K2 闭合时 | 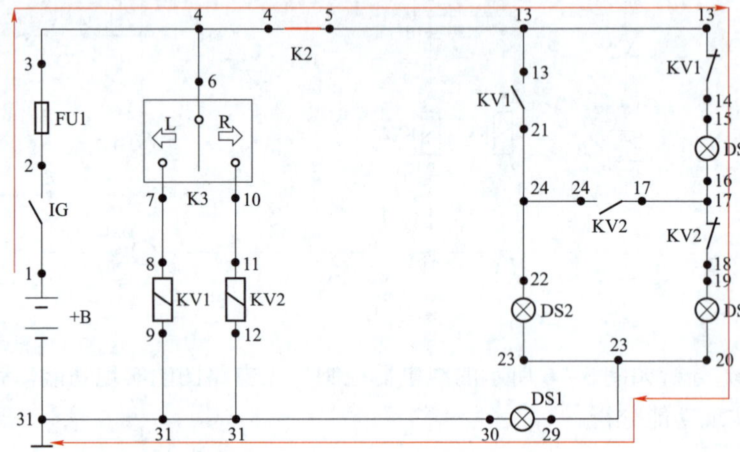 3, FU1, 2, IG, 1, +B, 31, 4, 4, 5, K2, 6, L, R, K3, 7, 10, 8, 11, KV1, KV2, 9, 12, 31, 31, 13, 13, KV1, 21, 24, 24, 17, KV2, 22, DS2, 23, 23, DS1, 30, 29, 13, KV1, 14, 15, DS3, 16, 17, KV2, 18, 19, DS4, 20 |
| K2 闭合，K3 置于“L”位置 | |
| K2 闭合，K3 置于“R”位置 | |

续表

<table>
<tr><td>

4）实验箱电路连接与功能验证（为下次课的故障诊断做预备）。

（1）连线前，要求对照电路图预先思考性完成几项准备工作。

① 思考完成从 L1 到 L31 点的电路连接，至少需要多少连接线？

② 完成该电路，从电路子回路拆分、分解的角度，分解为多少路比较合适？

③ 对子回路进行快速识记后，要求连线时不得查看电路，按识记的子回路进行连线，以加深对电路的理解。

④ 思考如何对自己连接的线路进行品质控制？确保连线过程与结果尽可能地少出错？一旦出错了，有什么机制可以进行纠正？思考预防性措施和补救性措施有哪些？

（2）按预准备要求思考的问题，进行实验箱电路的实际连线，并确保电路功能的正确实现。具体方法将在下次课程里做阐述。

</td></tr>
</table>

**素养课堂：**

## 工匠精神：洞察秋毫——如何抓住电路中的继电器关键点

电路图中继电器的关键点主要有两个：

1. 电路图中的继电器分为控制和被控制两部分，从负载工作的核心来说，重点是看继电器的被控制部分，即继电器触点的工作电路。

2. 电路中的继电器经常与其他线路交叉，因此继电器的控制和被控制部分经常被拆分开绘制；同样的常开（87）、常闭（87a）触点的公共点（30）是看电路的关键，常开触点是 30—87 的两端子，常闭触点是 30—87a 的两端子，合在一起时，30 端子是公共点。一旦看错，很容易出现意想不到的结果。

## 三、成绩评价

<table>
<tr><th>成绩评价方法</th><th>评分值</th></tr>
<tr><td>组内评价（A）</td><td></td></tr>
<tr><td>教师评价（B）</td><td></td></tr>
<tr><td>综合成绩 = A × 50% + B × 50%</td><td></td></tr>
<tr><td colspan="2">说明：<br>1. 组内评价分：组长负责，组员按百分制打分，取组员平均值。<br>2. 评价内容包括：任务完成度（50%）+ 实际参与度（15%）+ 规范操作（20%）+ 7S 管理（15%），未参加工作任务、未提交作业记 0 分。</td></tr>
</table>

# 任务2 灯光间接控制电路诊断

## 一、任务信息

<table>
<tr><td>任务难度</td><td colspan="3">中级</td></tr>
<tr><td>学时</td><td></td><td>班级</td><td></td></tr>
<tr><td>成绩</td><td></td><td>日期</td><td></td></tr>
<tr><td>姓名</td><td></td><td>教师签名</td><td></td></tr>
<tr><td>案例导入</td><td colspan="3">如何用汽车电路故障诊断知识对给定的灯泡不能点亮的故障进行诊断？预习要点在于故障诊断方法如何应用。<br>案例导入</td></tr>
<tr><td rowspan="3">能力目标</td><td>知识</td><td colspan="2">1. 能够说明汽车电路的间接控制方法与特性。<br>2. 能够说明汽车电路的间接控制子回路特性。<br>3. 能够说明电位等特定电路基本物理量的特性</td></tr>
<tr><td>技能</td><td colspan="2">1. 能够对比分析继电器控制灯光电路的正常与故障状态下的功能。<br>2. 能够运用故障诊断知识对继电器控制灯光电路进行原因分析。<br>3. 能够运用万用表对电路进行故障诊断与排除</td></tr>
<tr><td>素养</td><td colspan="2">1. 掌握万用表的基本操作规程。<br>2. 掌握汽车电路的基本故障诊断思维。<br>3. 能够养成基于严谨、规范、爱岗敬业等工匠精神的工作态度。<br>4. 具备一定的团队组织管理、品质控制等基础管理素养</td></tr>
</table>

## 二、任务流程

### （一）任务准备

从一个实际的电路故障排除案例学习故障诊断的技巧。请扫描下方二维码进行学习。

电路故障诊断思维的学习

## (二)任务实施

### 工作表 1 继电器控制灯光电路的故障诊断

1. 故障诊断前准备。

1)请根据如图 3-7 所示的继电器控制灯光电路图,按图在实验箱上连接电路,并确保电路实现功能正常。

计算条件:$U_{+B}=12\ V$;$R_{DS1}=R_{DS2}=R_{DS3}=R_{DS4}=3\ \Omega$,$R_{KV1线圈}=R_{KV2线圈}=60\ \Omega$。

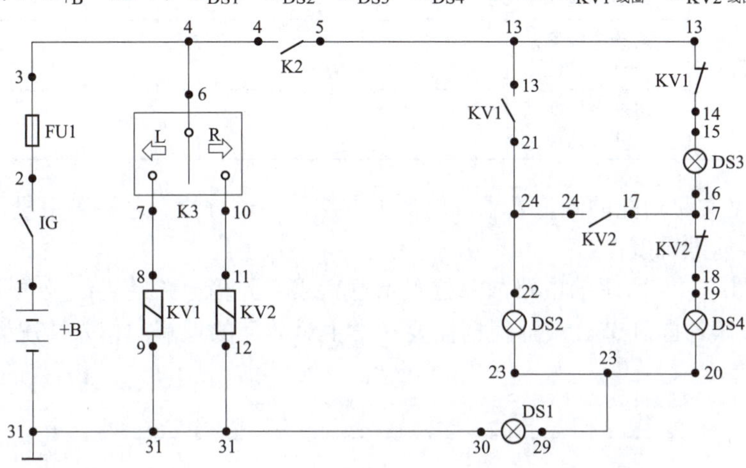


图 3-7 继电器控制灯光电路图

实验箱电路连接与功能验证(对接项目三任务 1)

(1)数线法:预判工作量,完成从 L1 到 L31 点的电路连接,至少需要 17 条连接线。

(2)子回路分解法:从电路子回路拆分、分解的角度,该电路可以分解为 4 路连线比较合适;每路所用电线以不超过 8 条为宜,过多、过大的回路不适合记忆理解。

(3)阶段核验法(分检):对子回路进行快速识记后连线,每路连线完成后,再重新用识记的回路走一遍,核验是否正确。务必保证产品质量的品质检验是分步、分阶段进行的,最后才是总检。

(4)总检:思考如何对自己连接的线路进行检验与品质控制?

① 电路静态检测法:根据电路特点,设计合理的检测点,在断电情况下,按电路默认状态,用万用表进行检测,比对计算数据与实测数据是否一致,来评判电路连接质量情况。

② 电路动态检测法——功能核验:实验箱电路上电,拨动相应的开关,检验开关对应的电路功能状态是否正确,建议用本书前面推荐的表格法做全面核验,防止遗漏。

③ 电路动态检测法——电位核验:实验箱电路上电,拨动相应的开关,检验开关对应的电路功能状态下,关键观测点的电位是否与理论计算一致?如有偏差,分析偏差的原因;必要时继续测量各子回路的电流等是否与理论计算一致?建议用本书前面推荐的电位表格法做全面核验,防止遗漏。

(5)技能训练回头看。

根据前述章节的方法,继续思考怎样从现场工程的角度、产品批量管理的角度进行阐述,完成如表 3-7 所示的内容。

续表

表 3-7　电路连接“工程质量”的品质控制方法思考

| 方法序号 | 方法名称 | | 过程记录 | 优缺点分析 | 适合应用场合思考 |
|---|---|---|---|---|---|
| 1 | 数线法 | | | | |
| 2 | 分检 | 子回路分解法 | | | |
| 3 | | 阶段核验法 | | | |
| 4 | 总检 | 电路静态检测法 | | | |
| 5 | | 电路动态检测法——功能核验 | | | |
| 6 | | 电路动态检测法——电位核验 | | | |

2）按电路实现功能的测量要求，用多种方法，通过分检、总检等手段，交叉保障实验箱电路连接的准确度。

2. 按如图 3-8 所示的电路故障位置示意完成实验箱电路的连线及质量品质检验合格后，进入故障诊断环节。教师根据需要（学生对故障的理解的偏差情况）对实验箱电路设置故障。

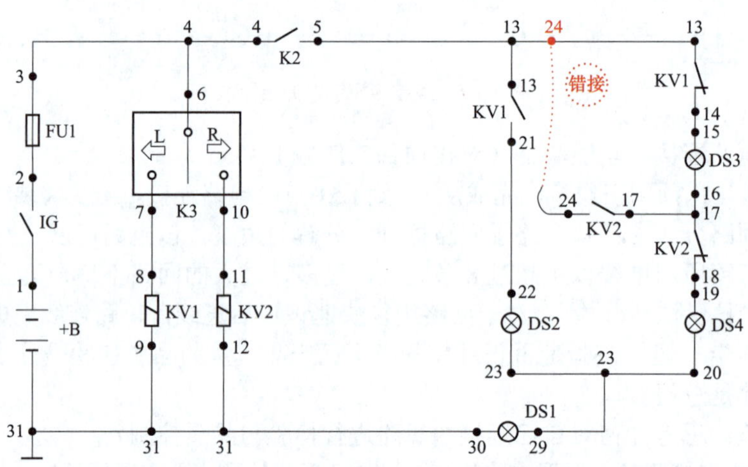


图 3-8　电路故障位置示意

照虎画猫：学习参考继电器控制灯光电路的故障诊断样本（见表 3-8）。

表 3-8　继电器控制灯光电路的故障诊断样本

| 故障检查记录分析表一（样本） | |
|---|---|
| 故障症状描述 | （1）K2 闭合，K3 置于“R”位置，灯均不亮；<br>（2）其他开关位置位置，灯控制正常 |
| 电路正常功能 | （1）K2 断开，灯均不亮；<br>（2）K2 闭合，灯 DS3、DS4、DS1（串联）亮；<br>（3）K2 闭合，K3 置于“R”位置，灯 DS3、DS2、DS1（串联）亮；<br>（4）K2 闭合，K3 置于“L”位置，灯 DS2、DS1（串联）亮 |

续表

续表

| | | | | |
|---|---|---|---|---|
| 具体可能原因分析 | 根据故障症状、结合原理图，分析所有可能原因 | | | |
| | 根据故障症状分析：<br>（1）根据故障症状（1）的表现，K2 闭合，K3 置于“R”位置，灯均不亮：初步分析说明从电源开始，经线路（1—2—3—4—5—13—14—15—16—17—24—22—23—29—30—31）及电子元器件（保险丝 F1、开关 K2、KV1、DS3、KV2、DS2、DS1）存在故障可能。<br>（2）根据故障症状（2）的描述和电路正常功能的对照，K2 闭合，灯 DS3、DS4、DS1（串联）能正常点亮：说明电源工作正常、线路（1—2—3—4—5—13—14—15—16—17—18—19—20—21—29—30—31）及电子元器件（保险丝 F1、开关 K2、KV1、DS3、KV2、DS4、DS1）均为正常；<br>结合（1）和（2）分析，故障可能原因为：线路（17—24—22—23—29）或电子元器件（KV2、DS2）存在故障可能。<br>（3）根据故障症状（2）的表现，K2 闭合，K3 置于“L”位置，灯 DS2、DS1（串联）能正常点亮：说明电源工作正常、线路（1—2—3—4—5—13—21—22—23—29—30—31）及电子元器件（保险丝 F1、开关 K2、KV1、DS2、DS1）均为正常；<br>结合（1）和（3）分析，故障可能原因为：线路（17—24—22）或电子元器件（KV2）存在故障可能。<br><br>综合以上分析，故障可能位置为线路（17—24—22）或电子元器件（KV2）。 | | | |
| 检修步骤、结果分析与判断 | 检查方法描述 | | 结果记录 | 分析与判断 |
| | 上电，打开 IG 开关 | 测量电路的电源及 IG 端是否正常 | $U_{+B}=12$ V | 电源与 IG 端正常 |
| | K2 闭合 | 测量 17 点电位 | $V_{17}=8$ V | 17 点电位正常 |
| | K2 闭合 | 测量 24 点电位 | $V_{24}=12$ V | 24 点电位异常（思考 $V_{24}$ 的正常电位应该为多少？） |
| | K2 闭合，K3 置于“L”位置 | 测量 17 点电位 | $V_{17}=12$ V | 17 点电位正常（线路 5—13—14—15—16—17 正常） |
| | K2 闭合，K3 置于“L”位置 | 测量 24 点电位 | $V_{24}=12$ V | 24 点电位正常 |
| | K2 闭合，K3 置于“R”位置 | 测量 17 点电位 | $V_{17}=12$ V | 17 点电位异常 |
| | K2 闭合，K3 置于“R”位置 | 测量 24 点电位 | $V_{24}=12$ V | 24 点电位异常 |
| | K2 闭合，K3 置于“R”位置 | 测量 23 点电位 | $V_{23}=0$ V | 23 点电位异常 |
| | 断电，断开 K2 | 测量 KV2 常开触点电阻 | 无穷大 | KV2 继电器及常开触点工作正常 |
| | 断电，断开 K2 | 测量 KV2 的#17 端子与#16 端子间电阻 | 0 Ω | 线路 16—17 连接正常 |
| | 断电，断开 K2 | 测量 KV2 的#24 端子与#21 端子间电阻 | 无穷大 | KV2 的 24 号端子连接错误 |
| | 断电，断开 K2 | 测量 KV2 的#24 端子与#13 端子间电阻 | 0 Ω | KV2 的 24 号端子连接错误，连接到了 13 号端子，造成错接 |
| 故障点排除确认 | 根据各点测量结果，故障点在 KV2 的 24 号端子连接错误，连接到了 13 号端子。<br><br>重新连接 KV2 的 24 号端子，重新上电检查，电路功能恢复正常 | | | |

续表

电路功能的二进制表格法如表 3-9 所示。

表 3-9　电路功能的二进制表格法

| 开关组合 | 开关 K2 | 开关 K3 | 24 号端子错接到 13 位置时故障状态下的灯组合（0——不工作，1——工作） | | | | 正常状态下的灯组合（0——不工作，1——工作） | | | |
|---|---|---|---|---|---|---|---|---|---|---|
| K2K3 | 0——opn<br>1——cls | 0——M<br>-1——L<br>1——R | 灯 DS1 | 灯 DS2 | 灯 DS3 | 灯 DS4 | 灯 DS1 | 灯 DS2 | 灯 DS3 | 灯 DS4 |
| 00 | 0 | 0 | 0 | 0 | 0 | 0 | 0 | 0 | 0 | 0 |
| 01 | 0 | 1 | 0 | 0 | 0 | 0 | 0 | 0 | 0 | 0 |
| 0-1 | 0 | -1 | 0 | 0 | 0 | 0 | 0 | 0 | 0 | 0 |
| 10 | 1 | 0 | 1 | 0 | 1 | 1 | 1 | 0 | 1 | 1 |
| 11 | 1 | 1 | 0 | 0 | 0 | 0 | 1 | 1 | 1 | 0 |
| 1-1 | 1 | -1 | 1 | 1 | 0 | 0 | 1 | 1 | 0 | 0 |

**参考信息：继电器控制灯光电路的故障诊断信息**

1. 连线质量品质控制方法——数线法。

如图 3-9 所示，从电源正极的 1 点起始，到电源负极的 31 点结束，该电路需要用 17 条连接线才能完成该电路图的线路连接。

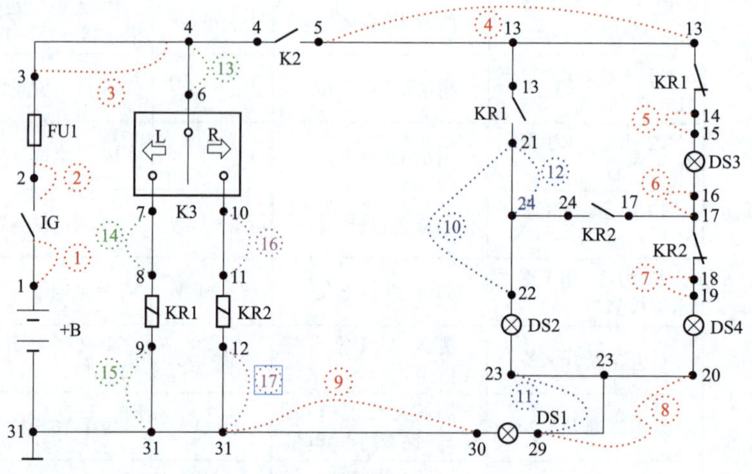


图 3-9　电路的故障位置示意

2. 连线质量品质控制方法——子回路分解法。

如图 3-9 所示，从电源正极的 1 点起始，到电源负极的 31 点结束，该电路用 4 种不同颜色标识了 4 个不同的支路：红色子回路由①～⑨组成，蓝色子回路由⑩～⑫组成，开关 K2 支路用绿色标识⑬～⑮，开关 K3 支路用粉色标识⑯⑰。

3. 连线质量品质控制方法——电路静态检测法。

在电路静态（电源断电、开关初始状态）下，设计如表 3-10 所示的通电前线路计算记录表，对电路连接后进行电阻测量。思考为什么要测量线路电阻？通过测量哪些端子间的电阻可以判断出电路的连接质量好坏？是否一定要测量表 3-10 所示的 4 个项目，是否可以另外设计检查项目或检查点？表 3-10 作为样例，仅供参考。

表 3-10 通电前线路计算记录表

| 检查项目 | 计算结果 | 测量结果 | 结果错误原因分析 |
|---|---|---|---|
| 5 点与 30 点之间的电阻 | 9 Ω | | |
| 5 点与 24 点之间的电阻 | 9 Ω | | |
| 5 点与 11 点之间的电阻 | 69 Ω | | |
| 4 点与 11 点之间的电阻（K2 闭合、K3 置于“L”位置） | $60+(60//9)=67.8\ \Omega$ | | |

4. 连线质量品质控制方法——电路动态检测法（功能核验）。

按开关的不同组合，根据表 3-9 整理如下：

1）K2 断开，灯均不亮；

2）K2 闭合，灯 DS3、DS4、DS1（串联）亮；

3）K2 闭合，K3 置于“R”位置，灯 DS3、DS2、DS1（串联）亮；

4）K2 闭合，K3 置于“L”位置，灯 DS2、DS1（串联）亮。

5. 连线质量品质控制方法——电路动态检测法（电位核验）。

闭合不同的开关，计算对应电路的不同检查项目，并对电路中特定点的电位进行测量比对，记录于表 3-11 中。

表 3-11 通电后线路测量数据记录表

| 检查项目 | | 测量结果 | 计算结果 | 错误原因分析 |
|---|---|---|---|---|
| K2 闭合 | $V_{17}$ | | 8 V | |
| | $V_{24}$ | | 4 V | |
| | $U_{17-20}$ | | 4 V | |
| | $U_{15-16}$ | | 4 V | |
| | $I_{DS1}$ | | 1.33 A | |
| | $I_{DS4}$ | | 1.33 A | |
| K2 闭合，K3 置于“L”位置 | $V_{17}$ | | 6 V | |
| | $V_{24}$ | | 12 V | |
| | $U_{22-23}$ | | 6 V | |
| | $U_{29-30}$ | | 6 V | |
| | $I_{DS1}$ | | 2 A | |
| | $I_{DS2}$ | | 2 A | |

续表

| 检查项目 | | 测量结果 | 计算结果 | 错误原因分析 |
|---|---|---|---|---|
| K2 闭合，K3 置于“R”位置 | $V_{17}$ | | 8 V | |
| | $V_{19}$ | | 4 V | |
| | $U_{22-23}$ | | 4 V | |
| | $U_{19-20}$ | | 0 V | |
| | $I_{DS1}$ | | 1.33 A | |
| | $I_{DS2}$ | | 1.33 A | |

**工作表 2　继电器控制灯光电路的故障诊断**

1. 故障诊断前准备。

1）请根据如图 3-10 所示的继电器控制灯光电路图，按图在实验箱上连接电路，并确保电路实现功能正常。

计算条件：$U_{+B}=12\ \text{V}$；$R_{EL1}=R_{EL2}=R_{EL3}=3\ \Omega$，$R_{KV1}=R_{KV2}=60\ \Omega$。

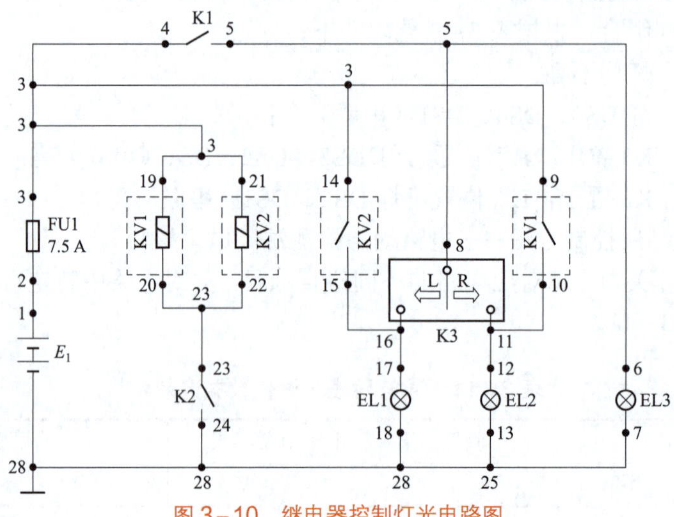


图 3-10　继电器控制灯光电路图

实验箱电路连接与功能验证

（1）数线法：预判工作量，完成从 L1 到 L28 点的电路连接，至少需要多少条连接线。（18 条）

（2）子回路分解法：从电路子回路拆分、分解的角度，该电路可以分解为 4 路连线比较合适；每路所用电线以不超过 8 条为宜，过多、过大的回路不适合记忆理解。

（3）阶段核验法（分检）：对子回路进行快速识记后连线，每路连线完成后，再重新用识记的回路走一遍，核验是否正确。务必保证产品质量的品质检验是分步、分阶段进行的，最后才是总检。

（4）总检：思考如何对自己连接的线路进行检验与品质控制？

① 电路静态检测法：根据电路特点，设计合理的检测点，在断电情况下，按电路默认状态，用万用表进行检测，比对计算数据与实测数据是否一致，来评判电路连接质量情况。

续表

② 电路动态检测法——功能核验：实验箱电路上电，拨动相应的开关，检验开关对应的电路功能状态是否正确，建议用本书前面推荐的表格法做全面核验，防止遗漏。

③ 电路动态检测法——电位核验：实验箱电路上电，拨动相应的开关，检验开关对应的电路功能状态下，关键观测点的电位是否与理论计算一致？如有偏差，分析偏差的原因；必要时继续测量各子回路的电流等是否与理论计算一致？建议用本书前面推荐的电位表格法做全面核验，防止遗漏。

（5）技能训练回头看。

根据前述章节的方法，继续思考怎样从现场工程的角度、产品批量管理的角度进行阐述，完成如表 3－12 所示的内容。

表 3－12　电路连接“工程质量”的品质控制方法思考

| 方法序号 | 方法名称 | | 过程记录 | 优缺点分析 | 适合应用场合思考 |
|---|---|---|---|---|---|
| 1 | 数线法 | | | | |
| 2 | 分检 | 子回路分解法 | | | |
| 3 | | 阶段核验法 | | | |
| 4 | 总检 | 电路静态检测法 | | | |
| 5 | | 电路动态检测法——功能核验 | | | |
| 6 | | 电路动态检测法——电位核验 | | | |

2）按电路实现功能的测量要求，用多种方法，通过分检、总检等手段，交叉保障实验箱电路连接的准确度。

2. 按电路图完成实验箱电路的连线，质量品质检验合格后，进入故障诊断环节。教师根据需要（学生对故障的理解的偏差情况）对实验箱电路设置故障。

1）真枪实战：学习训练继电器控制灯光电路的故障诊断（见表 3－13）。

表 3－13　继电器控制灯光电路的故障诊断

| 故障检查记录分析表（空表） | |
|---|---|
| 故障症状描述 | |
| 电路正常功能 | |
| 具体可能原因分析 | 根据故障症状、结合原理图，分析所有可能原因 |
| | 根据故障症状，可以得出：______<br>______<br>______<br>______ |

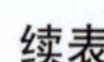

续表

| | 检查方法描述 | | 结果记录 | 分析与判断 |
|---|---|---|---|---|
| 检修步骤、结果分析与判断 | 上电，打开 IG 开关 | 测量电路的电源及 IG 端是否正常 | $U$=12 V | 电源与 IG 端正常 |
| | | | | |
| | | | | |
| | | | | |
| | | | | |
| | | | | |
| | | | | |
| 故障点排除确认 | 根据各点测量结果，故障点在________________________________________________。________________________，重新上电检查，电路功能恢复正常 | | | |

按前述表格法，画出该电路功能的二进制表格法，填写在表 3－14 中。并画出该电路的故障位置示意图（见图 3－11）。

表 3－14　电路功能的二进制表格法

图 3－11　电路的故障位置示意图

续表

2）连线质量品质控制方法——数线法与子回路分解法。

从电源正极的 1 点起始，到电源负极的 11 点结束，该电路至少需要用____条连接线才能完成该电路图的线路连接。在如图 3-12 所示的空白处用不同颜色画出相应效果图（可参考图 3-9 的画法）。

图 3-12 电路的故障位置示意图

3）连线质量品质控制方法——电路静态检测法。

在电路静态（电源断电、开关初始状态）下，设计如表 3-15 所示的通电前线路计算记录表，对电路连接后进行电阻测量。思考为什么要测量线路电阻？通过测量哪些端子间的电阻可以判断出电路的连接质量好坏？是否一定要测量如表 3-15 所示的项目，是否可以另外设计检查项目或检查点？

表 3-15 通电前线路计算记录表

| 检查项目 | 计算结果 | 测量结果 | 结果错误原因分析 |
|---|---|---|---|
| | | | |
| | | | |
| | | | |
| | | | |

4）连线质量品质控制方法——电路动态检测法（功能核验）。

对表 3-14 的灯组合进行简化合并，简化描述后填于表 3-16 中。

表 3-16 电路实现功能描述

| 内容 | 功能描述 |
|---|---|
| 实现功能 | |

5）连线质量品质控制方法——电路动态检测法（电位核验）。

闭合不同的开关，计算对应电路的不同检查项目，并对电路中特定点的电位进行测量比对，完成如表 3-17 所示的通电后线路测量数据记录表。

续表

表 3-17　通电后线路测量数据记录表

| 检查项目 | | 测量结果 | 计算结果 | 错误原因分析 |
|---|---|---|---|---|
| K1 闭合 | $V_8$ | | | |
| | $V_{11}$ | | | |
| | $V_{16}$ | | | |
| | $U_{6-7}$ | | | |
| | $I_{EL1}$ | | | |
| | $I_{EL3}$ | | | |
| K1 闭合，K3 置于“R”位 | $V_8$ | | | |
| | $V_{11}$ | | | |
| | $V_{16}$ | | | |
| | $U_{6-7}$ | | | |
| | $I_{EL2}$ | | | |
| | $I_{EL3}$ | | | |
| K2 闭合，K3 置于“L”位 | $V_8$ | | | |
| | $V_{11}$ | | | |
| | $V_{16}$ | | | |
| | $U_{6-7}$ | | | |
| | $I_{EL1}$ | | | |
| | $I_{EL3}$ | | | |

**素养课堂：**

## 工匠精神：步步为营、匠心独运——生产管理中的品质控制思考

如图 3-8 所示的故障电路中，继电器触点接错了位置，引发了奇怪的故障。

1. 从工程/生产管理的角度，参考表 3-7 的电路连接“工程质量”的 6 种品质控制方法，思考是否都能找到或避免问题的发生？哪个能比较有效地找到故障点？站在质量管理者的角度，思考单一方法是否有效？从经济成本的角度，思考是否方法用得越多越好？又该如何设计合理的方法组合？

2. 从技术服务的角度，故障诊断实质是方法的综合运用。故障诊断过程是一个相对比较严格的推理过程，要做到步步为营、环环相扣、匠心独运，用确定的方法和检测结果去缩小故障范围是故障诊断的核心思想。

## 三、成绩评价

| 成绩评价方法 | 评分值 |
|---|---|
| 组内评价（A） | |
| 教师评价（B） | |
| 综合成绩＝A×50%＋ B×50% | |
| 说明：<br>1. 组内评价分：组长负责，组员按百分制打分，取组员平均值。<br>2. 评价内容包括：任务完成度（50%）＋实际参与度（15%）＋规范操作（20%）＋7S 管理（15%），未参加工作任务、未提交作业记 0 分。 | |

# 任务 3　电机间接控制电路分析

## 一、任务信息

| 任务难度 | 中级 | | |
|---|---|---|---|
| 学时 | | 班级 | |
| 成绩 | | 日期 | |
| 姓名 | | 教师签名 | |
| 案例导入 | 直观感觉：燃油车挂起动（ST）挡时油泵（马达）开始工作，起动后松开点火开关至 ON 挡，油泵（马达）继续工作。<br>案例导入 | | |
| 能力目标 | 知识 | 1. 能够说明继电器的（启停、速度）间接控制电机方法。<br>2. 能够说明继电器的方向间接控制电机方法 | |
| | 技能 | 1. 能够分析继电器控制电机电路的功能。<br>2. 能够对继电器控制电机电路进行连线。<br>3. 能够运用欧姆定律对电路进行物理量的计算 | |
| | 素养 | 1. 掌握电气安全的基本操作规程。<br>2. 能够养成严谨的工作态度 | |

## 二、任务流程

### （一）任务准备

燃油车挂起动（ST）挡时油泵（马达）开始工作，起动后松开点火开关至 ON 挡，油泵（马达）继续工作。这个电机电路对应到电工电子技术里的电路是怎样的？请扫描下方二维码进行学习。

任务准备

## （二）任务实施

工作表 1　继电器控制灯光电路的认识

1. 请根据如图 3－13 所示的继电器控制灯光电路图，分析电路的实现功能。

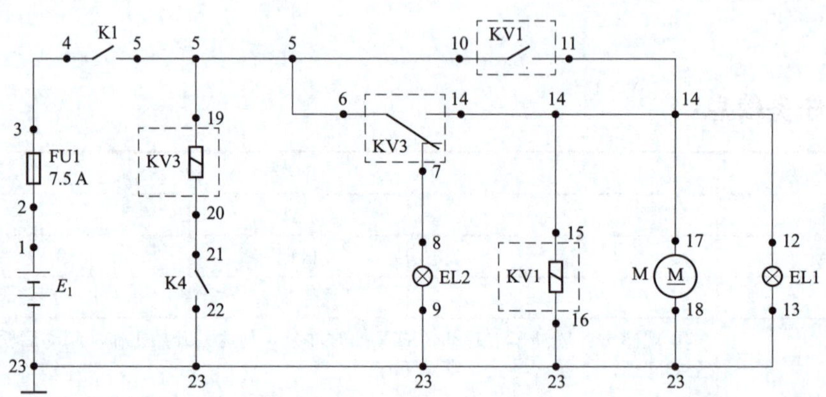


图 3－13　继电器控制灯光电路图

1）分析如图 3－13 所示的继电器控制灯光电路图的实现功能，完成如表 3－18 所示的电路实现功能分析。

表 3－18　电路实现功能分析

| 工作条件 | 实现功能 |
| --- | --- |
| K1 断开 | 灯 EL1、EL2 均不能点亮，电机 M 不转 |
| K1 闭合 | 灯 EL2 点亮 |
| K1 闭合，K4 闭合 | 灯 EL1 点亮，电机 M 运转（继电器 KV3、KV1 工作） |
| K1 闭合，K4 闭合后断开 | 灯 EL1、EL2 均点亮，电机 M 运转（继电器 KV1 自锁定） |

2）表格法。

模拟计算机的判断方法，开关 opn 位置用“0”表示，开关 cls 位置用“1”表示，灯 EL1、EL2 灭状态用“0”表示、亮状态用“1”表示，根据图示电路，完成如表 3－19 所示的电路实现功能分析。

续表

表 3-19　电路实现功能分析

| 开关组合 | 开关 K1 | 开关 K4 | 灯组合 | | | | 继电器 | |
|---|---|---|---|---|---|---|---|---|
| K1K4 | 0——opn<br>1——cls | 0——opn<br>1——cls | 电机 M | 灯 EL1 | 灯 EL2 | 负载组合 | KV1<br>0——不工作<br>1——工作 | KV3<br>0——不工作<br>1——工作 |
| 00 | 0 | 0 | 0 | 0 | 0 | 000 | 0 | 0 |
| 01 | 0 | 1 | 0 | 0 | 0 | 000 | 0 | 0 |
| 010 | 0 | 1→0 | 0 | 0 | 0 | 000 | 0 | 0 |
| 10 | 1 | 0 | 0 | 0 | 1 | 001 | 0 | 0 |
| 11 | 1 | 1 | 1 | 1 | 0 | 110 | 1 | 1 |
| 110 | 1 | 1→0 | 1 | 1 | 1 | 111 | 1 | 0 |

3）画图法。

用等效电路图的方法，画出如表 3-20 所示开关组合的灯工作情况。

表 3-20　电路状态分析表

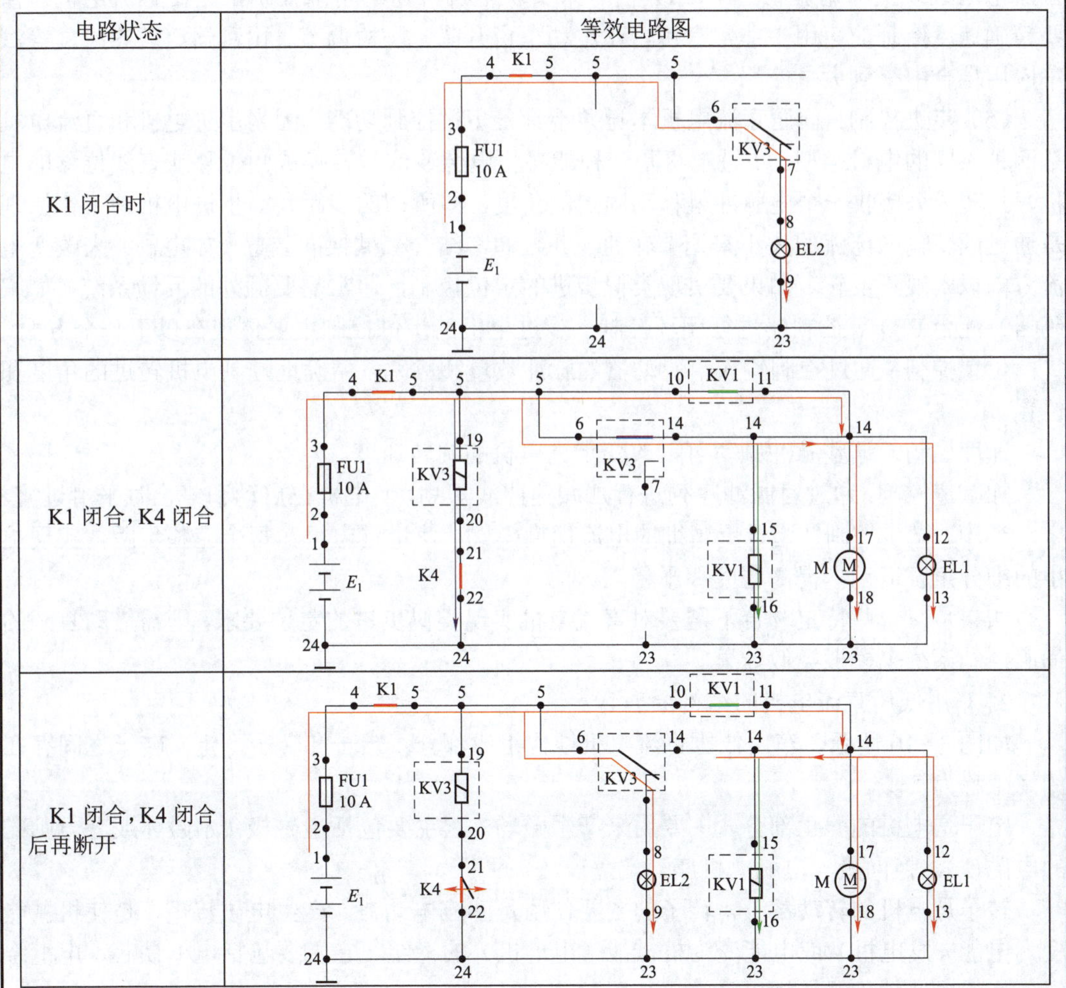

**参考信息：汽车电机基本知识**

1. 车用低压直流电机的控制功能。

如图 3-14 所示，车用低压直流电机的核心功能和特点，可以归纳为能量转换、启停控制、旋转方向控制、调速（速度快慢）控制、步进控制，其他特殊的功能是在基本功能上的延伸。

（1）能量转换：直流电机通过电磁相互作用，在定子产生磁场、转子中的导电线圈通电后受力而旋转，实现电能向机械能的转化。

（2）启停控制：确保电机能够平稳启动和迅速停机，避免机械冲击，并且能根据车辆系统需求进行软启动或缓停控制。

（3）方向控制：直流电机有单向运转控制和双向运转控制两种。单向运转控制包括高边控制 HSD（控制供电端）和低边控制 LSD（控制接地端）。双向运转控制则通过改变电流的方向（即改变电机两端电动势的方向），可以轻易改变直流电机的旋转方向，从而实现正反转控制，一般普遍采用 H 桥结构，如图 3-15 所示。

（4）调速控制：由于直流电机的转速与其两端所加电压成正比，通过调节输入电机的直流电压或改变脉宽调制（PWM）信号来实现电机转速的精确控制，因此直流电机在需要精确速度控制的应用中非常有用，在电动车窗升降、座椅调节、雨刮器、散热风扇等汽车应用场合中得到大量应用。

（5）步进控制：低压直流电机本身并不具备步进控制功能，因为步进电机和直流电机是两种不同的电机类型。步进电机是一种能够将电脉冲信号转换成角位移或直线位移的电机，其转子每接收一个电脉冲就移动固定的角度，即所谓的步距角。步进电机的工作原理是通过改变输入电流的大小来调节转速，并且通常结合机械换向装置（如电刷）来改变电流方向以实现正反转。如果要实现类似步进的定位控制，通常需要额外的反馈系统（如编码器）配合 PID 等控制器进行闭环控制。步进电机的步进控制主要体现在以下几个方面：

位置控制：通过控制输入给驱动器的脉冲数量和频率，精确地控制电机转过的角度和位置。

速度控制：调整脉冲频率可以改变步进电机的旋转速度。

加减速控制：通过对脉冲序列进行加减速曲线规划，使电机在启动和停止时平滑过渡。

半步、微步控制：通过更精细的电流切换模式，使步进电机在每个完整步距内实现更小的细分角度运动，提高精度和平稳性。

如果是在一些特定场合下需要对直流电机实现类似步进的定位要求，则需借助复杂的伺服控制系统来模拟类似效果。

2. 车用低压直流电机的结构原理。

如图 3-16 所示，车用低压直流电机结构组成部分：定子和转子，定、转子之间存在的间隙称为气隙。

定子是电机的静止部分，主要用来产生磁场。它主要包括主磁极（永磁体或者电励磁的电磁铁）、换向极、电刷、机座、端盖。

转子是电机的转动部分，转子的主要作用是感应电动势，产生电磁转矩，是使机械能变为电能（发电机）或电能变为机械能（电动机）的枢纽。它主要包括电枢铁芯、电枢绕组、换向器、轴承、转轴以及端盖、附件。

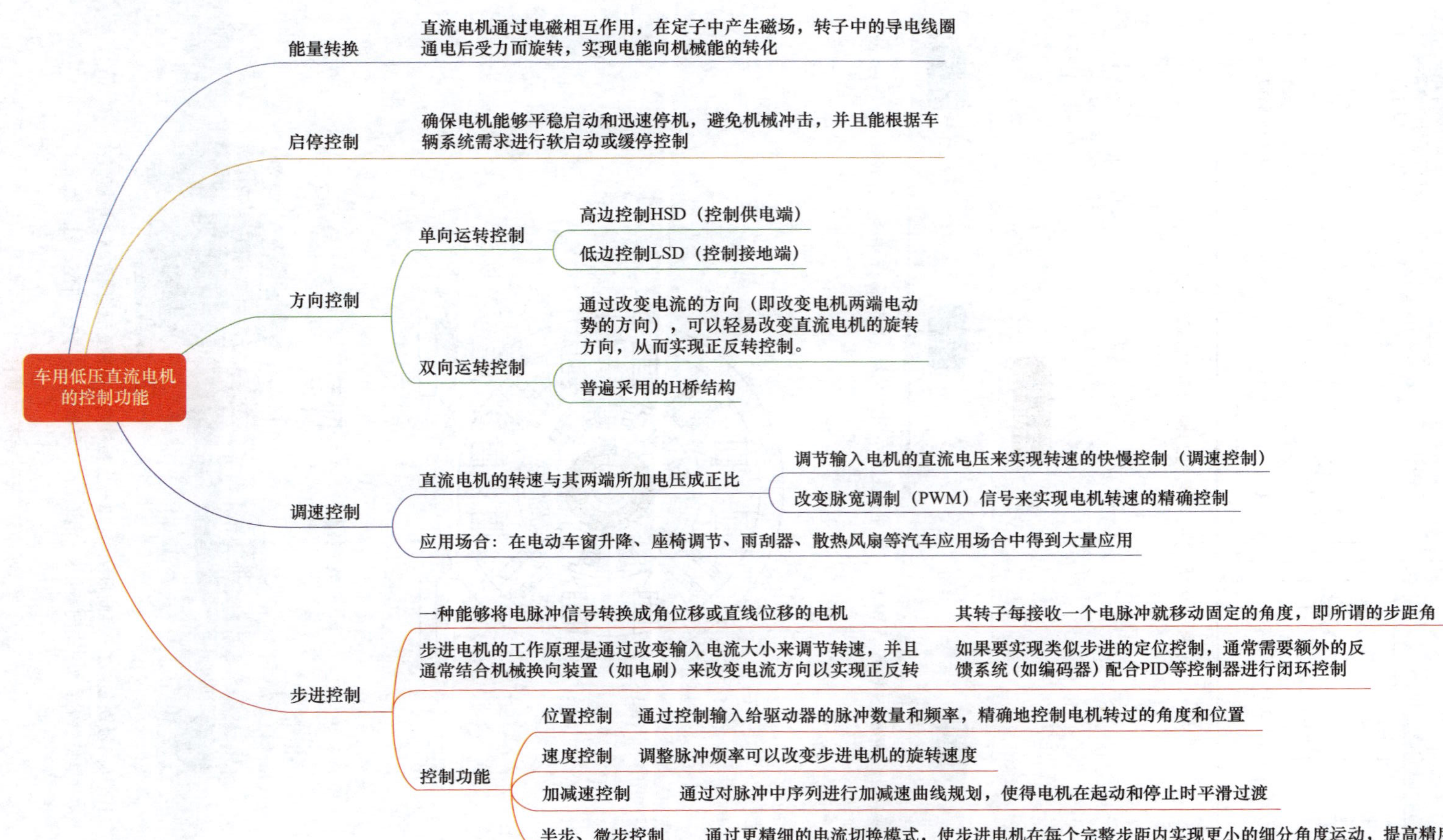


图 3–14 车用低压直流电机的控制功能

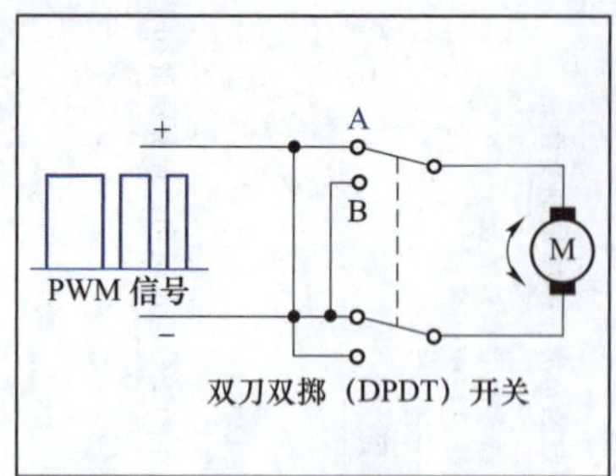


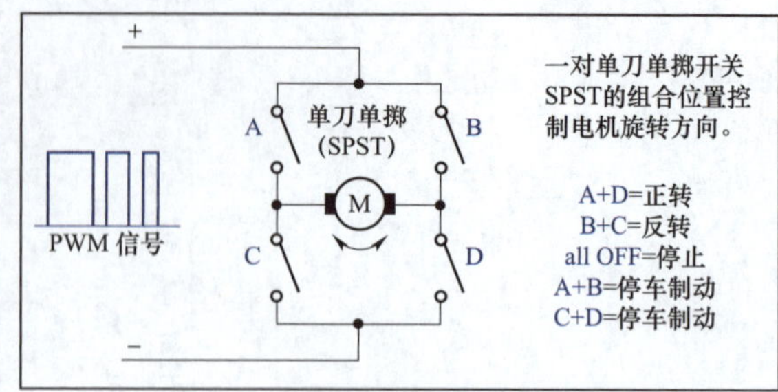


图 3-15　直流电机的换向控制方式

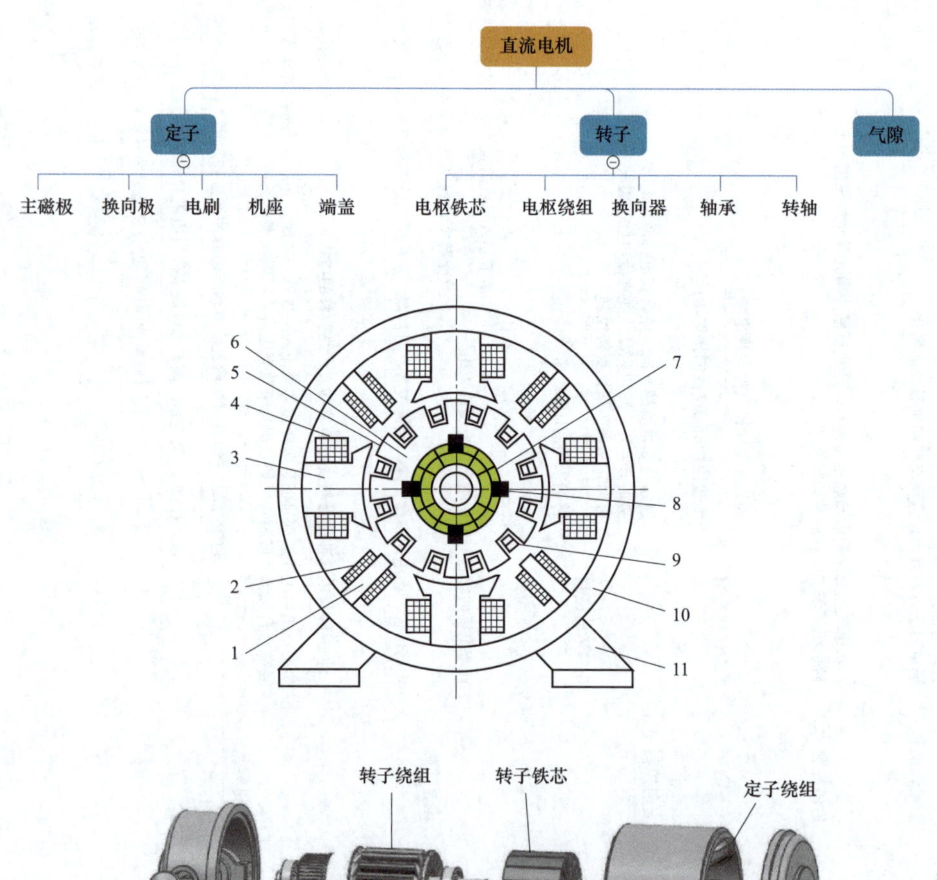


1—换向极铁芯；2—换向极绕组；3—主极铁芯；4—励磁绕组；5—电枢齿；
6—电枢铁芯；7—换向器；8—电刷；9—电枢绕组；10—机座；11—底脚。

图 3-16　主要结构示意图

## 工作表 2 继电器控制灯光电路的认识

1. 请根据如图 3-17 所示的继电器控制灯光电路图，分析电路的实现功能。

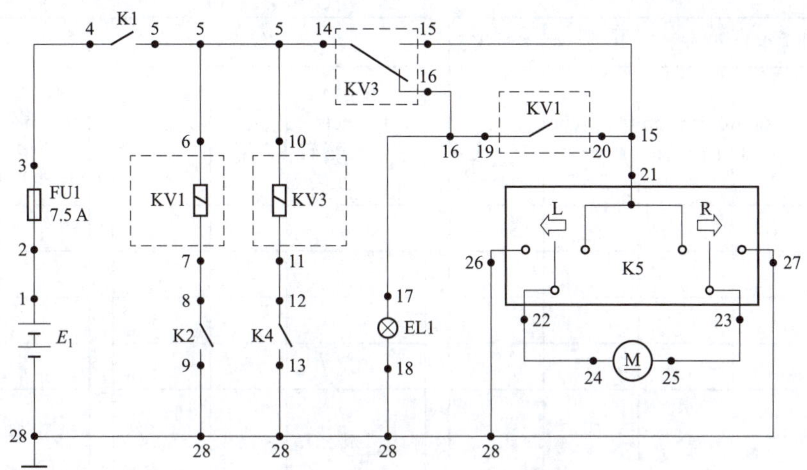


图 3-17 继电器控制灯光电路图

1）分析如图 3-17 所示的继电器控制灯光电路图的实现功能，完成如表 3-21 所示的电路实现功能分析。

表 3-21 电路实现功能分析

| 工作条件 | 实现功能 |
| --- | --- |
| K1 断开 | 灯 EL1 不能点亮，电机 M 不转 |
| | |
| | |
| | |
| | |
| | |
| | |
| | |
| | |
| | |
| | |

2）表格法。

模拟计算机的判断方法，开关 K1、K2、K4 断开时用“0”表示，闭合时用“1”表示；开关 K5 在“L”位置时用“-1”表示，在“R”位置时用“1”表示，灯 EL1 灭状态用“0”表示、亮状态用“1”表示，电机 M 不转用“0”表示，正转用“1”表示，反转用“-1”表示，根据图示电路图，完成如表 3-22 所示的电路实现功能分析。

续表

### 表 3-22 电路实现功能分析

| 开关组合 | 开关 K1 | 开关 K2 | 开关 K4 | 开关 K5 | 负载组合 | | | 继电器 | |
|---|---|---|---|---|---|---|---|---|---|
| K1K2K4<br>K5 | 0——opn<br>1——cls | 0——opn<br>1——cls | 0——opn<br>1——cls | 0——cls<br>－1——L<br>1——R | 电机 M<br>0——cls<br>－1——逆转<br>1——正转 | 灯 EL1 | 负载组合 | KV1<br>0——不工作<br>1——工作 | KV3<br>0——不工作<br>1——工作 |
| | | | | | | | | | |
| | | | | | | | | | |
| | | | | | | | | | |
| | | | | | | | | | |
| | | | | | | | | | |
| | | | | | | | | | |
| | | | | | | | | | |
| | | | | | | | | | |
| | | | | | | | | | |
| | | | | | | | | | |
| | | | | | | | | | |
| | | | | | | | | | |

3）画图法。

用等效电路图的方法，画出如表 3-23 所示开关组合的灯工作情况。

### 表 3-23 电路状态分析表

| 电路状态 | 等效电路图 |
|---|---|
| K1 闭合时 | 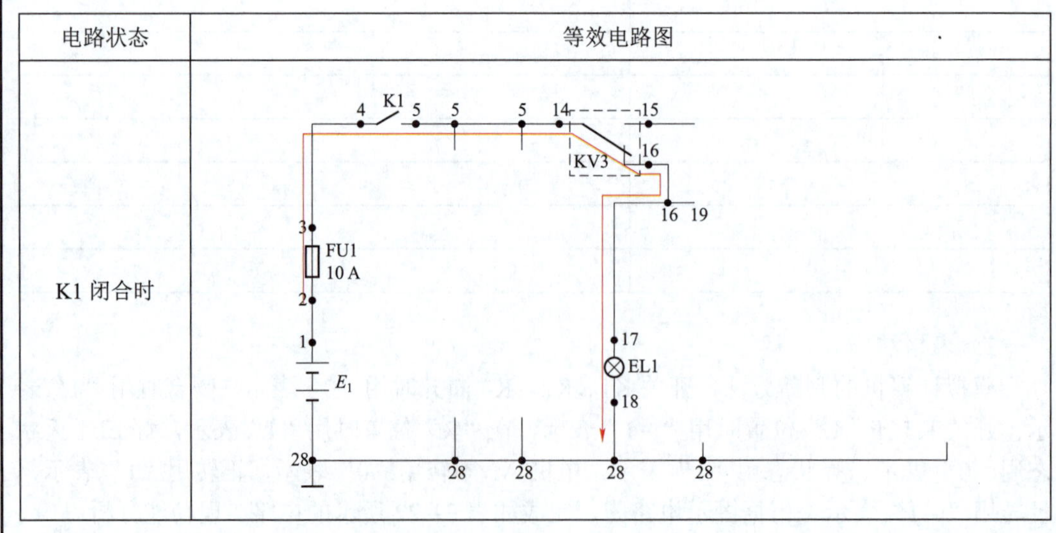 |

续表

续表

| 电路状态 | 等效电路图 |
| --- | --- |
| K1 闭合，<br>K4 闭合，<br>K5 置于<br>“R”位置 | |
| K1 闭合，<br>K2 闭合，<br>K5 置于<br>“L”位置 | |
| K1 闭合，<br>K2 闭合，<br>K4 闭合，<br>K5 置于<br>“L”位置 | |

续表

|  |
|---|
| 4）实验箱电路连接与功能验证（为下次课的故障诊断做预备）。<br>（1）连线前，要求对照电路图预先思考完成几项准备工作。<br>① 思考完成从 L1 到 L28 点的电路连接，至少需要多少连接线？（18 条连接线）<br>② 完成该电路，从电路子回路拆分、分解的角度，分解为多少部分比较合适？（4 路）<br>③ 对子回路进行快速识记后，要求连线时不得查看电路，按识记的子回路进行连线，以加深对电路的理解。<br>④ 思考如何对自己连接的线路进行品质控制？如何确保连线过程与结果尽可能地少出错？一旦出错了，有什么机制可以进行纠正？思考预防性措施和补救性措施有哪些？<br>（2）按预准备要求思考的问题，进行实验箱电路的实际连线，并确保电路功能的正确实现。具体方法将在下次课程里做阐述。 |

**素养课堂：**

### 工匠精神：电气安全的技术优势——继电器的自锁或互锁作用

电路图中的继电器可以通过互相串接的方式，实现自锁或互锁电路的作用，实际应用过程中需要注意自锁或互锁作用的意义及实现方法。

思维借鉴——工业电气中的继电器锁止作用

## 三、成绩评价

| 成绩评价方法 | 评分值 |
|---|---|
| 组内评价（A） |  |
| 教师评价（B） |  |
| 综合成绩 = A × 50% + B × 50% |  |
| 说明：<br>1. 组内评价分：组长负责，组员按百分制打分，取组员平均值。<br>2. 评价内容包括：任务完成度（50%）+ 实际参与度（15%）+ 规范操作（20%）+ 7S 管理（15%），未参加工作任务、未提交作业记 0 分。 |  |

# 任务 4　电机间接控制电路诊断

## 一、任务信息

<table>
<tr><td>任务难度</td><td colspan="3">中级</td></tr>
<tr><td>学时</td><td></td><td>班级</td><td></td></tr>
<tr><td>成绩</td><td></td><td>日期</td><td></td></tr>
<tr><td>姓名</td><td></td><td>教师签名</td><td></td></tr>
<tr><td>案例导入</td><td colspan="3">如何用汽车电路故障诊断知识对给定的电机工作不良的故障进行诊断？预习要点在于故障诊断方法如何应用。<br>案例导入</td></tr>
<tr><td rowspan="3">能力目标</td><td>知识</td><td colspan="2">1. 能够说明电机的开关控制方法与特性。<br>2. 能够说明电机电路的特性及与其他负载的组合特性。<br>3. 能够说明电位等特定电路基本物理量的特性</td></tr>
<tr><td>技能</td><td colspan="2">1. 能够对比分析开关控制电机电路的正常与故障状态下的功能。<br>2. 能够运用故障诊断知识对开关控制电机电路进行原因分析。<br>3. 能够运用万用表对电路进行故障诊断与排除</td></tr>
<tr><td>素养</td><td colspan="2">1. 掌握万用表的基本操作规程。<br>2. 掌握汽车电路的基本故障诊断思维。<br>3. 能够养成基于严谨、规范、爱岗敬业等工匠精神的工作态度。<br>4. 具备一定的团队组织管理、品质控制等基础管理素养</td></tr>
</table>

## 二、任务流程

### （一）任务准备

从一个实际的电路故障排除案例学习故障诊断的技巧。请扫描下方二维码进行学习。

任务准备

## （二）任务实施

### 工作表 1　继电器间接控制电机电路的故障诊断

1. 故障诊断前准备。

1）请根据如图 3－18 所示的继电器间接控制电机电路图，在实验箱上连接电路，并确保电路实现功能正常。

计算条件：$U_{E_1}=12\text{ V}$；$R_{\text{EL1}}=R_{\text{EL2}}=6\ \Omega$，$R_{\text{M}}=6\ \Omega$，$R_{\text{KV1 线圈}}=R_{\text{KV3 线圈}}=6\ \Omega$。

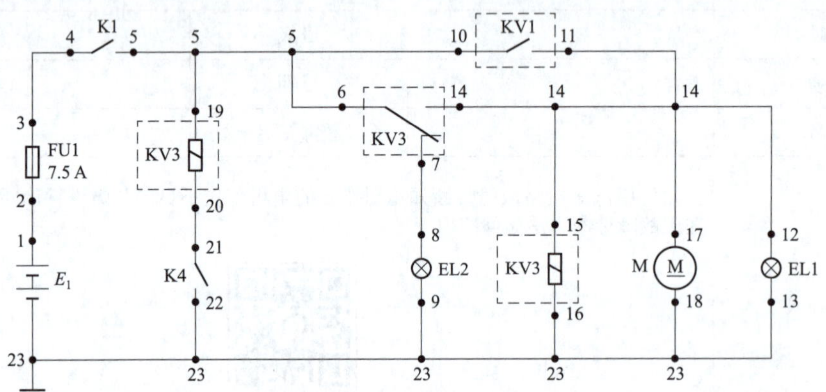


图 3－18　继电器间接控制电机电路图

实验箱电路连接与功能验证（对接项目三任务 3）

（1）数线法：预判工作量，完成从 L1 到 L23 点的电路连接，至少需要 16 条连接线。

（2）子回路分解法：从电路子回路拆分、分解的角度，该电路可以分解为 4～5 路连线比较合适；每路所用电线以不超过 8 条为宜，过多、过大的回路不适合记忆理解。

（3）阶段核验法（分检）：对子回路进行快速识记后连线，每路连线完成后，再重新用识记的回路走一遍，核验是否正确。务必保证产品质量的品质检验是分步、分阶段进行的，最后才是总检。

（4）总检：思考如何对自己连接的线路进行检验与品质控制。

① 电路静态检测法：根据电路特点，设计合理的检测点，在断电情况下，按电路默认状态，用万用表进行检测，比对计算数据与实测数据是否一致，来评判电路连接质量情况。

② 电路动态检测法——功能核验：实验箱电路上电，拨动相应的开关，检验开关对应的电路功能状态是否正确，建议用本书前面推荐的表格法做全面核验，防止遗漏。

③ 电路动态检测法——电位核验：实验箱电路上电，拨动相应的开关，检验开关对应的电路功能状态下，检查关键观测点的电位是否与理论计算一致？如有偏差，分析偏差的原因；必要时继续测量各子回路的电流等是否与理论计算一致？建议用本书前面推荐的电位表格法做全面核验，防止遗漏。

（5）技能训练回头看。

根据前述章节的方法，继续思考怎样从现场工程的角度、产品批量管理的角度进行阐述，完成如表 3－24 所示的内容。

续表

表 3-24 电路连接“工程质量”的品质控制方法思考

| 方法序号 | 方法名称 | | 过程记录 | 优缺点分析 | 适合应用场合思考 |
|---|---|---|---|---|---|
| 1 | 数线法 | | | | |
| 2 | 分检 | 子回路分解法 | | | |
| 3 | | 阶段核验法 | | | |
| 4 | 总检 | 电路静态检测法 | | | |
| 5 | | 电路动态检测法——功能核验 | | | |
| 6 | | 电路动态检测法——电位核验 | | | |

2）按电路实现功能的测量要求，用多种方法，通过分检、总检等手段，交叉保障实验箱电路连接的准确度。

2. 按如图 3-19 所示的电路的故障位置示意图完成实验箱电路的连线，质量品质检验合格后，进入故障诊断环节。教师根据需要（学生对故障的理解的偏差情况）对实验箱电路设置故障。

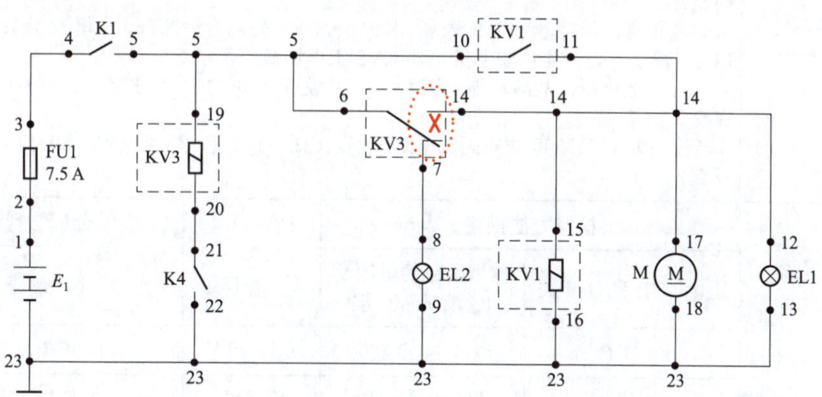


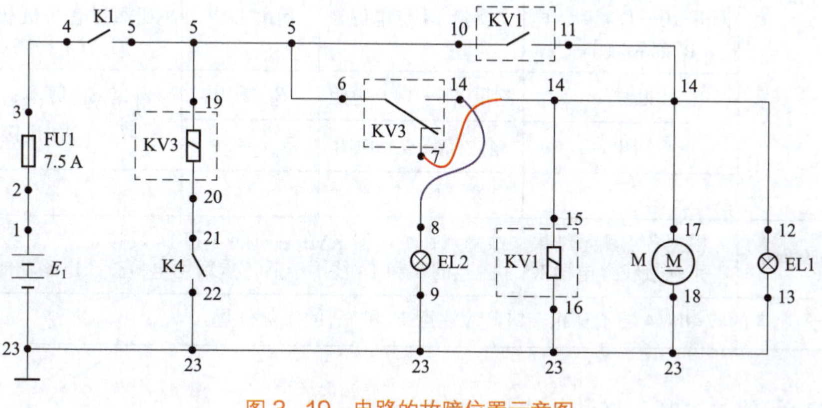


图 3-19 电路的故障位置示意图

续表

照虎画猫：学习参考继电器间接控制电机电路的故障诊断样本（见表 3-25）。

表 3-25 继电器间接控制电机电路的故障诊断样本

<table>
<tr><th colspan="5">故障检查记录分析表一（样本）</th></tr>
<tr><td>故障症状描述</td><td colspan="4">（1）K1 闭合，电机 M 运转，灯 EL1 亮；<br>（2）K1 闭合，K4 闭合，电机 M 运转，灯 EL1、EL2（并联）亮；<br>（3）K1 闭合，K4 先闭合后断开，电机 M 运转，灯 EL1 亮</td></tr>
<tr><td>电路正常功能</td><td colspan="4">（1）K1 闭合，灯 EL2 亮；<br>（2）K1 闭合，K4 闭合，电机 M 运转，灯 EL1 亮；<br>（3）K1 闭合，K4 先闭合后断开，电机 M 运转，灯 EL1、EL2（并联）亮</td></tr>
<tr><td rowspan="2">具体可能原因分析</td><td colspan="4">根据故障症状、结合原理图，分析所有可能原因</td></tr>
<tr><td colspan="4">根据故障症状分析：<br>（1）根据故障症状（1）的表现，K1 闭合，电机 M 运转，灯 EL1 亮：① 说明 K1 闭合时，有电流经过电机 M 和灯 EL1；② 开关 K1 闭合后，电流流到电机 M 和灯 EL1 的通路有 2 条：KV1 触点（10—11）和 KV3 触点（6—14）；结合①和②分析，故障可能原因为：KV1 触点（10—11）和 KV3 触点（6—14）；<br>（2）根据故障症状（2）的表现，K1 闭合，K4 闭合，电机 M 运转，灯 EL1、EL2（并联）亮：说明 K1 闭合后，再闭合 K4 时，灯 EL2 能点亮，说明继电器 KV3 工作切换正常；<br>（3）根据故障症状（3）的表现，K1 闭合，K4 先闭合后断开，电机 M 运转，灯 EL1、EL2（并联）亮：再次说明继电器 KV3 工作切换正常；<br>结合以上分析，故障可能原因为：KV1 触点（10—11）和 KV3 触点的（6—14）存在交叉反接；<br>综上分析，故障可能原因为 KV1 触点（10—11）和 KV3 触点（6—14）存在交叉反接</td></tr>
<tr><td rowspan="8">检修步骤、结果分析与判断</td><td colspan="2">检查方法描述</td><td>结果记录</td><td>分析与判断</td></tr>
<tr><td>上电，打开 IG 开关</td><td>测量电路的电源及 IG 端是否正常</td><td>$U_{E_1}=12\ \text{V}$</td><td>电源端正常</td></tr>
<tr><td>K1 闭合</td><td>测量 14 点电位</td><td>$V_{14}=12\ \text{V}$</td><td>14 点电位异常</td></tr>
<tr><td>K1 闭合</td><td>测量 7 点电位</td><td>$V_7=0\ \text{V}$</td><td>7 点电位异常</td></tr>
<tr><td>拆除 KV1 继电器（或断开 10—11）后，再闭合 K1 闭合</td><td>测量 14 点电位</td><td>$V_{14}=12\ \text{V}$</td><td>14 点电位异常<br>（观察到电机 M 仍然运转、灯 EL1 仍然点亮）</td></tr>
<tr><td>断电</td><td>测量（6—14）电阻</td><td>$R_{\text{KV3}}=0$</td><td rowspan="2">继电器 KV3 触点的 7 和 14 反接</td></tr>
<tr><td>断电</td><td>测量（6—7）电阻</td><td>$R_{\text{KV3}}=\infty$</td></tr>
<tr><td></td><td></td><td></td><td></td></tr>
<tr><td>故障点排除确认</td><td colspan="4">根据各点测量结果，故障点在继电器 KV3 触点的 7 和 14 反接。<br>正确接线继电器 KV3 触点的 7 和 14 线端子后，重新上电检查，电路功能恢复正常</td></tr>
<tr><td colspan="5">注：由于 KV3 的#7 和#14 端子互相接错，应注意 $V_7$ 和 $V_{14}$ 的实际位置。</td></tr>
</table>

电路功能的二进制表格法如表 3-26 所示。

续表

表 3-26 电路功能的二进制表格法

| 开关组合 | 开关 K1 | 开关 K4 | KV3 触点#7 和#14 互换时故障态下的灯组合（0——不工作，1——工作） | | | |
|---|---|---|---|---|---|---|
| K1K4 | 0——opn<br>1——cls | 0——opn<br>1——cls | 电机 M | 灯 EL1 | 灯 EL2 | 负载组合 |
| 00 | 0 | 0 | 0 | 0 | 0 | 000 |
| 01 | 0 | 1 | 0 | 0 | 0 | 000 |
| 010 | 0 | 1→0 | 0 | 0 | 0 | 000 |
| 10 | 1 | 0 | 1 | 1 | 0 | 110 |
| 11 | 1 | 1 | 1 | 1 | 1 | 111 |
| 110 | 1 | 1→0 | 1 | 1 | 0 | 110 |

| 正常态下的灯组合（0——不工作，1——工作） | | | | 故障态下的继电器 | |
|---|---|---|---|---|---|
| 电机 M | 灯 EL1 | 灯 EL2 | 负载组合 | KV1<br>0——不工作<br>1——工作 | KV3<br>0——不工作<br>1——工作 |
| 0 | 0 | 0 | 000 | 0 | 0 |
| 0 | 0 | 0 | 000 | 0 | 0 |
| 0 | 0 | 0 | 000 | 0 | 0 |
| 0 | 0 | 1 | 001 | 1 | 0 |
| 1 | 1 | 0 | 110 | 1 | 1 |
| 1 | 1 | 1 | 111 | 1 | 0 |

疑问：若先闭合 K4，再闭合 K1，继电器 KV3 和 KV1 应该哪个先起作用？

**参考信息：继电器间接控制电机电路的故障诊断信息**

1. 连线质量品质控制方法——数线法。

如图 3-20 所示，从电源正极的 1 点起始，到电源负极的 23 点结束，该电路需要用 16 条连接线才能完成线路连接。

2. 连线质量品质控制方法——子回路分解法。

如图 3-20 所示，从电源正极的 1 点起始，到电源负极的 23 点结束，该电路用 4 种不同颜色标识了 4 个不同的支路：红色子回路由①～⑤组成，蓝色子回路由⑥～⑧组成，开关 K2 支路用绿色标识⑨～⑫，开关 K3 支路用粉色标识⑬～⑯。

3. 连线质量品质控制方法——电路静态检测法。

在电路静态（电源断电、开关初始状态）下，设计如表 3-27 所示的通电前线路计算记录表，对电路连接后进行电阻测量。思考为什么要测量线路电阻？通过测量哪些端子间的电阻可以判断出电路的连接质量好坏？是否一定要测量如表 3-27 所示的 4 个项目，是否可以另外设计检查项目或检查点？表 3－27 作为样例，仅供参考。

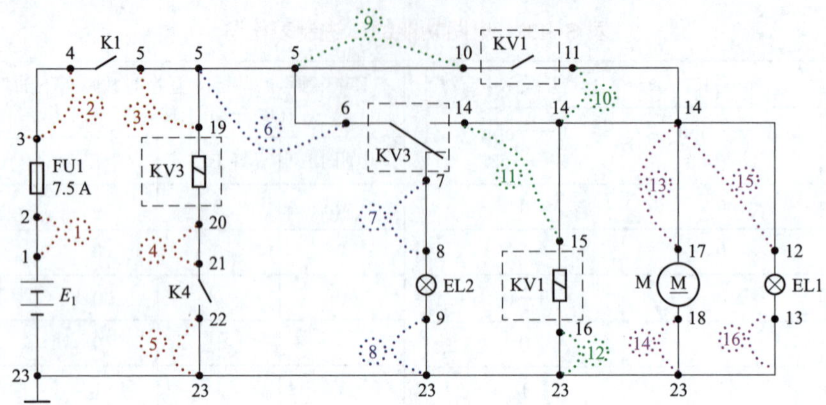

图 3－20 电路的子回路连线示意

表 3－27 通电前线路计算记录表

| 检查项目 | 计算结果 | 测量结果 | 结果错误原因分析 |
|---|---|---|---|
| 21 点与 23 点之间的电阻 | 60＋6＝66 Ω | | |
| 14 点与 23 点之间的电阻 | 6//6//60＝2.67 Ω | | |
| 19 点与 23 点之间的电阻（K4 闭合） | 60//6＝4.8 Ω | | |
| 14 点与 19 点之间的电阻（K4 闭合） | 7.47 Ω | | |

4. 连线质量品质控制方法——电路动态检测法（功能核验）。

按开关的不同组合和表 3－26，对开关的功能进行整理如下：

1）K1 闭合，灯 EL2 亮；

2）K1 闭合，K4 闭合，电机 M 运转，灯 EL1 亮；

3）K1 闭合，K4 先闭合后断开，电机 M 运转，灯 EL1、EL2（并联）亮。

**注意**：K4 闭合时，继电器 KV3 工作，通过 KV3 触点给继电器 KV1 供电，KV1 触点闭合后就可以实现对继电器 KV1 的自供电，即实现自锁的功能，此时断开开关 K4，也不影响继电器 KV1 的工作。

5. 连线质量品质控制方法——电路动态检测法（电位核验）。

闭合不同的开关，计算对应电路的不同检查项目，并对电路中特定点的电位进行测量比对，完成后填入如表 3－28 所示的通电后线路测量数据记录表中。

表 3－28 通电后线路测量数据记录表

| 检查项目 | | 测量结果 | 计算结果 | 错误原因分析 |
|---|---|---|---|---|
| K1 闭合 | $V_7$ | | 12 V | |
| | $V_{14}$ | | 0 V | |
| | $U_{8-9}$ | | 12 V | |

续表

| 检查项目 | | 测量结果 | 计算结果 | 错误原因分析 |
| --- | --- | --- | --- | --- |
| K1 闭合 | $U_{15-16}$ | | 0 V | |
| | $I_{EL2}$ | | 2 A | |
| | $I_M$ | | 0 A | |
| K1 闭合，再 K4 闭合 | $V_7$ | | 0 V | |
| | $V_{14}$ | | 12 V | |
| | $U_{5-9}$ | | 12 V | |
| | $U_{5-15}$ | | 0 V | |
| | $I_{EL1}$ | | 2 A | |
| | $I_M$ | | 2 A | |
| K1 闭合，K4 闭合后再断开 | $V_7$ | | 12 V | |
| | $V_{14}$ | | 12 V | |
| | $U_{21-22}$ | | 12 V | |
| | $U_{15-16}$ | | 12 V | |
| | $I_{EL2}$ | | 2 A | |
| | $I_M$ | | 2 A | |

工作表 2　继电器控制电机电路的故障诊断

1. 故障诊断前准备。

1）请根据如图 3-21 所示的继电器控制电机电路图，在实验箱上连接电路，并确保电路实现功能正常。

计算条件：$U_{E_1}=12\ \text{V}$；$R_{EL1}=R_{EL2}=3\ \Omega$，$R_M=3\ \Omega$，$R_{KV1\,线圈}=R_{KV3\,线圈}=60\ \Omega$。

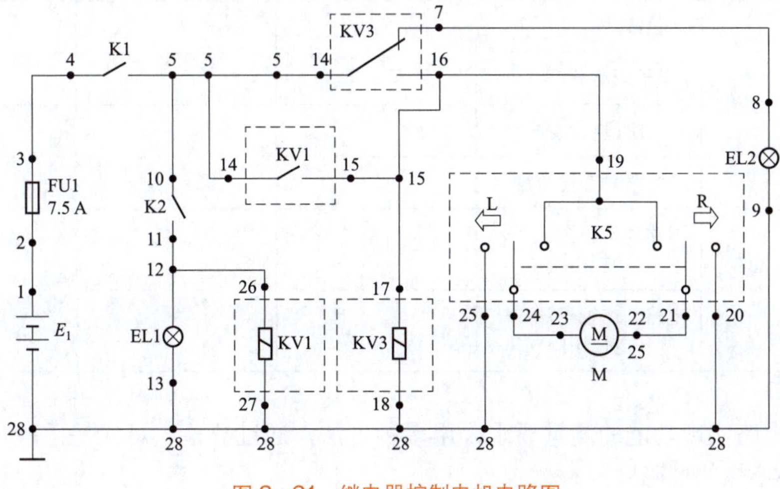


图 3-21　继电器控制电机电路图

续表

实验箱电路连接与功能验证

（1）数线法：预判工作量，完成从 L1 到 L28 点的电路连接，至少需要多少条连接线？（19 条）

（2）子回路分解法：从电路子回路拆分、分解的角度，该电路可以分解为 4 路连线比较合适；每路所用电线以不超过 8 条为宜，过多、过大的回路不适合记忆理解。

（3）阶段核验法（分检）：对子回路进行快速识记后连线，每路连线完成后，再重新用识记的回路走一遍，核验是否正确。务必保证产品质量的品质检验是分步、分阶段进行的，最后才是总检。

（4）总检：思考如何对自己连接的线路进行检验与品质控制？

① 电路静态检测法：根据电路特点，设计合理的检测点，在断电情况下，按电路默认状态，用万用表进行检测，比对计算数据与实测数据是否一致，来评判电路连接质量情况。

② 电路动态检测法——功能核验：实验箱电路上电，拨动相应的开关，检验开关对应的电路功能状态是否正确，建议用本书前面推荐的表格法做全面核验，防止遗漏。

③ 电路动态检测法——电位核验：实验箱电路上电，拨动相应的开关，检验开关对应的电路功能状态下，检查关键观测点的电位是否与理论计算一致？如有偏差，分析偏差的原因；必要时继续测量各子回路的电流等是否与理论计算一致？建议用本书前面推荐的电位表格法做全面核验，防止遗漏。

（5）技能训练回头看。

根据前述章节的方法，继续思考从现场工程的角度、产品批量管理的角度进行阐述，完成如表 3－29 所示的内容。

表 3－29　电路连接“工程质量”的品质控制方法思考

<table>
<tr><th>方法序号</th><th colspan="2">方法名称</th><th>过程记录</th><th>优缺点分析</th><th>适合应用场合思考</th></tr>
<tr><td>1</td><td colspan="2">数线法</td><td></td><td></td><td></td></tr>
<tr><td>2</td><td rowspan="2">分检</td><td>子回路分解法</td><td></td><td></td><td></td></tr>
<tr><td>3</td><td>阶段核验法</td><td></td><td></td><td></td></tr>
<tr><td>4</td><td rowspan="3">总检</td><td>电路静态检测法</td><td></td><td></td><td></td></tr>
<tr><td>5</td><td>电路动态检测法——功能核验</td><td></td><td></td><td></td></tr>
<tr><td>6</td><td>电路动态检测法——电位核验</td><td></td><td></td><td></td></tr>
</table>

2）按电路实现功能的测量要求，用多种方法，通过分检、总检等手段，交叉保障实验箱电路连接的准确度。

续表

2. 按电路图完成实验箱电路的连线，质量品质检验合格后，进入故障诊断环节。教师根据需要（学生对故障的理解的偏差情况）对实验箱电路设置故障。

1）真枪实战：学习训练继电器控制电机电路的故障诊断（见表 3–30）。

表 3–30　继电器控制电机电路的故障诊断

<table>
<tr><td colspan="5">故障检查记录分析表（空表）</td></tr>
<tr><td>故障症状描述</td><td colspan="4"></td></tr>
<tr><td>电路正常功能</td><td colspan="4"></td></tr>
<tr><td rowspan="2">具体可能原因分析</td><td colspan="4">根据故障症状、结合原理图，分析所有可能原因</td></tr>
<tr><td colspan="4">根据故障症状，可以得出：________________________________<br>________________________________________<br>________________________________________</td></tr>
<tr><td rowspan="11">检修步骤、结果分析与判断</td><td colspan="2">检查方法描述</td><td>结果记录</td><td>分析与判断</td></tr>
<tr><td>上电，打开 IG 开关</td><td>测量电路的电源及 IG 端是否正常</td><td>$U=12$ V</td><td>电源与 IG 端正常</td></tr>
<tr><td></td><td></td><td></td><td></td></tr>
<tr><td></td><td></td><td></td><td></td></tr>
<tr><td></td><td></td><td></td><td></td></tr>
<tr><td></td><td></td><td></td><td></td></tr>
<tr><td></td><td></td><td></td><td></td></tr>
<tr><td></td><td></td><td></td><td></td></tr>
<tr><td></td><td></td><td></td><td></td></tr>
<tr><td></td><td></td><td></td><td></td></tr>
<tr><td></td><td></td><td></td><td></td></tr>
<tr><td>故障点排除确认</td><td colspan="4">根据各点测量结果，故障点在________________________________<br>________________________________________。<br>____________________，重新上电检查，电路功能恢复正常</td></tr>
</table>

按前述表格法，画出该电路功能二进制表格法，填写于表 3–31 中。并画出该电路的故障位置示意图（见图 3–22）。

续表

表 3-31　电路功能的二进制表格法

图 3-22　电路的故障位置示意

2）连线质量品质控制方法——数线法与子回路分解法。

从电源正极的 1 点起始，到电源负极的 28 点结束，该电路至少需要用了 18 条连接线才能完成该电路图的线路连接。在如图 3-23 所示的空格栏内用不同颜色画出相应效果图（可参考图 3-20 的画法）。

图 3-23　电路的故障位置示意图

续表

3）连线质量品质控制方法——电路静态检测法。

在电路静态（电源断电、开关初始状态）下，设计如表 3-32 所示的通电前线路计算记录表，对电路连接后进行电阻测量。思考为什么要测量线路电阻？通过测量哪些端子间的电阻可以判断出电路的连接质量好坏？是否一定要测量表 3-32 中的项目，是否可以另外设计检查项目或检查点？

表 3-32　通电前线路计算记录表

| 检查项目 | 计算结果 | 测量结果 | 结果错误原因分析 |
|---|---|---|---|
| | | | |
| | | | |
| | | | |
| | | | |

4）连线质量品质控制方法——电路动态检测法（功能核验）。

对表 3-31 进行简化合并，简化描述后填写于表 3-33 中。

表 3-33　电路实现功能描述

| 内容 | 功能描述 |
|---|---|
| 实现功能 | |

5）连线质量品质控制方法——电路动态检测法（电位核验）。

闭合不同的开关，计算对应电路的不同检查项目，并对电路中特定点的电位进行测量比对，完成后填入如表 3-34 所示的通电后线路测量数据记录表中。

表 3-34　通电后线路测量数据记录表

| 检查项目 | | 测量结果 | 计算结果 | 错误原因分析 |
|---|---|---|---|---|
| K1 闭合 | $V_7$ | | | |
| | $V_{16}$ | | | |
| | $U_{8-9}$ | | | |
| | $U_{17-18}$ | | | |
| | $I_{EL2}$ | | | |
| | $I_{KV3}$ 线圈 | | | |

续表

续表

| 检查项目 | | 测量结果 | 计算结果 | 错误原因分析 |
|---|---|---|---|---|
| K1 闭合，K2 闭合，K5 置于“R”位置 | $V_7$ | | | |
| | $V_{12}$ | | | |
| | $V_{16}$ | | | |
| | $U_{17-18}$ | | | |
| | $U_{12-28}$ | | | |
| | $I_{KV3}$ 线圈 | | | |
| | $I_M$ | | | |
| K1 闭合，K2 闭合后再断开，K3 置于“L”位置 | $V_7$ | | | |
| | $V_{12}$ | | | |
| | $V_{16}$ | | | |
| | $U_{17-18}$ | | | |
| | $U_{12-28}$ | | | |
| | $I_{KV3}$ 线圈 | | | |
| | $I_M$ | | | |

**素养课堂：**

### 工匠精神：精益求精——电气安全与选型

在如图 3-21 所示的继电器控制电机电路图中，按提示要求，所有用电器工作时，电路最大总电流是多少？思考选用的保险丝是否合适？如果灯 EL1 和 EL2 的电阻值是 3 Ω，该电路是否还能正常工作？

## 三、成绩评价

| 成绩评价方法 | 评分值 |
|---|---|
| 组内评价（A） | |
| 教师评价（B） | |
| 综合成绩 = A × 50% + B × 50% | |

说明：

1. 组内评价分：组长负责，组员按百分制打分，取组员平均值。
2. 评价内容包括：任务完成度（50%）+ 实际参与度（15%）+ 规范操作（20%）+ 7S 管理（15%），未参加工作任务、未提交作业记 0 分。

# 项目四　负载集成控制电路检修

## 任务 1　灯光集成控制电路分析

### 一、任务信息

| 任务难度 | 中高级 | | |
|---|---|---|---|
| 学时 | | 班级 | |
| 成绩 | | 日期 | |
| 姓名 | | 教师签名 | |
| 案例导入 | 直观感觉：看看汽车的转向灯和危险警告灯是怎么工作的？<br>案例导入 | | |
| 能力目标 | 知识 | 1. 能够说明晶体管的间接控制方法。<br>2. 能够说明晶体管的结构原理。<br>3. 能够说明基本晶体管的性能检测方法 | |
| | 技能 | 1. 能够分析晶体管控制灯光电路的功能。<br>2. 能够对晶体管控制灯光电路进行连线。<br>3. 能够运用欧姆定律对电路进行物理量的计算 | |
| | 素养 | 1. 掌握电气安全的基本操作规程。<br>2. 能够养成严谨的工作态度 | |

### 二、任务流程

#### （一）任务准备

如何用 12 V 的低压电去控制 220 V 的灯泡？请扫描下方二维码进行学习。

任务准备

## （二）任务实施

工作表 1　简单电子控制灯光电路的认识

1. 请根据如图 4–1 所示的简单电子控制灯光电路图，分析电路的实现功能。计算条件：$U_{E_2}=12\text{ V}$，$R_{EL5}=R_{EL6}=100\ \Omega$，$U_{VD1}=0.5\text{ V}$。

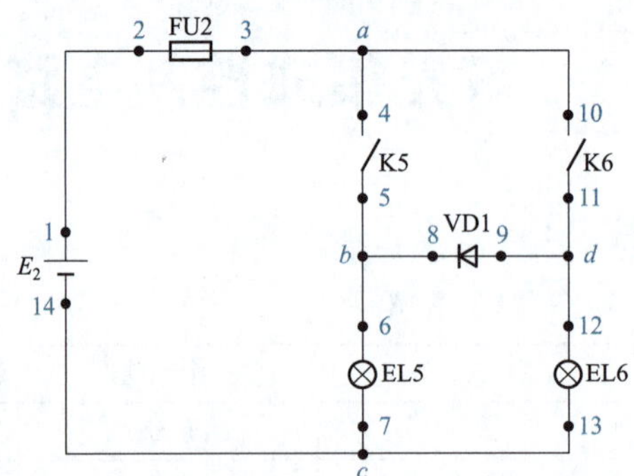


图 4–1　简单电子控制灯光电路图

1）分析如图 4–1 所示的简单电子控制灯光电路图的实现功能，完成如表 4–1 所示的电路实现功能分析。

表 4–1　电路实现功能分析

| 工作条件 | 实现功能 |
|---|---|
| 实验箱上电 | （1）开关 K5 闭合、K6 断开，仅 EL5 灯亮。<br>（2）开关 K6 闭合、K5 闭合或断开，EL5、EL6 都亮 |

2）表格法。

模拟计算机的判断方法，开关断开用“0”表示，开关闭合用“1”表示，灯 EL5、EL6 灭状态用“0”表示、亮状态用“1”表示，根据图示电路图，完成如表 4–2 所示的电路实现功能分析的填写。

表 4–2　电路实现功能分析

| 开关组合 | 开关 K5 | 开关 K6 | 灯 EL5 | 灯 EL6 | 灯组合 |
|---|---|---|---|---|---|
| 00 | 0 | 0 | 0 | 0 | 00 |
| 01 | 0 | 1 | 1 | 1 | 11 |
| 10 | 1 | 0 | 1 | 0 | 10 |
| 11 | 1 | 1 | 1 | 1 | 11 |

续表

3）画图法。

用等效电路图的方法，画出如表 4-3 所示开关组合的灯工作情况。

表 4-3　电路状态分析表

| 电路状态 | 等效电路图 |
|---|---|
| K5 闭合时 | 仅 EL5 灯亮 |
| K6 闭合时 | EL5、EL6 都亮 |
| K5、K6 闭合时 | EL5、EL6 都亮 |

4）电路参数测量与记录。

在等效电路图的基础上，在表 4-4 中填写通电后线路测量数据情况。

表 4-4　通电后线路测量数据记录表

| 检查项目 | | 测量结果 | 计算结果 | 错误原因分析 |
|---|---|---|---|---|
| K5 闭合 | $V_b$ 值 | | 12 V | |
| | $V_d$ 值 | | 0 V | |
| | $U_{8-9}$ | | 12 V | |
| | $U_{6-7}$ | | 12 V | |
| | $I_{EL5}$ | | 0.12 A | |
| | $I_{EL6}$ | | 0 A | |
| K6 闭合 | $V_b$ | | 11.5 V | |
| | $V_d$ | | 12 V | |
| | $U_{9-8}$ | | 0.5 V | |
| | $U_{6-7}$ | | 11.5 V | |
| | $I_{EL5}$ | | 0.115 A | |
| | $I_{EL6}$ | | 0.12 A | |
| K5、K6 闭合 | $V_b$ | | 12 V | |
| | $V_d$ | | 12 V | |
| | $U_{9-8}$ | | 0 V | |
| | $U_{6-7}$ | | 12 V | |
| | $I_{EL5}$ | | 0.12 A | |
| | $I_{EL6}$ | | 0.12 A | |
| 断电，断开 VD1 连接线 | $R_{9-8}$ | | 1 Ω | |
| | $R_{8-9}$ | | ∞ | |

**参考信息：二极管基本知识**

1. 半导体的基本概述。

物体传导电流的能力叫作导电性。电导是描述导体导电性能的物理量，即对于某一种导体允许电流通过它的容易性的量度。电导体的导电能力用电导（Electric Conductance）来表示，数值上等于电阻的倒数，符号是 $G$；电导单位是西门子，简称西，符号 S。各种物质的导电特性各不相同，通常用电导率 $\sigma$ 来量度它们的导电能力，电导率的单位是 S/m；在许多情况下，电导率的倒数是一个使用起来更方便的量，称之为电阻率，用 $\rho$ 表示，单位是Ω·m。对于纯电阻线路，电导与电阻的关系方程为

$$G=1/R \tag{4-1}$$

由此可以得到欧姆电导定律的关系方程

$$G=I/U \tag{4-2}$$

根据电导率的数值及其与温度的依赖关系，大致可分为导体、半导体和绝缘体 3 类；有些金属和合金，在极低温度下电阻率会突然降到 0，在此转变温度下的物质叫作超导体；电导率介于绝缘体及导体之间的物质叫半导体。日常生活中接触到的金、银、铜、铝等金属都是良好的导体，它们的电导率在 $10^5$ S/cm 量级；而像塑料、云母、陶瓷等几乎不导电的物质称为绝缘体，它们的电导率在 $10^{-22}$～$10^{-14}$ S/cm 量级；半导体的电导率在 $10^{-9}$～$10^2$ S/cm 量级。

（1）本征半导体。

完全纯净的、不含任何杂质、结构完整的半导体称为本征半导体。常温时，本征半导体仅有极少数价电子能够挣脱共价键的束缚成为自由电子，同时在共价键相应位置处留下一个空位，称为空穴。自由电子和空穴都称为载流子，即自由电子载流子和空穴载流子。

（2）什么是半导体？

常温下导电性能介于导体（Conductor）与绝缘体（Insulator）之间的材料，叫作半导体（Semiconductor）。自然界中属于半导体的物质有很多种类，目前用来制造半导体器件的材料大多是提纯后的单晶型半导体，主要有硅（Si）、锗（Ge）、硒（Se）和砷化镓（GaAs）等。一般半导体材料为四价元素，如硅原子最外层的 4 个价电子分别和周围的 4 个原子的价电子形成共用电子对，构成共价键结构，如图 4-2 所示。硅原子中的载流子如图 4-3 所示。

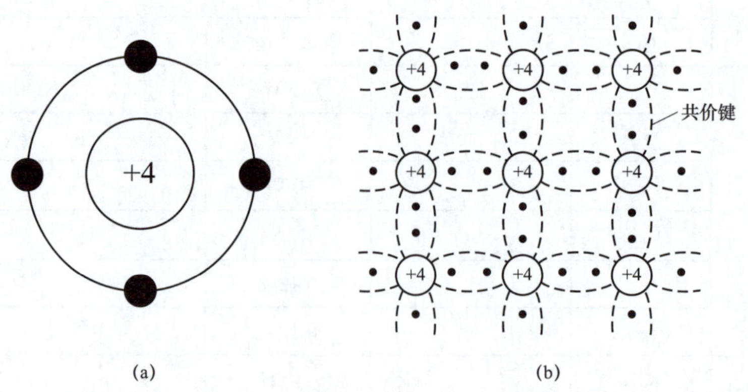


图 4-2　硅原子模型

（a）硅和锗的简化原子模型；（b）硅原子共价键

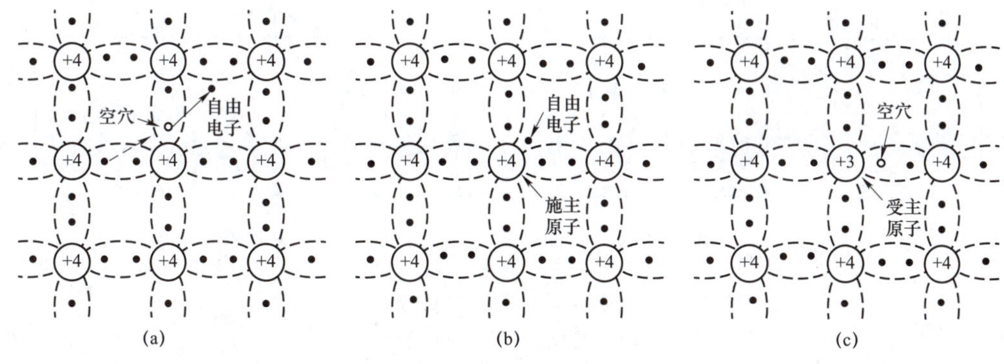


图 4-3 硅原子中的载流子

（a）本征激发产生电子和空穴；（b）N 型半导体结构示意；（c）P 型半导体结构示意

（3）杂质半导体。

在纯净的半导体中加入微量的杂质元素后形成的半导体称为杂质半导体。

杂质半导体具有热敏性、光敏性和掺杂性。利用其掺杂性，在本征半导体中掺入微量三价元素，比如硼元素，就形成 P 型半导体，多数载流子是空穴。在本征半导体中掺入微量五价元素，比如磷元素，就形成 N 型半导体，多数载流子是自由电子。N 型半导体和 P 型半导体结构示意如图 4-3（b）和图 4-3（c）所示。

2. 二极管。

P 型或 N 型半导体的导电能力虽然大大增强，但必须用特殊工艺将它们结合起来，即在一块 N 型（或 P 型）半导体局部掺入高浓度的三价（或五价）杂质元素，这样，在 N 型半导体和 P 型半导体的分界面就形成了 PN 结。后将 PN 结封装起来，引出两个电极，就构成半导体二极管，也称晶体二极管。

二极管最明显的性质就是它的单向导电特性，就是说电流只能从正极流向负极。

（1）PN 结的形成。

当 P 型半导体和 N 型半导体结合在一起时，在交界面处就出现了自由电子和空穴的浓度差，P 型区空穴浓度大，N 型区自由电子浓度大，由于浓度差别，自由电子和空穴都要从浓度高的区域向浓度低的区域扩散。于是在交界面附近形成了自由电子和空穴的扩散运动，N 型区有一些自由电子向 P 型区扩散并与空穴复合，而 P 型区也有空穴向 N 型区扩散并与电子复合。扩散运动的结果是在交界面附近的 P 型区一侧失去了一些空穴而留下带负电的杂质离子（电子），N 型区一侧失去了一些自由电子而留下带正电的杂质离子（空穴）。在一定条件（例如温度一定）下，多数载流子的扩散运动逐渐减弱而少数载流子的漂移运动则逐渐增强，最后两者达到动态平衡，在 P 型半导体和 N 型半导体交界面的两侧就形成了一个基本稳定的空间电荷区，这个空间电荷区称为 PN 结，或称内电场，其方向是由 N 型区指向 P 型区，如图 4-4 所示。空间电荷区，也就是相对稳定状态的 PN 结，又叫耗尽层。

（2）二极管的单向导电性。

二极管最重要的特性就是单向导电性。在电路中，电流只能从二极管的正极流入，负极流出。下面通过简单的试验说明二极管的正向特性和反向特性。

① 正向特性。

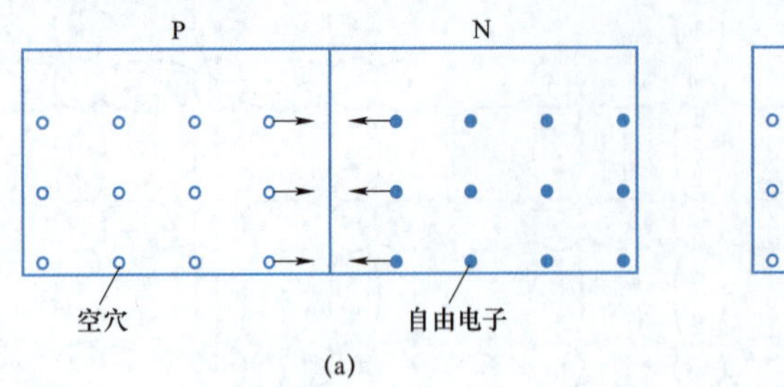


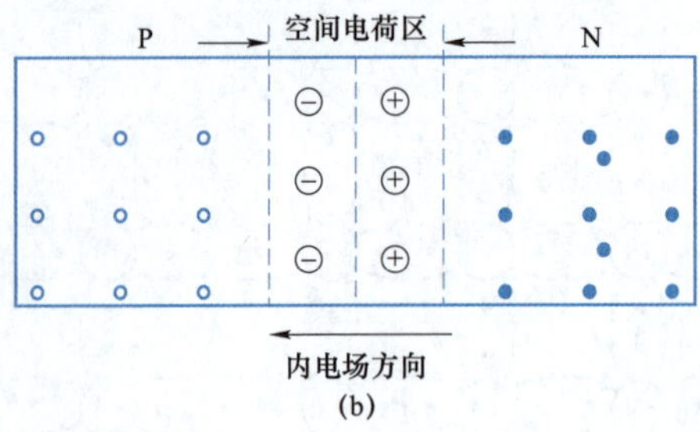


图 4-4　PN 结的形成

（a）扩散运动；（b）形成内电场

在电子电路中，将二极管的正极接在高电位端，负极接在低电位端，二极管就会导通，这种连接方式称为正向偏置，如图 4-5（a）所示。必须说明，当加在二极管两端的正向电压很小时，流过二极管的正向电流十分微弱，二极管仍然不能导通。只有当正向电压达到某一数值（这一数值称为门槛电压，锗管约为 0.2 V，硅管约为 0.5 V），二极管才能导通。导通后二极管两端的电压基本上保持不变（锗管约为 0.3 V，硅管约为 0.7 V），称为二极管的“正向压降”。

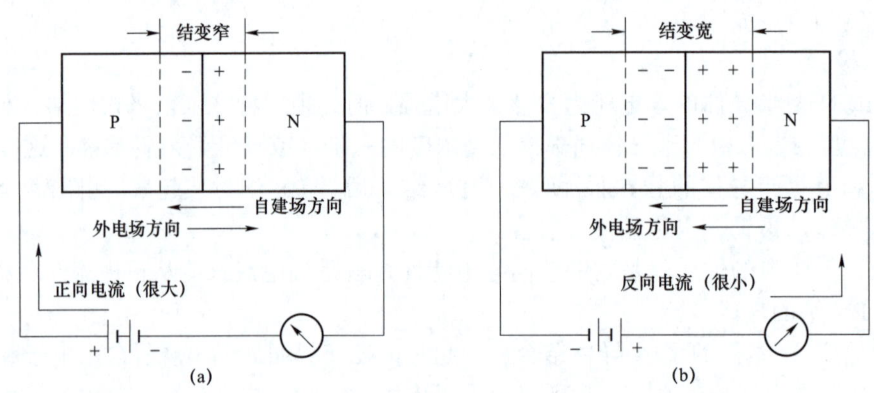


图 4-5　PN 结正向偏置

（a）正向偏置；（b）反向偏置

② 反向特性。

在电子电路中，二极管的正极接在低电位端，负极接在高电位端，此时二极管中几乎没有电流流过，二极管处于截止状态，这种连接方式称为反向偏置，如图 4-5（b）所示。PN 结反向偏置时，可以认为 PN 结基本上不导通或称截止，表现出很大的电阻，但仍然会有微弱的反向电流流过二极管，称为漏电流。当二极管两端的反向电压增大到某一数值，反向电流会急剧增大，二极管将失去单方向导电特性，这种状态称为二极管的击穿。

由上述可知，半导体二极管本质上就是一个 PN 结。PN 结正向偏置时容易导电（导通状态），电阻很小，电流很大；反向偏置时基本上不导电（截止状态），电阻很大，电流很小，这就是 PN 结的单向导电性，这一单向导电性可用伏安特性表示，如图 4-6 所示，伏安特性曲线就是二极管两电极间所加电压与其流过电流之间的关系曲线。电压的单位为伏（V），电流的单位为安（A）、毫安、微安等。

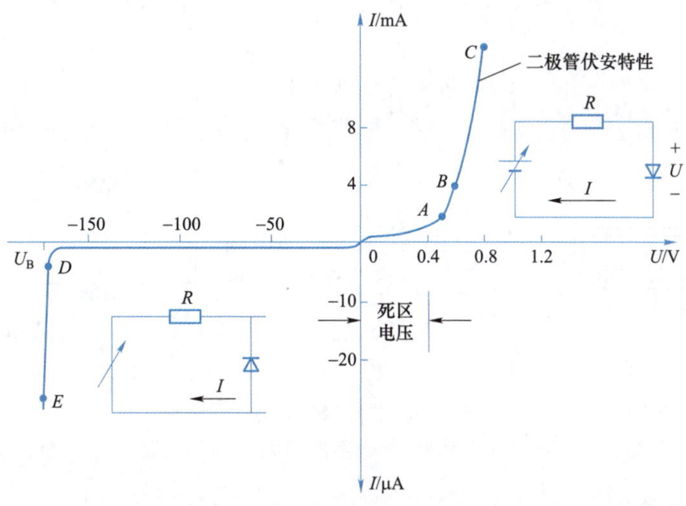


图 4-6　二极管的伏安特性

（3）二极管的符号、结构。

二极管的表示符号如图 4-7（a）所示，常用的二极管的外形如图 4-7（b）所示。与 P 型区相连的引线称为阳极，用“+”表示；与 N 型区相连的引线称为阴极，用“−”表示。

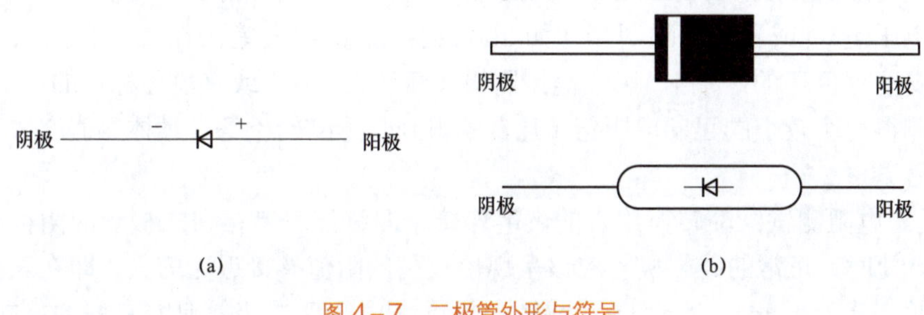


图 4-7　二极管外形与符号

（a）二极管的表示符号；（b）二极管的外形

（4）二极管的类型。

① 按用途分。

二极管按用途可以分为普通二极管和特殊二极管。普通二极管包括检波二极管、整流二极管、开关二极管和稳压二极管。特殊二极管包括变容二极管、光敏二极管和发光二极管。

② 按结构分。

二极管按结构可以分为点接触型、面接触型、平面型 3 种，如图 4-8 所示。

点接触型一般为锗管，如图 4-8（a）所示，它的 PN 结面积很小，因此结电容（因为 PN 结的 P 型区和 N 型区带有不同电荷，可以看成电容器的两个极板，所以把 PN 结的电容称为结电容）很小。一般点接触型二极管适用于小功率或数字电路中的开关元件。面接触型一般为硅管，如图 4-8（b）所示，它的 PN 结面积很大（结电容大），故可通过较大电流，但其工作频率较低，一般用作整流，而不宜用于高频电路中。如图 4-8（c）所示是硅工艺平面型二极管的结构，是集成电路中常见的一种形式。

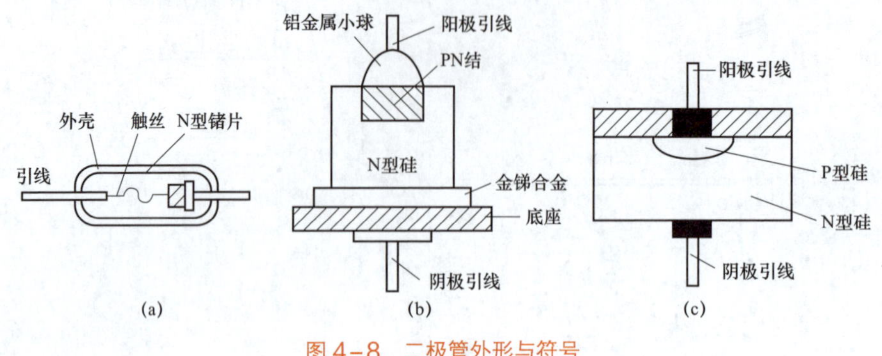


图 4-8 二极管外形与符号

（a）点接触型；（b）面接触型；（c）平面型

（5）二极管的检查方法。

检查二极管的好坏通常包括以下几个步骤。

① 外观检查：通过肉眼检查二极管的外观，确认其封装是否完整无损，引脚是否有断裂、腐蚀或氧化现象。如果发现明显的物理损伤或异常，二极管可能已经损坏。

② 正向电阻测试：使用万用表（指针式或数字式）的欧姆挡位进行测量。对于指针式万用表，一般选择 R×100 Ω 或 R×1 kΩ 挡；对于数字式万用表，可使用二极管专用挡位（显示电压值），或者适当欧姆挡（如 200 Ω 挡）。将红表笔接在二极管的阳极（标记为“+”或没有色环的一端），黑表笔接阴极（标记为“-”或有色环标识的一端），正常情况下应测得一个较小的正向电阻值（几百欧姆到几千欧姆不等，具体数值取决于二极管类型和型号）。

③ 反向电阻测试：翻转万用表的表笔连接，即将红表笔接在二极管的阴极，黑表笔接在阳极。此时，正常的硅二极管应该呈现出较高的阻值（接近无穷大，即在表盘上几乎不动或在数字式万用表上显示“OL”或较大的数值），表明二极管具有良好的单向导电性。锗二极管的反向电阻相对较低，但仍会明显高于正向电阻。

④ 正向电压降检测：对于判断二极管性能好坏，可以进一步测量其正向工作时的电压降。例如，硅二极管的典型正向压降为 0.6～0.7 V，锗二极管则为 0.2～0.3 V。通过电压挡位测量二极管两端电压，确保其在正向导通时的电压降符合规格书上的标准范围。

⑤ 对比法：如果手头有已知完好的同型号二极管，可以与待测二极管进行对比测试，以确定其性能是否正常。

⑥ 温度和电流承受能力测试：对于某些特殊场合下使用的二极管，还需要检查其在工作温度下的性能以及在额定电流下的稳定性，但这通常是在专业实验室环境下进行的。

在实际操作中，主要依靠上述②③两种方法来初步判断二极管的基本功能是否正常。通过正向和反向电阻测试，结合正向电压降的测量结果，可以快速评估出二极管是否具备应有的单向导电特性及其大致的工作状态。

用数字万用表的二极管挡测量，方法如图 4-9 所示。

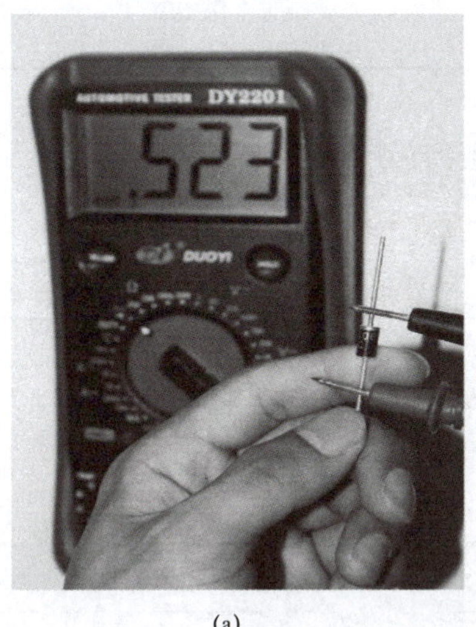


(a)

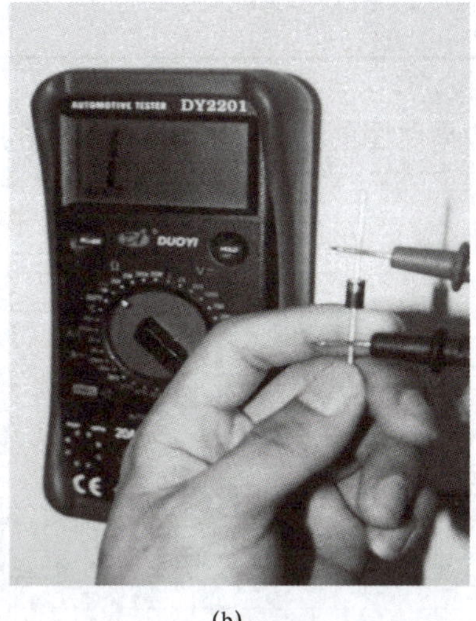


(b)

图 4-9 二极管的检查方法

(a) 加正向电压二极管导通；(b) 加反向电压二极管截止

## 工作表 2 晶体管控制灯光电路的认识

1. 请根据如图 4-10 所示的晶体管控制灯光电路图，分析电路的实现功能。（计算条件：$U_{E_2}=12\ \text{V}$，$U_{ce1}=0.3\ \text{V}$，$U_{be1}=0.7\ \text{V}$，$R_1=4.7\ \text{k}\Omega$，$R_{EL7}=100\ \Omega$）

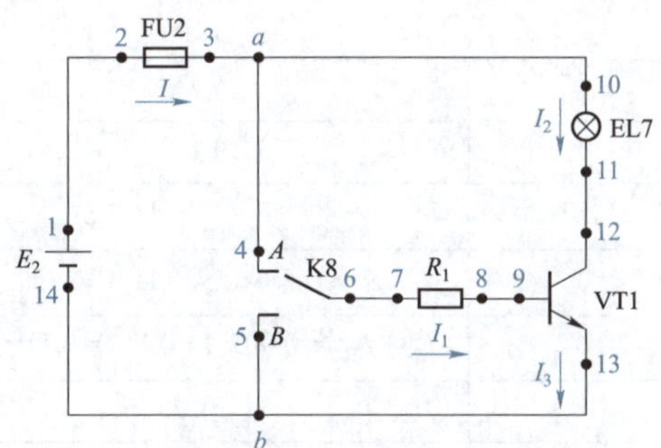


图 4-10 晶体管控制灯光电路图

1）分析如图 4-10 所示的晶体管控制灯光电路图的实现功能，完成如表 4-5 所示的电路实现功能分析。

### 表 4-5 电路实现功能分析

| 工作条件 | 实现功能 |
|---|---|
| K8 拨向 $A$ 点 | 电流流动方向：<br>电源$E_2$正极 → 熔断器FU2 → {灯泡EL7 → VT1集电极；开关K8 → 电阻$R_1$ → VT1基极} → VT1发射极 → 电源$E_2$负极<br>灯 EL7 点亮 |
| K8 拨向 $B$ 点 | 灯 EL7 熄灭 |

续表

2）画图法。

用等效电路图的方法，画出如表 4-6 所示晶体管控制灯的工作情况。

表 4-6　电路状态分析表

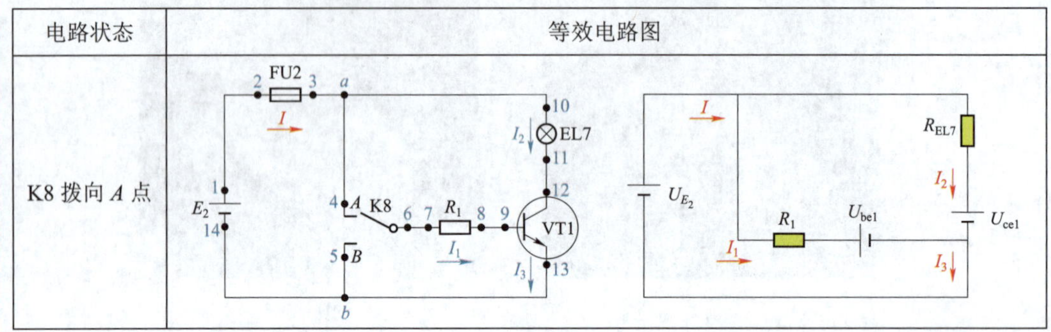


| 电路状态 | 等效电路图 |
| --- | --- |
| K8 拨向 *A* 点 | |

3）电路参数测量与记录。

在等效电路图的基础上，在表 4-7 中填写通电后线路测量数据情况。

表 4-7　通电后线路测量数据记录表

| 检查项目 | | 测量结果 | 计算结果 | 错误原因分析 |
| --- | --- | --- | --- | --- |
| K8 拨向 *A* 点 | $V_6$ | | 12 V | |
| | $V_9$ | | 0.7 V | |
| | $V_{11}$ | | 0.3 V | |
| | $U_{12-13}$ | | $U_{E_2}-U_{ce1}=11.7$ V | |
| | $U_{9-13}$ | | $U_{E_2}-U_{be1}=11.3$ V | |
| | $I_{FU2}$ | | $I_{R_1}+I_{EL7}=0.002\,4+0.117=0.119\,4$ A | |
| K8 拨向 *B* 点 | $V_6$ | | 0 V | |
| | $V_9$ | | 0 V | |
| | $V_{11}$ | | 12 V | |
| | $U_{12-13}$ | | 12 V | |
| | $U_{9-13}$ | | 0 V | |
| | $I_{EL7}$ | | 0 A | |

**参考信息：三极管基本知识**

1. 晶体管的基本概述。

半导体三极管简称晶体管，是半导体基本元器件之一，具有电流放大和开关作用，是电子电路的核心器件，可以用来组成各种功能的电子电路。

1）BJT 的基本结构。

BJT 即双极结型晶体管（Bipolar Junction Transistor，BJT），它是在一块很小的半导

体基片上，用一定的工艺制作出两个反向的PN结，这两个PN结基片分成三个区，从三个区分别引出三根电极引线，再用管壳封装而成。如图4-11所示，晶体管的三个区分别称为发射区、基区和集电区。由它们引出的三根电极引线分别称为发射极 E（Emitter）、基极B（Base）、集电极C（Collector），共用的一个电极称为晶体管的基极（用字母B或b表示），其他的两个电极分别称为集电极（用字母C或c表示）和发射极（用字母E或e表示）。发射区与基区间的PN结称为发射结，集电区与基区间的PN结称为集电结。

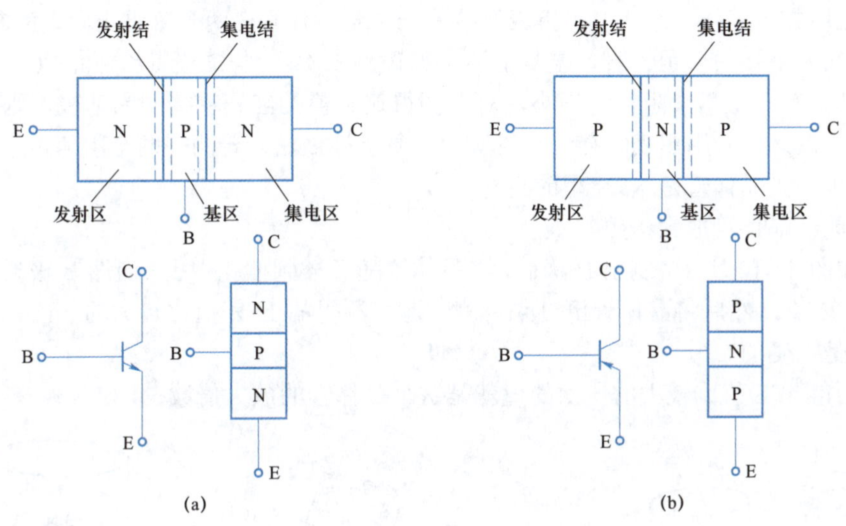


图4-11 晶体管的结构与符号

（a）NPN型晶体管；（b）PNP型晶体管

发射区用来发射载流子，故其杂质浓度较大；集电区用来收集从发射区发射过来的载流子，故其结面积较大；基区位于发射区与集电区之间，用来控制载流子通过，以实现电流放大作用，其厚度很薄（几个微米）且杂质浓度很低，目的是减小基极电流，增强基极的控制作用。根据基片的材料不同，晶体管分为锗管和硅管两大类。根据三层半导体的组合方式，又分PNP型和NPN型。NPN型和PNP型晶体管的工作原理类似，仅在使用时电源极性不同而已，下面以NPN型半导体为例进行分析讨论。

2）BJT的三个工作状态。

① 截止状态。当加在晶体管发射结的电压小于PN结的导通电压，基极电流为0，集电极电流和发射极电流都为0，晶体管这时失去了电流放大作用，集电极和发射极之间相当于开关的断开状态，称晶体管处于截止状态。

② 放大状态。当加在晶体管发射结的电压大于 PN 结的导通电压，处于某一恰当的值时，晶体管的发射结正向偏置，集电结反向偏置，这时基极电流对集电极电流起着控制作用，使晶体管具有电流放大作用，其电流放大倍数$\beta=\Delta I_C/\Delta I_B$，这时晶体管处放大状态。

③ 饱和导通状态。当加在晶体管发射结的电压大于 PN 结的导通电压，并当基极电流增大到一定程度时，集电极电流不再随着基极电流的增大而增大，而是处于某一定值附近不怎么变化，这时晶体管失去电流放大作用，集电极与发射极之间的电压很小，集电极和发射极之间相当于开关的导通状态。晶体管的这种状态称为饱和导通状态。

根据晶体管工作时各个电极的电位高低，就能判别晶体管的工作状态，因此，电子维

修人员在维修过程中，经常要拿多用电表测量晶体管各脚的电压，从而判别晶体管的工作情况和工作状态。

3）BJT 的检修方法。

（1）判别基极和晶体管的类型。

晶体管管型与管脚测试示意图如图 4-12 所示。

① 将功能与量程开关置于 R×100 Ω（或 R×1 K）电阻挡测量。

② 先用红表笔接一个管脚，黑表笔接另一个管脚，测出两个管脚正向、反向电阻值；然后再用红表笔接另一组管脚，重复上述步骤，测 3 次。（与二极管检测相似）

③ 其中有一组两个阻值都很小，对应测得这组值的红表笔接的为基极，则晶体管是 PNP 型的；反之，若用黑表笔接一个管脚，重复上述做法，若测得两个阻值都小，对应黑表笔为基极，则晶体管是 NPN 型的。

（2）测试晶体管放大倍数。

① 如图 4-12 所示，测出 B 极后，将晶体管随意插到插孔中去（当然 B 极要插准确），测一下 hFE 值，然后将晶体管倒过来再测一遍，测得的 hFE 值比较大的一次，各管脚插入的位置是正确的。

② 测得 hFE 值比较大的一次的值就是这个晶体管的放大倍数。

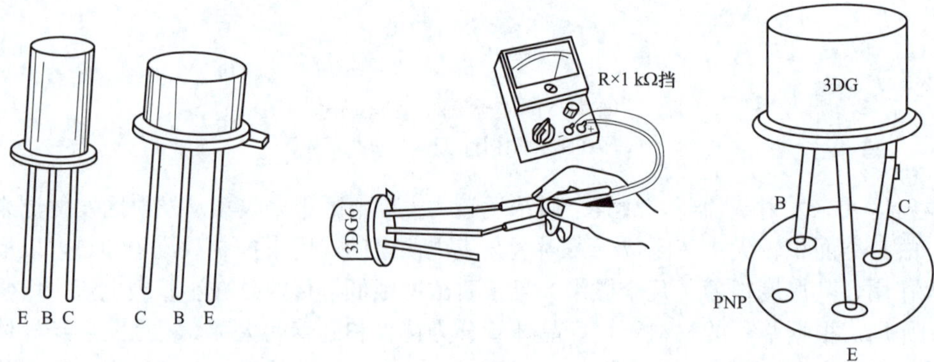


图 4-12　晶体管管型与管脚测试示意图

2. 晶体管的常见类型概述。

晶体管泛指一切以半导体材料为基础的单一元件，具有检波、整流、放大、开关、稳压、信号调制等多种功能。晶体管包括各种半导体材料制成的二极管、BJT 三极管、场效应管、晶闸管（后三者均为三端子）等。

在这 3 种晶体管的市场竞争格局方面，三极管的市场相对比较分散，因其价格低，在少数价格敏感、感性负载驱动等应用中还有一定需求，但由于三极管存在功耗偏大等问题，在全球节能减排的大环境下，其市场规模总体趋于衰退，正在被 MOSFET 所取代。但在实际应用中最流行和最常见的电子元器件是 BJT 和 MOSFET，IGBT 是变频器的核心部件，主要用在特定的场合。

（1）BJT。

BJT 的全称是双极型晶体管，属于电流控制型晶体管，生活中所说的晶体管一般默认为 BJT。BJT 是最常用的晶体管之一，广泛应用于模拟和数字电路中。BJT 由 3 个半导体区域组成，分别是发射区、基区和集电区。BJT 有 NPN 型和 PNP 型，分别对应发射区和集电区的不同掺杂类型。BJT 根据不同的用途，可以分为低压高频、小信号放大和电源开关等类型。

（2）MOSFET。

MOSFET 的全称是金属氧化物半导体场效应晶体管（Metal-Oxide-Semiconductor Field-Effect Transistor，MOSFET），为电压控制型晶体管。MOSFET 多用于数字电路。它和二极管不同的是，它有一个栅极，可以通过改变栅极电压来控制电流。MOSFET 的优点是高输入阻抗、小电流漏泄、可靠性高，适合高速器件。根据栅极的作用可以分为增压 MOSFET 和光 MOSFET 等。

（3）IGBT。

IGBT 是继 MOSFET 之后，又一种高压大功率开关器件，是最新型的高集成度器件之一。如图 4-13 所示，IGBT 的全称是绝缘栅双极型晶体管（Insulated Gate Bipolar Transistor，IGBT），是一种三端半导体开关器件，有 3 个端子（栅极 G、集电极 C 和发射极 E），都附有金属层。可用于多种电子设备中的高效快速开关。如图 4-14 所示，可以把 IGBT 看作 BJT 和 MOSEFT 的融合体，具有 BJT 的输入特性和 MOSEFT 的输出特性，可以看到输入侧代表具有栅极端子的 MOSEFT，输出侧代表具有集电极和发射极的 BJT。集电极和发

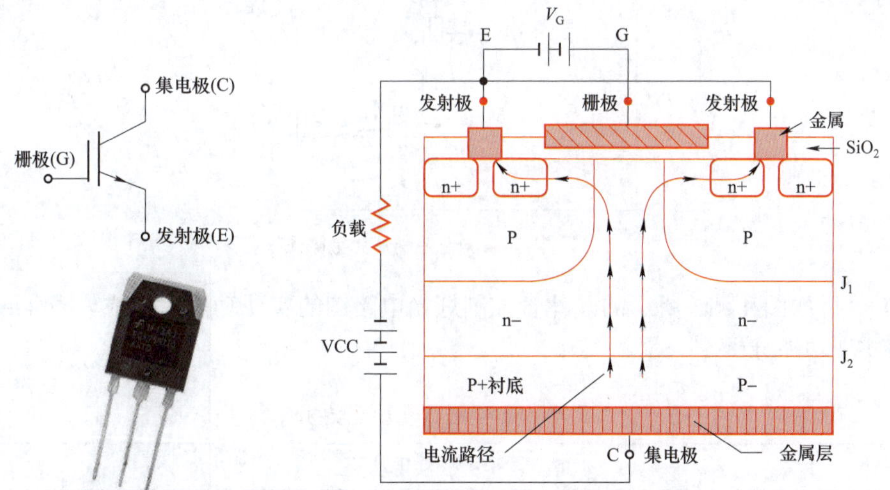


图 4-13　IGBT 实物图＋电路符号图＋结构图

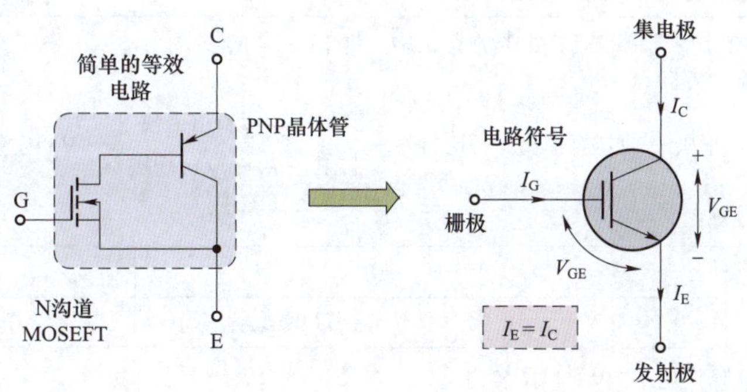


图 4-14　IGBT 的电路符号与等效电路图

射极是导通端子，栅极是控制开关操作的控制端子。IGBT 结构是一个四层半导体器件。四层器件是通过组合 PNP 和 NPN 晶体管来实现的，它们构成了 PNPN 排列。

IGBT 相比 BJT，有高输入阻抗、低饱和电压、大输出阻抗等优点。同时，IGBT 又比 MOSFET 获得更高的电压和电流。绝缘栅双极型晶体管 IGBT 优势在于它提供了比标准双极型晶体管更大的功率增益，以及更高工作电压和更低 MOSEFT 输入损耗。IGBT 主要用于放大器，用于通过脉冲宽度调制（PWM）切换/处理复杂的波形，常使用在交流变频调速、大型 UPS（不间断电源）和电力电子系统等领域。

总之，晶体管种类繁多，每个种类又有不同的用途。工程师在设计、查阅电路时应注意分辨晶体管的种类。随着电子技术不断发展，晶体管的种类也将逐步扩大，应用领域也会不断拓宽。

## 工作表 3　晶体管控制灯光电路的认识

1. 请根据如图 4-15 所示的晶体管控制灯光电路图，分析电路的实现功能。（计算条件：$U_{E_2}=12$ V，$U_{ce1}=0.3$ V，$U_{be1}=0.7$ V，$R_1=4.7$ kΩ，$R_{RP}=100$ kΩ，$R_{EL7}=100$ Ω）

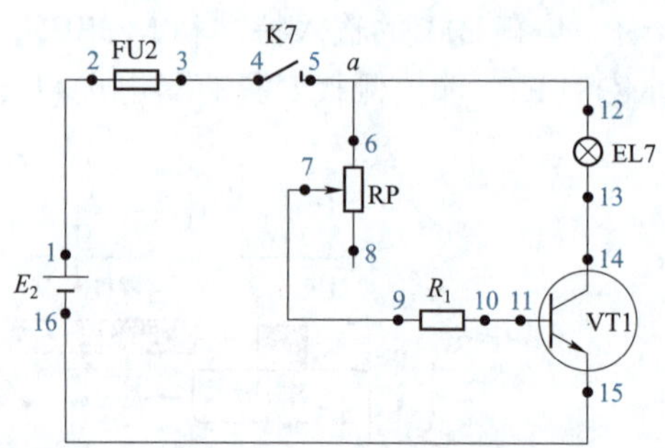


图 4-15　晶体管控制灯光电路图

1）分析如图 4-15 所示的晶体管控制灯光电路图的实现功能，完成如表 4-8 所示的电路实现功能分析。

### 表 4-8　电路实现功能分析

<table>
<tr><th>工作条件</th><th>实现功能</th></tr>
<tr><td>K7 闭合</td><td>功能：调节 RP 使三极管 VT1 处于截止状态，灯 EL7 熄灭。<br>电流流动方向：无电流流动。</td></tr>
<tr><td>K7 闭合</td><td>调节 RP 使三极管 VT1 处于放大状态，灯 EL7 点亮。<br>电流流动方向：<br>电源 $E_2$ 正极 → 保险丝 FU2 → 开关 K7 → {EL7 → VT1 集电极；RP → $R_1$ → VT1 基极} → VT1 发射极 → 电源负极<br>电流计算：
<table>
<tr><th>$I$</th><th>$I_1$</th><th>$I_2$</th></tr>
<tr><td>0～0.119 4 A</td><td>0～0.002 4 A</td><td>0～0.117 A</td></tr>
</table>
电压计算：$U_{EL7}=0$～11.7 V</td></tr>
</table>

续表

续表

<table>
<tr>
<td>K7 闭合</td>
<td>
功能：调节 RP 使三极管 VT1 处于饱和状态，灯 EL7 点亮。<br>
电流流动方向：<br>
电源$E_2$正极 → 保险丝FU2 → 开关K7 → {EL7 → VT1集电极；RP → $R_1$ → VT1基极} → VT1发射极 → 电源负极<br>
电流计算：
<table>
<tr><td>$I$</td><td>$I_1$</td><td>$I_2$</td></tr>
<tr><td>$=I_1+I_2$<br>$=0.002\,4+0.117=0.119\,4$ A</td><td>$(U_{E_2}-U_{\mathrm{be1}})/(R_1+R_{\mathrm{RP}})$<br>$=0.002\,4$ A</td><td>$(U_{E_2}-U_{\mathrm{ce1}})/R_{\mathrm{EL7}}$<br>$=0.117$ A</td></tr>
</table>
电压计算：$U_{\mathrm{EL7}}=U_{E_2}-U_{\mathrm{ce1}}=I_2\times R_{\mathrm{EL7}}=0.117\times100=11.7$ V
</td>
</tr>
</table>

**参考信息：三极管基本知识**

1. 晶体管的主要参数。

晶体管的主要参数有电流放大系数、耗散功率、频率特性、集电极最大电流、最大反向电压、反向电流等。

2. 晶体管的输入与输出特性。

双极型晶体管（包括 NPN 和 PNP 型）具有输入特性和输出特性。这些特性通过实验得出，并以图表形式呈现，以便于理解其工作原理和性能。

（1）输入特性。

输入特性描述的是晶体管基极与发射极之间的电压（$U_{\mathrm{BE}}$）与基极电流（$I_{\mathrm{B}}$）之间的关系。随着 $U_{\mathrm{BE}}$ 从 0 开始逐渐增加，基极电流 $I_{\mathrm{B}}$ 会经历一个从几乎为 0 到显著增长的过程，这是因为当 $U_{\mathrm{BE}}$ 超过一定阈值（称为开启电压或导通电压）后，载流子开始大量注入发射区，从而使基极电流增大。

如图 4－16 所示为晶体管的输入特性曲线，描述了当 $U_{\mathrm{CE}}$ 不变时，三极管输入回路中的电流 $I_{\mathrm{B}}$ 与电压 $U_{\mathrm{BE}}$ 之间的关系曲线，其中，$I_{\mathrm{B}}=f(U_{\mathrm{BE}})|U_{\mathrm{CE}}=$常数。当 $U_{\mathrm{CE}}$ 增大时，输入特性曲线会往右移，但是 $U_{\mathrm{CE}}$ 大于某一数值后，不同 $U_{\mathrm{CE}}$ 的各条输入特性曲线几乎重叠在一起。

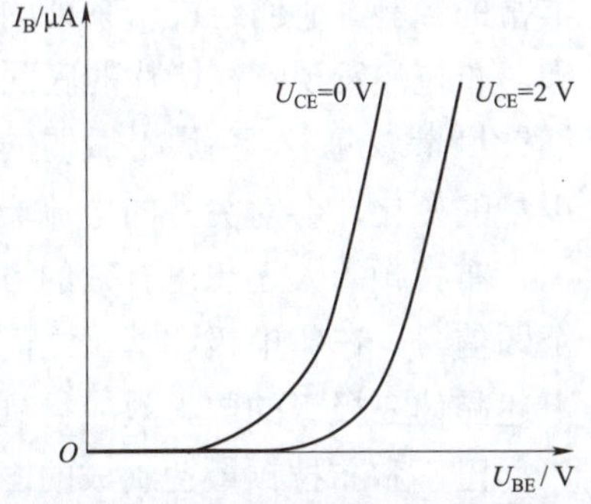

图 4－16　晶体管的输入特性曲线

（2）输出特性。

输出特性则是指集电极与发射极之间的电压（$U_{\mathrm{CE}}$）及集电极电流（$I_{\mathrm{C}}$）之间的关系，同时考虑不同的基极电流 $I_{\mathrm{B}}$。通常情况下，输出特性曲线分为 3 个区域：

截止区（Cut-off Region）：当 $U_{\mathrm{BE}}$ 非常小，不足以使发射结正偏时，集电极电流 $I_{\mathrm{C}}$ 接近 0，此时晶体管相当于一个断开的开关。

放大区（Active or Linear Region）：当 $U_{\mathrm{BE}}$ 足够大以使发射结正偏且 $U_{\mathrm{CE}}$ 仍保持在一定程度上时，$I_{\mathrm{C}}$ 随 $I_{\mathrm{B}}$ 按一定的比例线性增长，晶体管表现出电流放大作用。

饱和区（Saturation Region）：当 $I_B$ 进一步增大，$U_{CE}$ 减小至某个临界点以下时，$I_C$ 不再随 $I_B$ 显著增加，此时晶体管表现为“开关闭合”，其集电极电流达到最大并基本稳定在一个水平，即饱和状态。

如图 4-17（b）所示为晶体管的输出特性曲线，描述了当 $I_B$ 不变时，三极管输出回路中的电流 $I_C$ 与电压 $U_{CE}$ 之间的关系曲线，其中，$I_C=f(U_{CE})|I_B=$常数。

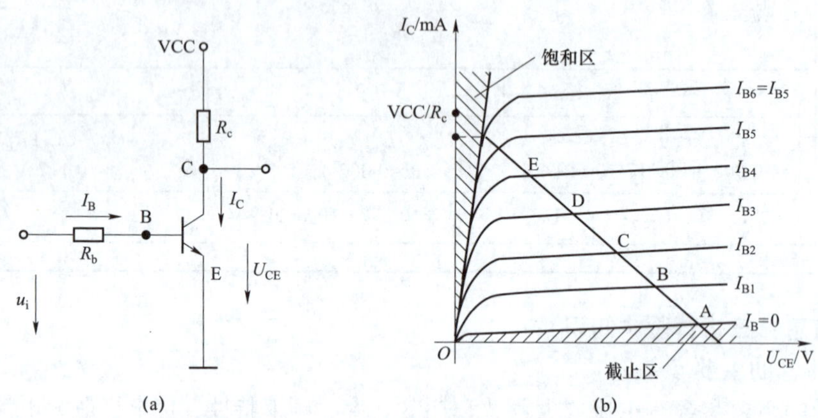


图 4-17　晶体管管型与管脚测试电路图及晶体管的输出特性曲线

（a）晶体管管型与管脚测试电路图；（b）晶体管的输出特性曲线

通过观察和分析晶体管的输入和输出特性曲线，可以了解其工作模式、放大倍数、饱和压降以及截止状态下的漏电流等关键参数，这对于设计和优化电路至关重要。

## （三）知识拓展

1. 晶体管的由来。

1945 年秋天，贝尔实验室成立了以肖克莱为首的半导体研究小组，成员有布拉顿、巴丁等人。布拉顿早在 1929 年就开始在这个实验室工作，长期从事半导体的研究，积累了丰富的经验。他们经过一系列的实验和观察，逐步认识到半导体中电流放大效应产生的原因。布拉顿发现，在锗片的底面接上电极，在另一面插上细针并通上电流，然后让另一根细针尽量靠近它，并通上微弱的电流，这样就会使原来的电流产生很大的变化。微弱电流少量的变化，会对另外的电流产生很大的影响，这就是“放大”作用。

布拉顿等人还想出有效的办法来实现这种放大效应。他们在发射极和基极之间输入一个弱信号，在集电极和基极之间的输出端，就放大为一个强信号了。在现代电子产品中，上述晶体三极管的放大效应得到了广泛的应用。

巴丁和布拉顿最初制成的固体器件的放大倍数为 50 左右。不久之后，他们利用两个靠得很近（相距 0.05 mm）的触须接点来代替金箔接点，制造了点接触型晶体管。1947 年 12 月，这个世界上最早的实用半导体器件终于问世了，在首次试验时，它能把音频信号放大 100 倍，它的外形比火柴棍短，但要粗一些。

在为这种器件命名时，布拉顿想到它的电阻变换特性，即它是靠一种从“低电阻输入”

到“高电阻输出”的转移电流来工作的，于是取名为 Trans-resistor（转换电阻），后来缩写为 Transistor，中文译名就是晶体管。

2. 晶体管的类比（见表 4-9）。

表 4-9 晶体管的类比

<table>
<tr><th>类型</th><th>管脚</th><th>结构简图</th><th>类型</th><th>应用场合</th></tr>
<tr><td rowspan="3">BJT</td><td>基极（Base，B）</td><td rowspan="3"> 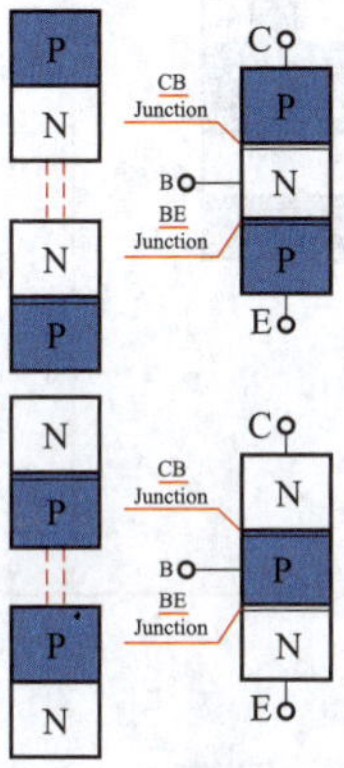P N N P N P P N；C P N P E，CB Junction，B，BE Junction；C N P N E，CB Junction，B，BE Junction</td><td>NPN 型（B C E）</td><td rowspan="3">BJT 是一种电流控制装置，它利用基极端的输入电流来控制输出电流或集电极电流。<br>通过反向连接基极-集电极结和正向偏置连接基极-发射极结，允许电流在发射极和集电极之间流动。这个电流与基极电流成正比</td></tr>
<tr><td>集电极（Collector，C）</td><td rowspan="2">PNP 型（B C E） 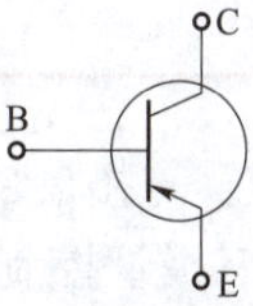</td></tr>
<tr><td>发射极（Emitter，E）</td></tr>
<tr><td rowspan="4">MOSFET</td><td>栅极（Gate，G）</td><td rowspan="4"> 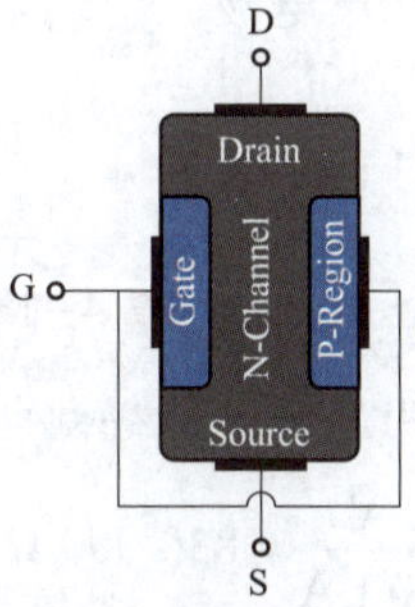D Drain G Gate N-Channel P-Region Source S；D Drain G Gate P-Channel N-Region Source S</td><td>N 型增强（D G S） 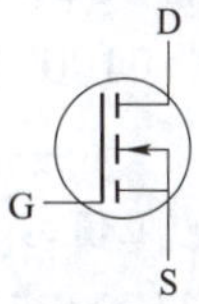</td><td rowspan="4">一种利用电场或电压来控制电流流动的晶体管。它是单极的，即电流仅由于大多数电荷载流子是电子或空穴而流动。<br>其具有驱动简单、高频特性好的特点，具有双向导电特性，主要用于高频率、低功率的工作环境，广泛运用于消费电子、通信、工控和汽车电子等领域</td></tr>
<tr><td>漏极（Drain，D）</td><td>P 型增强（D G S） 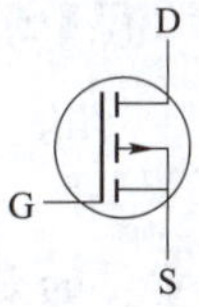</td></tr>
<tr><td rowspan="2">源极（Source，S）</td><td>N 型耗尽（D G S） 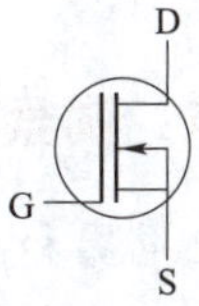</td></tr>
<tr><td>P 型耗尽（D G S） 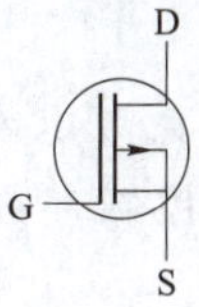</td></tr>
</table>

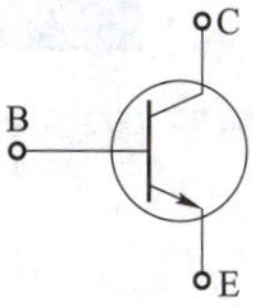

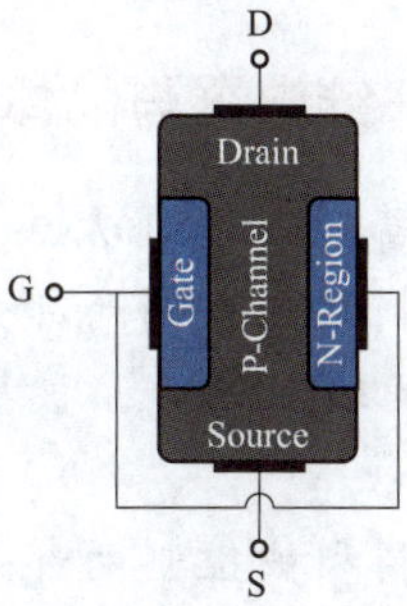

续表

| 类型 | 管脚 | 结构简图 | 类型 | 应用场合 |
| --- | --- | --- | --- | --- |
| IGBT | 栅极（Gate，G）<br>集电极（Collector，C）<br>发射极（Emitter，E） | 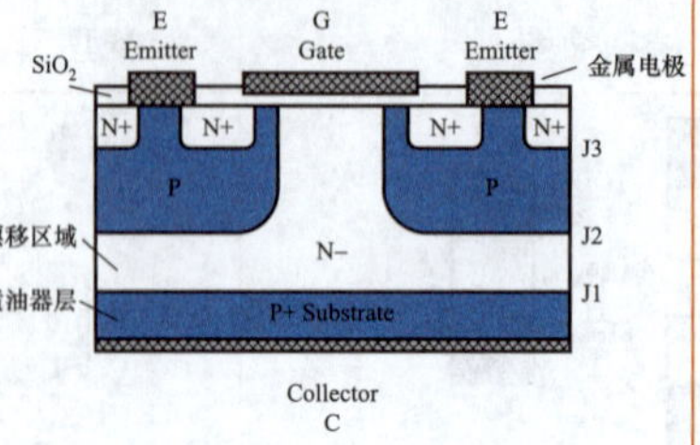  | 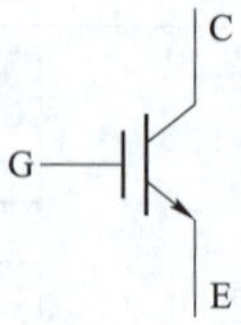  | 是一种像 MOSFET 一样没有输入电流的电压控制器件，因此它没有输入损失。它是单向的，不像 MOSFET 是双向的。它只允许电流从集电极到发射极。<br>其具有开关频率高、不耐超高压和可改变电压等特征，主要适用于低频率、高功率的工作环境，广泛应用于逆变器、变频器和电源开关等领域，被称为电子行业的“CPU” |

3. 晶体管参数的理解与拓展应用。

如图 4-18 所示为三极管控制简单发光二极管电路图，已知 Q1 型号为 BC547 或 2N3904，增益 $\beta$ 在 100 左右。如果需要用 0.1 mA 从基极流向发射极，就可以控制 10 mA（100 倍以上）从集电极到发射极。

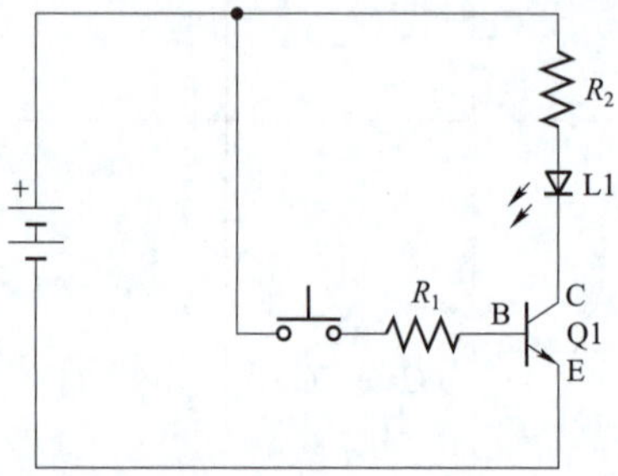

图 4-18　三极管控制简单发光二极管电路图

**思考**：$R_1$ 需要多少电阻值才能得到 0.1 mA 的电流？已知电池是 9 V，$U_{be}$=0.7 V。

如果电池是 9 V，晶体管的基极到发射极为 0.7 V，那么电阻器 $R_1$ 上还有 8.3 V。可以用欧姆定律得到电阻值：

$$R=\frac{U}{I}=\frac{8.3\ \text{V}}{0.000\,1\ \text{A}}=830\,000\ \Omega \tag{4-3}$$

在选择晶体管时，最重要的是要记住晶体管能承受多少电流，这叫作集电极电流（$I_C$）。

**素养课堂：**

## 工匠精神：洞察秋毫——继电器与晶体管的对比学习

从电路的角度看，继电器和晶体管有着较多的相似点：

1. 电路图中的继电器可以看成是控制和被控制两部分，继电器本身可看成是一个控制器件；线圈的控制部分相当于信号的输入部分，被控制的继电器触点相当于是输出部分。

2. 电路中的晶体管也可以看成是控制和被控制两部分，晶体管本身看成是一个控制器件；晶体管的基极控制部分相当于信号的输入部分，被控制的集电区相当于是输出部分。

## 三、成绩评价

<table>
<tr><td>成绩评价方法</td><td>评分值</td></tr>
<tr><td>组内评价（A）</td><td></td></tr>
<tr><td>教师评价（B）</td><td></td></tr>
<tr><td>综合成绩＝A×50%＋B×50%</td><td></td></tr>
<tr><td colspan="2">说明：<br>1. 组内评价分：组长负责，组员按百分制打分，取组员平均值。<br>2. 评价内容包括：任务完成度（50%）＋实际参与度（15%）＋规范操作（20%）＋7S 管理（15%），未参加工作任务、未提交作业记 0 分。</td></tr>
</table>

# 任务 2　灯光集成控制电路诊断

## 一、任务信息

<table>
<tr><td>任务难度</td><td colspan="4">中高级</td></tr>
<tr><td>学时</td><td colspan="2"></td><td>班级</td><td></td></tr>
<tr><td>成绩</td><td colspan="2"></td><td>日期</td><td></td></tr>
<tr><td>姓名</td><td colspan="2"></td><td>教师签名</td><td></td></tr>
<tr><td>案例导入</td><td colspan="4">如何用汽车电路故障诊断知识对给定的灯光不能点亮的故障进行诊断？预习要点在于故障诊断方法如何应用。<br>案例导入</td></tr>
<tr><td rowspan="3">能力目标</td><td>知识</td><td colspan="3">1. 能够说明汽车电路中运放的含义与特性。<br>2. 能够说明汽车电路的间接控制子回路特性。<br>3. 能够说明电位等特定电路基本物理量的特性</td></tr>
<tr><td>技能</td><td colspan="3">1. 能够对比分析运放控制灯光电路的正常与故障状态下的功能。<br>2. 能够运用故障诊断知识对运放控制灯光电路进行原因分析。<br>3. 能够运用万用表对电路进行故障诊断与排除</td></tr>
<tr><td>素养</td><td colspan="3">1. 掌握万用表的基本操作规程。<br>2. 掌握汽车电路的基本故障诊断思维。<br>3. 能够养成基于严谨、规范、爱岗敬业等工匠精神的工作态度。<br>4. 具备一定的团队组织管理、品质控制等基础管理素养</td></tr>
</table>

## 二、任务流程

### （一）任务准备

从一个实际的电路故障排除案例学习故障诊断的技巧。请扫描下方二维码进行学习。

任务准备

### （二）任务实施

工作表 1　运放控制灯光电路的故障诊断

1. 故障诊断前准备。

1）请根据如图 4－19 所示的运放控制灯光电路图，在实验箱上连接电路，并确保电路实现功能正常。

计算条件：$U_{E_3}=12\text{ V}$；$R_{EL9}=9\ \Omega$，$R_2=9\ \Omega$。

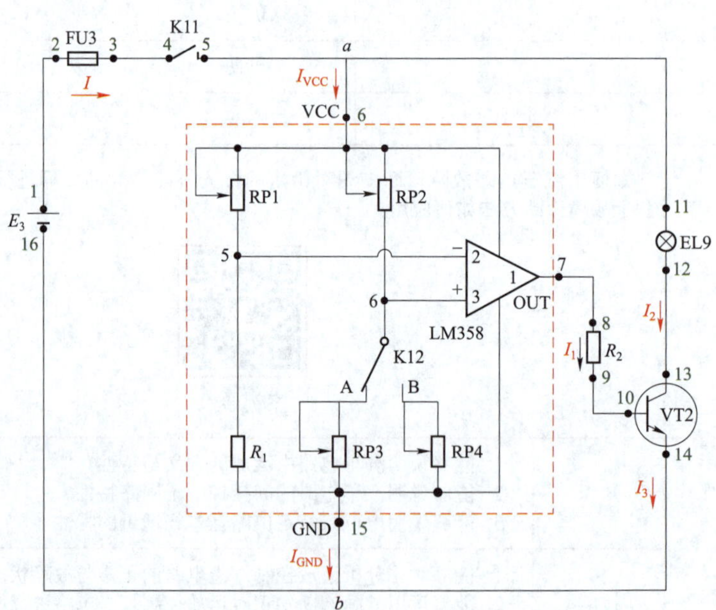


图 4－19　运放控制灯光电路图

实验箱电路连接与功能验证（对接项目三任务 1）

（1）数线法：预判工作量，将 LM358 运算放大器看成一整体（注：6、7、15 共 3 个接线脚，不看内部接线）完成从 L1 到 L16 点的电路连接，至少需要 9 条连接线。

续表

（2）子回路分解法：从电路子回路拆分、分解的角度，该电路可以分解为 2 路连线比较合适；每路所用电线以不超过 8 条为宜，过多、过大的回路不适合记忆理解。

（3）阶段核验法（分检）：对子回路进行快速识记后连线，每路连线完成后，再重新用识记的回路走一遍，核验是否正确。务必保证产品质量的品质检验是分步、分阶段进行的，最后才是总检。

（4）总检：思考如何对自己连接的线路进行检验与品质控制？

① 电路静态检测法：根据电路特点，设计合理的检测点，在断电情况下，按电路默认状态，用万用表进行检测，比对计算数据与实测数据是否一致，来评判电路连接质量情况。

② 电路动态检测法——功能核验：实验箱电路上电，拨动相应的开关，检验开关对应的电路功能状态是否正确，建议用本书前面推荐的表格法做全面核验，防止遗漏。

③ 电路动态检测法——电位核验：实验箱电路上电，拨动相应的开关，检验开关对应的电路功能状态下，检查关键观测点的电位是否与理论计算一致？如有偏差，分析偏差的原因；必要时继续测量各子回路的电流等是否与理论计算一致？建议用本书前面推荐的电位表格法做全面核验，防止遗漏。

（5）技能训练回头看。

根据前述章节的方法，继续思考怎样从现场工程的角度、产品批量管理的角度进行阐述，完成如表 4-10 所示的内容。

表 4-10 电路连接“工程质量”的品质控制方法思考

| 方法序号 | 方法名称 | | 过程记录 | 优缺点分析 | 适合应用场合思考 |
|---|---|---|---|---|---|
| 1 | 数线法 | | | | |
| 2 | 分检 | 子回路分解法 | | | |
| 3 | | 阶段核验法 | | | |
| 4 | 总检 | 电路静态检测法 | | | |
| 5 | | 电路动态检测法——功能核验 | | | |
| 6 | | 电路动态检测法——电位核验 | | | |

2）按电路实现功能的测量要求，用多种方法，通过分检、总检等手段，交叉保障实验箱电路连接的准确度。

2. 按如图 4-20 所示的电路的故障位置示意图完成实验箱电路的连线，质量品质检验合格后，进入故障诊断环节。教师根据需要（学生对故障的理解的偏差情况）对实验箱电路设置故障。

续表

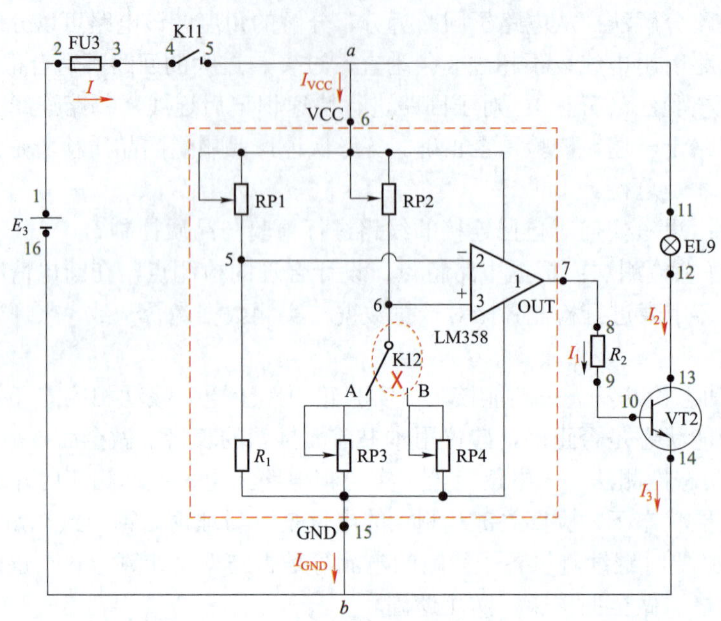


图 4-20　电路的故障位置示意图

照虎画猫：学习参考运放控制灯光电路的故障诊断样本（见表 4-11）。

表 4-11　运放控制灯光电路的故障诊断样本

<table>
<tr><td colspan="5">故障检查记录分析表一（样本）</td></tr>
<tr><td>故障症状描述</td><td colspan="4">（1）开关 K11 闭合、开关 K12 置 B 位，灯泡 EL9 不亮</td></tr>
<tr><td>电路正常功能</td><td colspan="4">（1）开关 K11 闭合、开关 K12 置 A 位，灯泡 EL9 灭。<br>（2）开关 K11 闭合、开关 K12 置 B 位，灯泡 EL9 亮</td></tr>
<tr><td rowspan="2">具体可能原因分析</td><td colspan="4">根据故障症状、结合原理图，分析所有可能原因</td></tr>
<tr><td colspan="4">根据故障症状分析：<br>K11 闭合，K12 无论置于 A 或 B 位置，灯 EL9 均不亮；<br>① 初步分析说明从电源开始，经灯 EL9 的线路（1—2—3—4—5—$a$—11—12—13—14—$b$—16）及电子元器件（保险丝 FU3、开关 K11、EL9、VT2）存在故障可能；<br>② 说明 LM358 模块的供电电源、地线可能不正常；<br>③ 说明 LM358 模块的输出（线路 7—10 存在故障）；<br>④ 说明 LM358 模块自身存在故障；<br>⑤ 说明晶体管 VT2 自身存在故障。<br>综上，故障可能原因为①②③④⑤</td></tr>
<tr><td rowspan="2">检修步骤、结果分析与判断</td><td colspan="2">检查方法描述</td><td>结果记录</td><td>分析与判断</td></tr>
<tr><td>实验箱上电</td><td>测量电路的电源是否正常</td><td>$U_{E_3}=12\ \text{V}$</td><td>电源正常</td></tr>
</table>

续表

续表

| | 检查方法描述 | | 结果记录 | 分析与判断 |
|---|---|---|---|---|
| 检修步骤、结果分析与判断 | K11 闭合 | 测量 11 点电位 | $V_{11}=12$ V | 11 点电位正常（线路 5—11 正常） |
| | K11 闭合 | 测量 12 点电位 | $V_{12}=12$ V | 12 点电位正常（或 EL9 正常） |
| | K11 闭合 | 测量 13 点电位 | $V_{13}=12$ V | 线路 12—13 正常 |
| | K11 闭合，K12 置于 B 位置 | 测量 6 点电位 | $V_6=12$ V | 6 点电位正常 |
| | K11 闭合，K12 置于 B 位置 | 测量 $U_{6-15}$ | $U_{6-15}=12$ V | 15 点电位正常 |
| | K11 闭合，K12 置于 B 位置 | 测量 7 点电位 | $V_7=0$ V | 7 点电位异常（LM358 无输出，基本可判定 LM358 不工作） |
| | K11 闭合，K12 置于 B 位置 | 测量 LM358 内（5）点电位 | $V_{(5)}=5.8$ V | （5）点电位正常 |
| | K11 闭合，K12 置于 B 位置 | 测量 LM358 内（6）点电位 | $V_{(6)}=5.8$ V | （6）点电位异常 |
| | K11 闭合，K12 置于 B 位置，调 RP4 电阻 | 测量 LM358 内（6）点电位 | $V_{(6)}=5.8$ V 无变化 | K12 的 B 端信号输入异常 |
| | 断电，断开 K11 | 测量 K12 的 B 端与 15 点间电阻 | 能随 RP4 电阻的变化而变化 | K12 的 B 端与 15 点线路正常 |
| | 断电，断开 K11 开闭 K12 的 AB 端 | 测量 K12 的 B 端电阻 | ∞，不变化 | K12 的 B 端故障 |
| 故障点排除确认 | 根据各点测量结果，故障点在 K12 的 B 端故障，导致开关切换无效。<br>更换开关 K12（或更换 LM358 运放模块），重新上电检查，电路功能恢复正常 | | | |

**参考信息：运放控制灯光电路的故障诊断信息**

1. 连线质量品质控制方法——数线法。

如图 4-21 所示，从电源正极的 1 点起始，到电源负极的 16 点结束，该电路需要用 9 条连接线才能完成该电路图的线路连接。

2. 连线质量品质控制方法——子回路分解法。

如图 4-21 所示，从电源正极的 1 点起始，到电源负极的 16 点结束，该电路用 2 种不同颜色标识了 24 个不同的支路：红色子回路由①～⑤组成，蓝色子回路由⑥～⑨组成。

3. 连线质量品质控制方法——电路静态检测法。

在电路静态（电源断电、开关初始状态）下，设计如表 4-12 所示的通电前线路计算记录表，对电路连接后进行电阻测量。思考为什么要测量线路电阻？通过测量哪些端子间的电阻可以判断出电路的连接质量好坏？是否一定要测量如表 4-12 所示的 4 个项目，是否可以另外设计检查项目或检查点？表 4-12 作为样例，仅供参考。

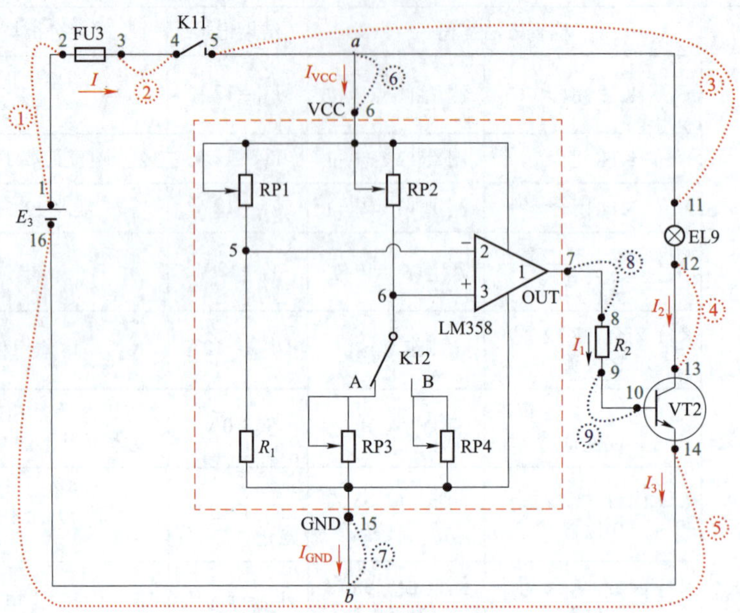


图 4-21　电路的连接方法示意

表 4-12　通电前线路计算记录表

| 检查项目 | 计算结果 | 测量结果 | 结果错误原因分析 |
|---|---|---|---|
| 5 点与 13 点之间的电阻 | 9 Ω | | |
| 7 点与 10 点之间的电阻 | 9 Ω | | |
| 5 点与 6 点之间的电阻 | 0 Ω | | |
| 15 点与 16 点之间的电阻 | 0 Ω | | |

4. 连线质量品质控制方法——电路动态检测法（功能核验）。

按开关的不同组合和表格法对开关的功能进行整理如下：

1）开关 K11 闭合、开关 K12 置 A 位，灯泡 EL9 灭。

2）开关 K11 闭合、开关 K12 置 B 位，灯泡 EL9 亮。

5. 连线质量品质控制方法——电路动态检测法（电位核验）。

闭合不同的开关，计算对应电路的不同检查项目，并对电路中特定点的电位进行测量比对，完成后填在表 4-13 中。

表 4-13　通电后线路测量数据记录表

| 检查项目 | | 测量结果 | 计算结果 | 错误原因分析 |
|---|---|---|---|---|
| K11 闭合，K12 置于 A 位置 | $V_6$ | | | |
| | $V_7$ | | | |

续表

| 检查项目 | | 测量结果 | 计算结果 | 错误原因分析 |
|---|---|---|---|---|
| K11 闭合，K12 置于 A 位置 | $V_{(5)}$ | | | （5）为 LM358 内部点 |
| | $V_{(6)}$ | | | （6）为 LM358 内部点 |
| | $U_{6-15}$ | | | |
| | $U_{15-16}$ | | | |
| | $I_{R_2}$ | | | |
| K11 闭合，K12 置于 B 位置 | $V_7$ | | | |
| | $V_{10}$ | | | |
| | $V_{13}$ | | | |
| | $V_{(5)}$ | | | （5）为 LM358 内部点 |
| | $V_{(6)}$值 | | | （6）为 LM358 内部点 |
| | $U_{6-15}$ | | | |
| | $U_{(5)-(6)}$ | | | |
| | $I_{R_2}$ | | | |
| | $I_{EL9}$ | | | |

6. 运放电路功能分析。

（1）开关K12置A位，比较器LM358+（同向输入端6点）电位小于比较器LM358-（反相输入端5点）电位，比较器LM358输出（OUT）为低电平（0 V），三极管VT2截止，灯泡EL9不亮。

电流流动方向：

电源正极→FU3→K11→LM358(VCC)→(GND)→电源负极。

（2）开关K12置B位，比较器LM358+（同向输入端6点）电位大于比较器LM358-（反相输入端5点）电位，比较器LM358输出（OUT）为高电平（12 V），三极管VT2饱和导通，灯泡EL9亮。

电流流动方向：

$$\text{电源正极}\rightarrow \text{FU3}\rightarrow \text{K11}\rightarrow \left\{\begin{array}{l}\text{灯泡EL9}\rightarrow \text{VT2(CE)}\\ \text{L3358(VCC)}\rightarrow \left\{\begin{array}{l}\text{(GND)}\\ \text{(OUT)}\rightarrow R_2\rightarrow \text{VT2(BE)}\end{array}\right.\end{array}\right\}\rightarrow \text{电源负极}$$

工作表 2　运放控制灯光电路的故障诊断

1. 故障诊断前准备。

请根据如图 4-19 所示的运放控制灯光电路图，在实验箱上连接电路，并确保电路实现功能正常。

续表

参考故障设置：① 线路 5—6 断路；② 线路 15—16 断路；③ 线路 7—10 断路；④ 开关 K12 拨向“A”或“B”位置时，灯亮灭与功能要求相反。

根据学习情况，分别选择故障点进行练习。

2. 按电路图完成实验箱电路的连线，质量品质检验合格后，进入故障诊断环节。教师根据需要（学生对故障的理解的偏差情况）对实验箱电路设置故障。

1）真枪实战：学习训练运放控制灯光电路的故障诊断，完成表 4-14。

表 4-14　运放控制灯光电路的故障诊断

| 故障检查记录分析表（空表） | | | | |
|---|---|---|---|---|
| 故障症状描述 | | | | |
| 电路正常功能 | | | | |
| 具体可能原因分析 | 根据故障症状、结合原理图，分析所有可能原因<br>根据故障症状，可以得出：________________________________ | | | |
| 检修步骤、结果分析与判断 | 检查方法描述 | | 结果记录 | 分析与判断 |
| | 实验箱上电 | 测量电路的电源是否正常 | $U=12$ V | 电源正常 |
| | | | | |
| | | | | |
| | | | | |
| | | | | |
| | | | | |
| | | | | |
| | | | | |
| | | | | |
| | | | | |
| 故障点排除确认 | 根据各点测量结果，故障点在________________________________。________________，重新上电检查，电路功能恢复正常 | | | |

## （三）拓展知识

1. 集成运算放大器。

集成运算放大器（Integrated Operational Amplifier）简称集成运放或运放，是一种由多级直接耦合放大电路组成的十分理想的高增益模拟集成电路。它的工作特性非常接近理想情况，实际工作性能也非常接近理论计算水平，已成为线性集成电路中品种和数量最多的一类。利用集成运算放大器可以使电路设计变得非常简单，可以广泛地应用于涉及模拟信号处理的各个领域。其主要作用为信号放大、信号运算、信号处理、波形的产生和变换。

集成运算放大器内部一般由 4 个单元组成，各单元作用如下：

输入级：一般采用差分放大电路，用来抑制零点漂移。

中间级：由一级或多级放大电路组成，主要是提供足够高的电压放大倍数。

输出级：电压增益为1，主要为输出提供带载能力。

偏置电路：为各级电路提供静态工作点。

1）运算放大器的电路符号与端口。

从信号的观点来看，运算放大器有两个输入端和一个输出端。运算放大器的电路符号如图 4-22 所示。其中端口 IN-为反相输入端，端口 IN+为同相输入端，端口 OUT 为输出端。

除了 3 个信号端口外，还有两个电源端口，有些运算放大器可能还会有一些特殊的端口，如相位补偿端口、调零端口等。

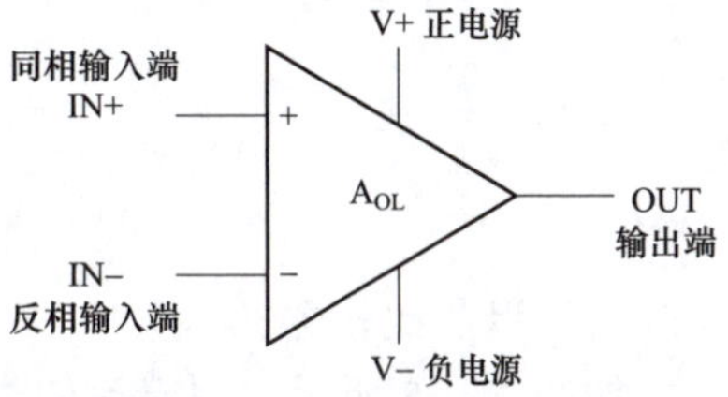

图 4-22　运算放大器的电路符号及端口

2）电压比较器。

电压比较器是集成运放非线性应用电路，它将一个模拟量电压信号和一个参考电压相比较，在二者幅度相等的附近，输出电压将产生跃变，相应输出高电平或低电平。电压比较器可以组成非正弦波形变换电路及应用于模拟与数字信号转换等领域。

如图 4-23 所示为一款最简单的电压比较器，$U_R$ 为参考电压，加在运放的同相输入端，输入电压 $U_i$ 加在反相输入端。

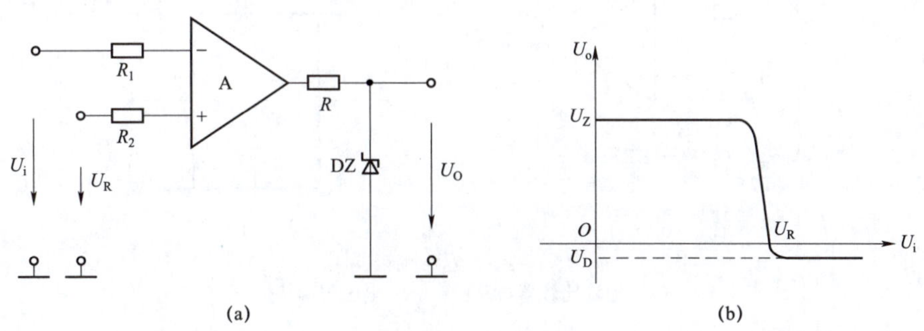


图 4-23　电压比较器

（a）电路图；（b）传输特性

当 $U_i<U_R$ 时，运放输出高电平，即 $U_o=U_Z$；

当 $U_i>U_R$ 时，运放输出低电平，即 $U_o=-U_D$。

因此，以 $U_R$ 为界，当输入电压 $U_i$ 变化时，输出端反映出两种状态。

常用的电压比较器有过零比较器、具有迟滞特性的过零比较器、双限比较器（又称窗口比较器）等。

（1）过零比较器。

如图 4-24（a）所示为加限幅电路的过零比较器电路图，DZ 为限幅稳压管。信号从运放的反相输入端输入，参考电压为0。从同相端输入时，当 $U_i>0$ 时，输出 $U_o=-(U_Z+U_D)$，当 $U_i<0$ 时，$U_o=+(U_Z+U_D)$。其电压传输特性如图 4-24（b）所示。

过零比较器结构简单，灵敏度高，但抗干扰能力差。

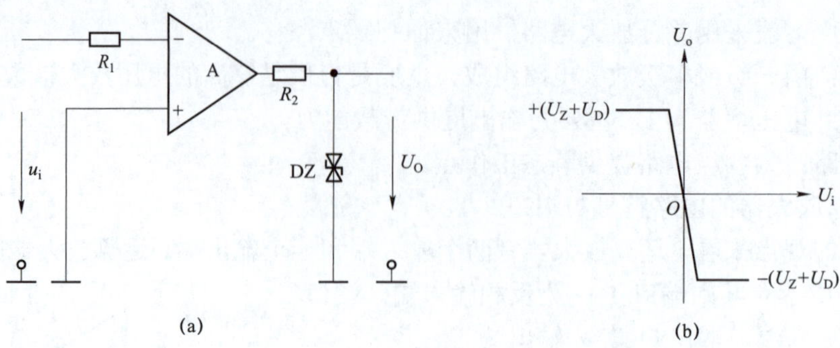


图 4-24　过零比较器

（a）过零比较器电路图；（b）电压传输特性

（2）迟滞比较器。

如图 4-25 所示为迟滞比较器。

如图 4-25（a）所示，从输出端引一个电阻分压正反馈支路到同相输入端，若 $U_o$ 改变状态，M 点也随着改变电位，使过零点离开原来位置。当 $U_o$ 为正（记作 $U+$），则当 $U_i > U_M$ 后，$U_o$ 即由正变负（记作 $U-$），此时 $U_M$ 变为 $-U_M$。故只有当 $U_i$ 下降到 $-U_M$ 以下时，才能使 $U_o$ 再度回升到 $U+$，于是出现如图 4-25（b）所示的迟滞特性。$-U_M$ 与 $U_M$ 的差别称为回差。改变 $R_2$ 的数值可以改变回差的大小。

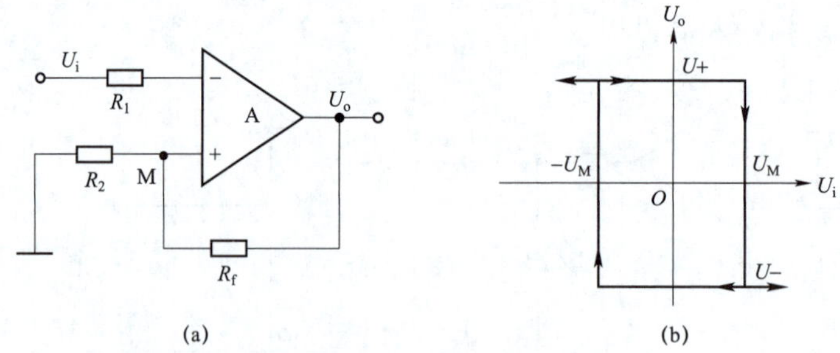


图 4-25　迟滞比较器

（a）迟滞比较器电路图；（b）电压传输特性

（3）窗口（双限）比较器。

简单的比较器仅能鉴别输入电压 $U_i$ 比参考电压 $U_R$ 高或低的情况，窗口比较电路是由两个简单比较器组成，如图 4-26 所示，它能指示出 $U_i$ 值是否处于和之间。如 $U_{RL} < U_i <$

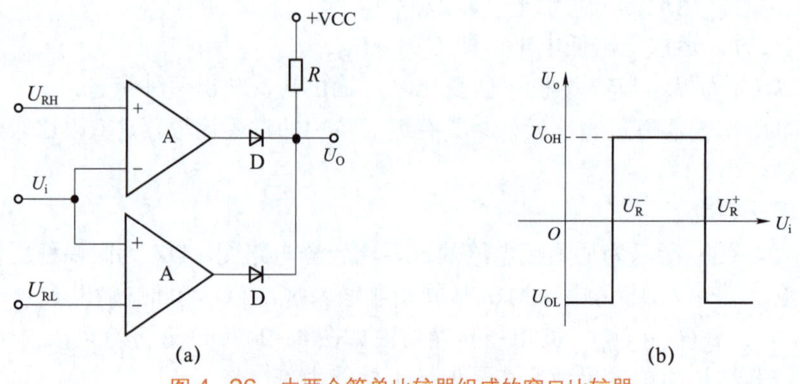


图 4-26　由两个简单比较器组成的窗口比较器

（a）电路图；（b）传输特性

$U_{RH}$，窗口比较器的输出电压 $U_o$ 等于运放的正饱和输出电压（$U_{OH}$），如果 $U_i < U_{RH}$ 或 $U_i > U_{RL}$，则输出电压 $U_o$ 等于运放的负饱和输出电压（$U_{OL}$）。

**思政课堂：**

### 被卡脖子的芯片

2023 年 7 月 1 日，中国科学院大学举行了毕业典礼暨学位授予仪式。在讲到不久前去世的微电子所研究员黄令仪老师的事迹时，国科大校长周琪感动落泪。

“不久前刚离开我们的微电子所研究员黄令仪老师，为了解决国家芯片‘卡脖子’问题，年近八十依然坚守在‘龙芯’研发中心”。

“她说，‘我这辈子最大的心愿就是……匍匐在地，擦干祖国身上的耻辱！’”

## 三、成绩评价

| 成绩评价方法 | 评分值 |
|---|---|
| 组内评价（A） | |
| 教师评价（B） | |
| 综合成绩＝A×50%＋B×50% | |
| 说明：<br>1. 组内评价分：组长负责，组员按百分制打分，取组员平均值。<br>2. 评价内容包括：任务完成度（50%）＋实际参与度（15%）＋规范操作（20%）＋7S 管理（15%），未参加工作任务、未提交作业记 0 分。 | |

# 任务 3　电机集成控制电路分析

## 一、任务信息

| 任务难度 | 中高级 | | |
|---|---|---|---|
| 学时 | | 班级 | |
| 成绩 | | 日期 | |
| 姓名 | | 教师签名 | |
| 案例导入 | 直观感觉：燃油车挂起动（ST）挡时油泵（马达）开始工作，起动后松开点火开关至 ON 挡，油泵（马达）继续工作。<br>案例导入 | | |

续表

| | | |
|---|---|---|
| 能力目标 | 知识 | 1. 能够说明集成块的（启停、速度）间接控制电机方法。<br>2. 能够说明集成块的方向间接控制电机方法 |
| | 技能 | 1. 能够分析集成块控制电机电路的功能。<br>2. 能够对集成块控制电机电路进行连线。<br>3. 能够运用欧姆定律对电路进行物理量的计算 |
| | 素养 | 1. 掌握电气安全的基本操作规程。<br>2. 能够养成严谨的工作态度 |

## 二、任务流程

### （一）任务准备

燃油车挂起动（ST）挡时油泵（马达）开始工作，起动后松开点火开关至 ON 挡，油泵（马达）继续工作。这个电机电路对应到电工电子技术里的电路是怎样的？请扫描下方二维码进行学习。

任务准备

### （二）任务实施

工作表 1　集成逻辑门控制电机电路的认识

1. 请根据如图 4-27 所示的集成逻辑门控制电机电路图，分析其实现功能。

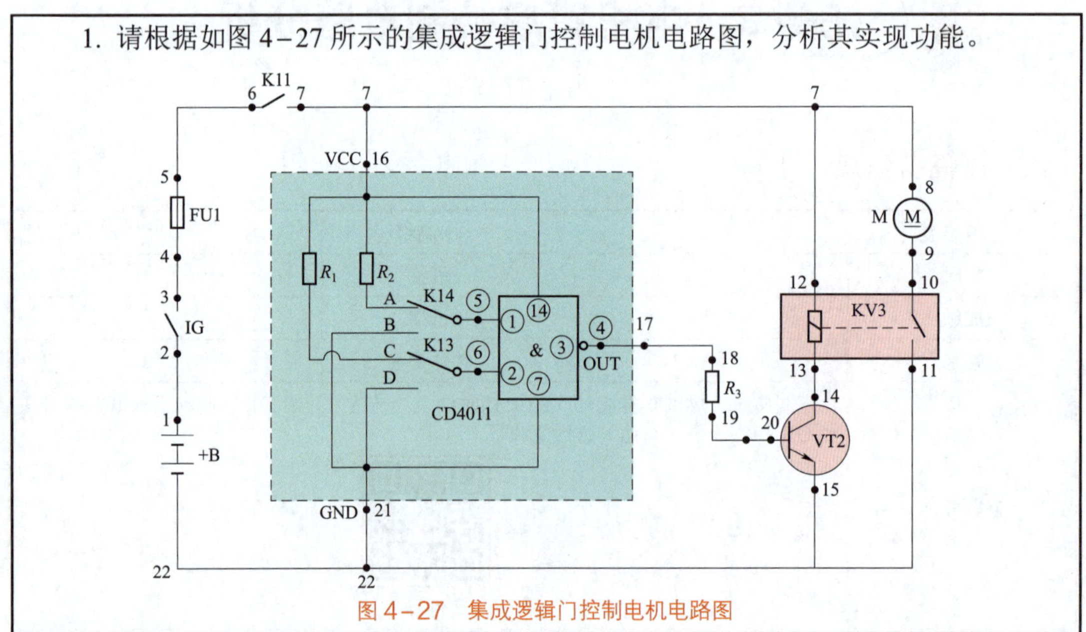


图 4-27　集成逻辑门控制电机电路图

续表

1）分析如图 4-27 所示的集成逻辑门控制电机电路图，完成如表 4-15 所示的电路实现功能分析。

表 4-15　电路实现功能分析

| 工作条件 | 实现功能 |
|---|---|
| （1）开关 K14 置“A”位、开关 K13 置“C”位 | （1）VT2 不工作，继电器 KV3 不工作，电机 M 不转 |
| （2）开关 K14 置“A”位、开关 K13 置“D”位 | （2）VT2 工作，继电器 KV3 工作，电机 M 运转 |
| （3）开关 K14 置“B”位、开关 K13 置“C”位 | （3）VT2 工作，继电器 KV3 工作，电机 M 运转 |
| （4）开关 K14 置“B”位、开关 K13 置“D”位 | （4）VT2 工作，继电器 KV3 工作，电机 M 运转 |

2）表格法。

模拟计算机的判断方法，开关 K14 拨至“A”位置用“0”表示，拨至“B”位置用“1”表示；开关 K13 拨至“C”位置用“0”表示，拨至“D”位置“1”表示。晶体管 VT2 截止状态用“0”表示、导通状态用“1”表示；继电器 KV3 不工作用“0”表示，工作时用“1”表示；电机 M 不工作用“0”表示，运转时用“1”表示），根据图示电路图，完成如表 4-16 所示的电路实现功能与电位分析。

表 4-16　电路实现功能与电位分析

| 开关 K14 | 开关 K13 | 正常态下的负载工作组合（0——不工作、1——工作） | | | | |
|---|---|---|---|---|---|---|
| 0——A<br>1——B | 0——C<br>1——D | $V_{17}$<br>电位 | $V_{20}$<br>电位 | 晶体管<br>VT2 | 继电器<br>KV3 | 电机<br>M |
| 0 | 0 | 0 V | 0 V | 0 | 0 | 0 |
| 1 | 0 | 12 V | 0.7 V | 1 | 1 | 1 |
| 0 | 1 | 12 V | 0.7 V | 1 | 1 | 1 |
| 1 | 1 | 12 V | 0.7 V | 1 | 1 | 1 |

3）画图法。

用等效电路图的方法，画出如表 4-17 所示开关组合的灯工作情况。

表 4-17　电路状态分析表

| 电路状态 | 等效电路图 | |
|---|---|---|
| K14 拨至“A”位置，K13 拨至“C”位置 | 电流流向描述 | 电源正极→FU1→K11→CD4011(VCC)→CD4011(GND)→电源负极 |

续表

续表

<table>
<tr><th>电路状态</th><th colspan="2">等效电路图</th></tr>
<tr><td>K14 拨至“A”位置，K13 拨至“C”位置</td><td colspan="2">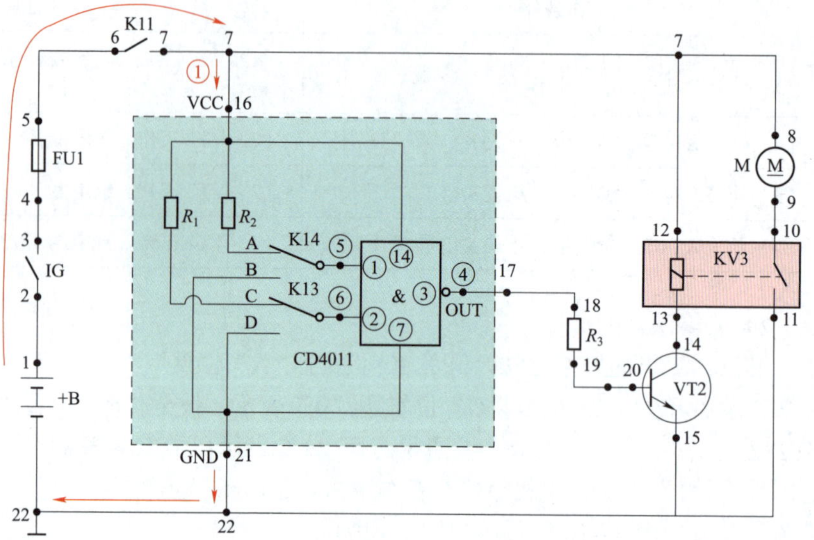
</td></tr>
<tr><td rowspan="2">K14 拨至“A”位置，K13 拨至“D”位置</td><td>电流流向描述</td><td>电源正极→FU1→K11→{电机M→KV3线圈触点；KV3线圈→VT2(CE)；CD4011(VCC)→{(GND)；(OUT)→$R_2$→VT2(BE)}}→电源负极</td></tr>
<tr><td colspan="2">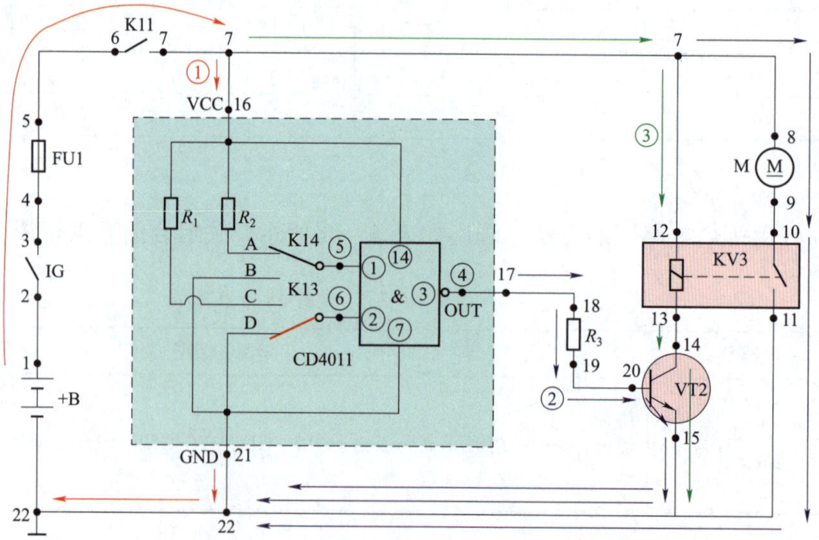
</td></tr>
</table>

续表

续表

<table>
<tr><th>电路状态</th><th colspan="2">等效电路图</th></tr>
<tr><td rowspan="2">K14 拨至“B”位置，K13 拨至“C”位置</td><td>电流流向描述</td><td>电源正极→FU1→K11→{电机M→KV3线圈触点<br>KV3线圈→VT2(CE)<br>CD4011(VCC)→{(GND)/(OUT)}→$R_2$→VT2(BE)}→电源负极</td></tr>
<tr><td colspan="2">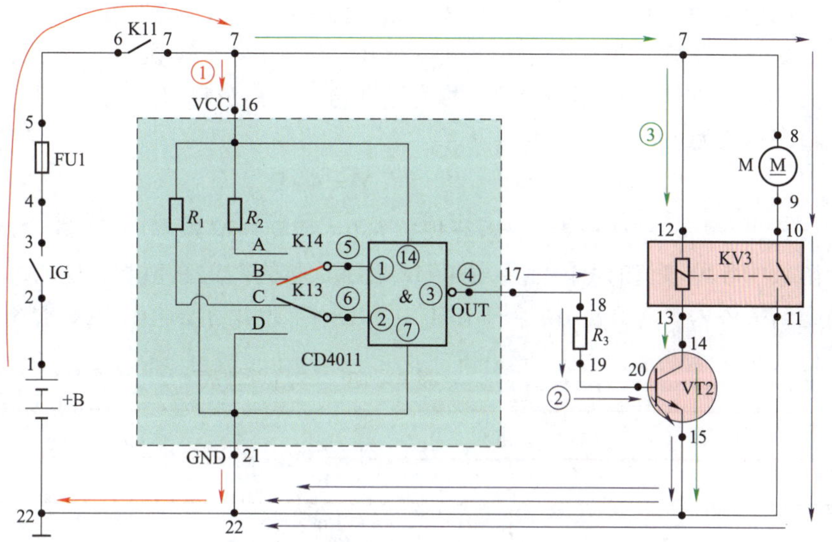
</td></tr>
<tr><td rowspan="2">K14 拨至“B”位置，K13 拨至“D”位置</td><td>电流流向描述</td><td>电源正极→FU1→K11→{电机M→KV3线圈触点<br>KV3线圈→VT2(CE)<br>CD4011(VCC)→{(GND)/(OUT)}→$R_2$→VT2(BE)}→电源负极</td></tr>
<tr><td colspan="2">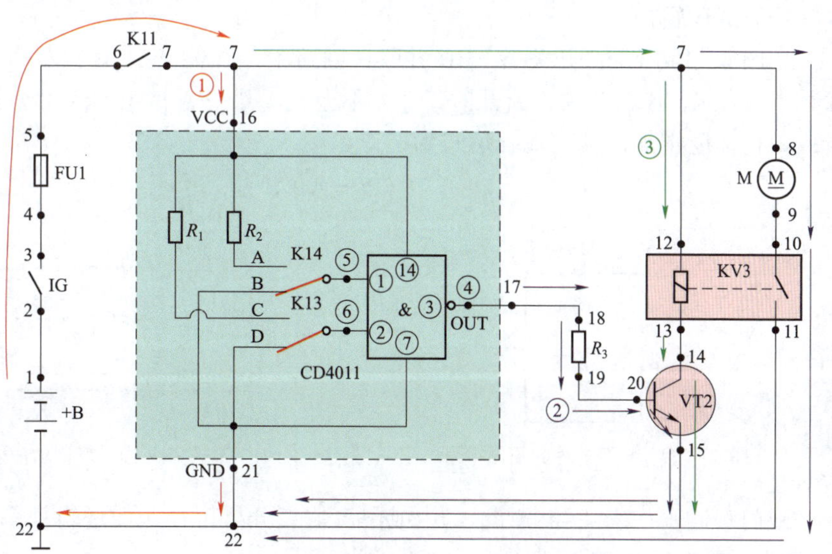
</td></tr>
</table>

**参考信息：逻辑门电路基本知识**

所谓逻辑是指事件的前因后果所遵循的规律，如果把数字电路的输入信号看作条件，把输出信号看做结果，那么数字电路的输入与输出信号之间存在着一定的因果关系，即存在逻辑关系，能实现一定逻辑功能的电路称为逻辑门电路。基本逻辑门电路有：与门、或门和非门，复合逻辑门电路有：与非门、或非门、与或非门、异或门等。

1）基本逻辑门。

（1）与逻辑门。

如图 4－28 所示，开关 A 与 B 串联在回路中，二个开关都闭合时，灯发亮。若其中任一个开关断开，灯就不会亮。这里开关 A、B 的闭合与灯亮的关系称为逻辑与，也称逻辑乘，其逻辑表达式为

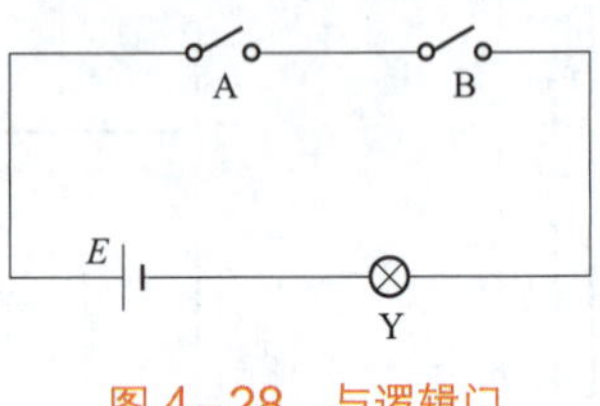


图 4－28　与逻辑门

$$Y = A \cdot B \tag{4-4}$$

若将开关闭合规定为 1，断开规定为 0；灯亮规定为 1，灯灭规定为 0，可将逻辑变量和函数的各种取值的可能性用表 4－18 表示，称为与门真值表。由与门真值表分析可知，与逻辑关系为“有 0 出 0，全 1 出 1”。如图 4－29 所示为与门电路的图形符号。

表 4－18　与门真值表

| 输入 | | 输出 |
|---|---|---|
| A | B | Y |
| 0 | 0 | 0 |
| 0 | 1 | 0 |
| 1 | 0 | 0 |
| 1 | 1 | 1 |

（2）或逻辑门。

如图 4－30 所示，开关 A 与 B 并联在回路中，开关 A 或 B 只要有一个闭合，灯就会发亮。只有 A、B 两开关都断开时，灯才不会亮。开关 A 或 B 闭合，灯就亮的关系称为逻辑或，也称逻辑加，其逻辑表达式为

$$Y = A + B \tag{4-5}$$

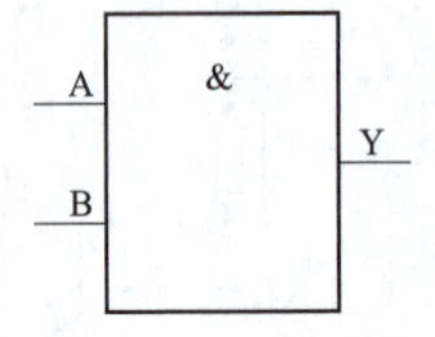


图 4－29　与门电路的图形符号

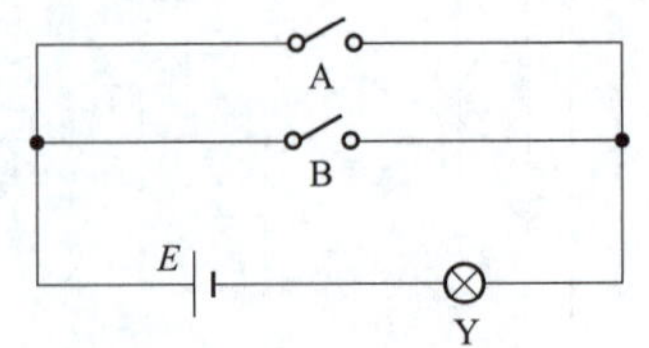


图 4－30　或逻辑门

或门真值表如表 4－19 所示，由或门真值表分析可知，或逻辑关系为“有 1 出 1，全 0 出 0”。如图 4－31 所示为或门电路的图形符号。

表 4-19　或门真值表

| 输入 | | 输出 |
|---|---|---|
| A | B | Y |
| 0 | 0 | 0 |
| 0 | 1 | 1 |
| 1 | 0 | 1 |
| 1 | 1 | 1 |

（3）非逻辑门。

非逻辑关系可用图 4-32 所示的电路来说明，开关 A 与灯泡 Y 并联，开关闭合时灯暗，开关断开时灯亮，这里开关的闭合与灯不亮的关系就是逻辑非。即“事情的结果和条件总是呈相反状态”，非逻辑的代数表达式为

$$Y=\overline{A} \tag{4-6}$$

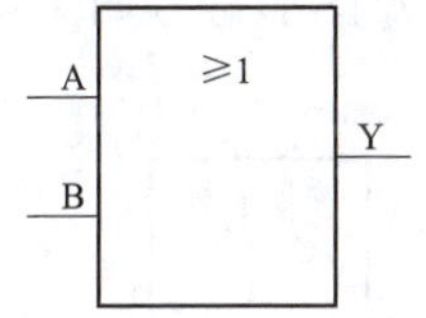

图 4-31　或门电路的图形符号

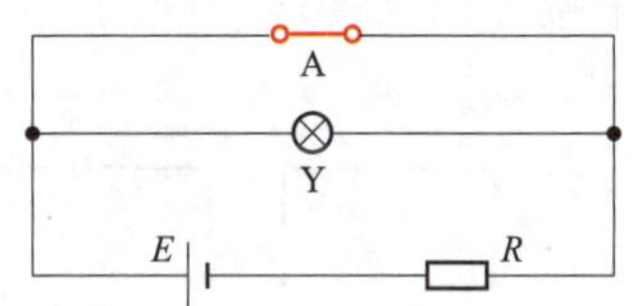

图 4-32　非逻辑门

非门真值表如表 4-20 所示，由非门真值表分析可知，非逻辑关系为“有 0 出 1，有 1 出 0”。如图 4-33 所示为非门电路的图形符号。

表 4-20　非门真值表

| 输入 | 输出 |
|---|---|
| A | Y |
| 0 | 1 |
| 1 | 0 |

2）复合逻辑门。

由以上三种基本门电路可以组合成多种复合门。

（1）与非门。

在与门后串接非门就构成与非门，与非门的逻辑结构及图形符号如图 4-34 所示。

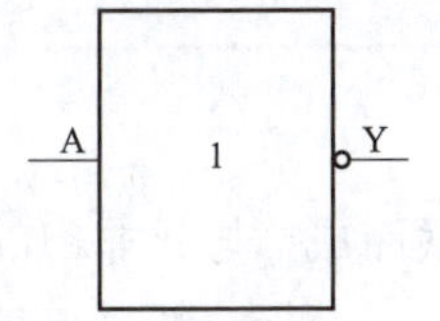

图 4-33　非门电路的图形符号

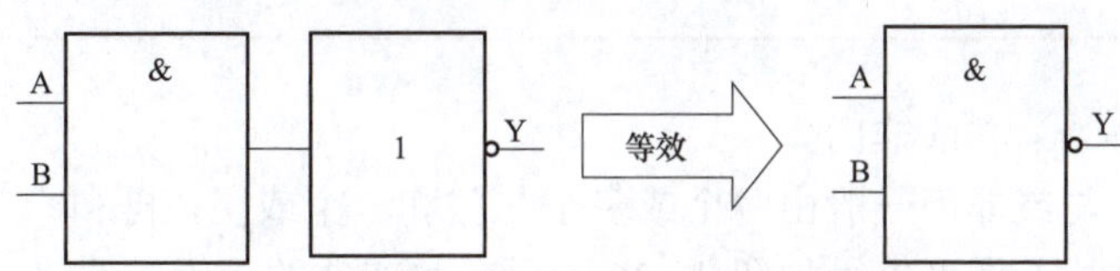

图 4-34　与非门的逻辑结构及图形符号

与非门的逻辑函数式为

$$Y=\overline{AB} \tag{4-7}$$

与非门真值表如表 4-21 所示，其逻辑功能归纳为：“有 0 出 1，全 1 出 0”。

表 4-21　与非门真值表

| 输入 | | 输出 |
|---|---|---|
| A | B | Y |
| 0 | 0 | 1 |
| 0 | 1 | 1 |
| 1 | 0 | 1 |
| 1 | 1 | 0 |

（2）与或门。

在或门后串接非门就构成与或门，与或门的逻辑结构及图形符号如图 4-35 所示。

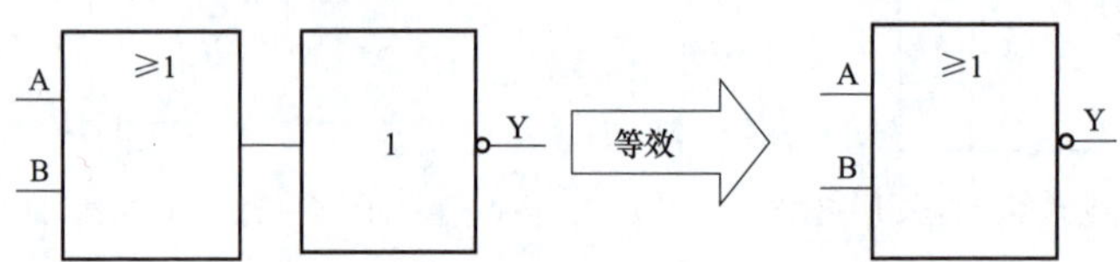


图 4-35　与或门的逻辑结构及图形符号

与或门的逻辑函数式为

$$Y=\overline{A+B} \tag{4-8}$$

与或门真值表如表 4-22 所示，其逻辑功能归纳为：“有 1 出 0，全 0 出 1”。

表 4-22　与或门真值表

| 输入 | | 输出 |
|---|---|---|
| A | B | Y |
| 0 | 0 | 1 |
| 0 | 1 | 0 |
| 1 | 0 | 0 |
| 1 | 1 | 0 |

（3）与或非门。

与或非门一般由两个或多个与门和一个或门，再和一个非门串联而成，与或非门的逻辑结构及图形符号如图 4-36 所示。与或非的逻辑关系是，输入端分别先与，然后再或，最后是非。

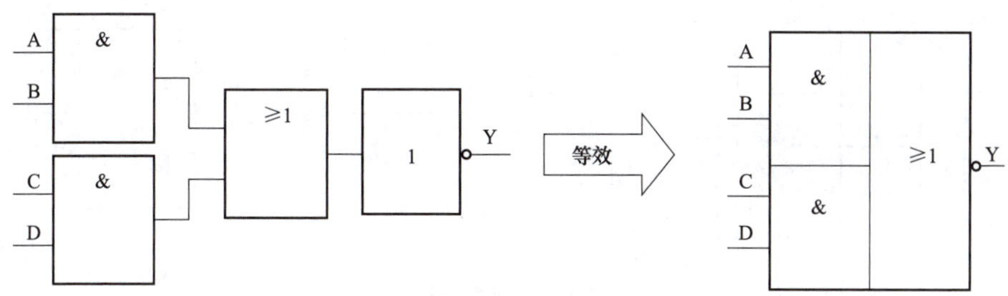


图 4-36 与或非门的逻辑结构及图形符号

与或非门的逻辑函数式为

$$Y=\overline{AB+CD} \tag{4-9}$$

与或非门真值表如表 4-23 所示，其逻辑功能为：“当输入端的任何一组全 1，输出为 0，只有任何一组输入都至少有一个为 0 时，输出端才能为 1”。

表 4-23 与或非门真值表

| 输入 | | | | 输出 |
|---|---|---|---|---|
| A | B | C | D | Y |
| 0 | 0 | 0 | 0 | 1 |
| 0 | 0 | 0 | 1 | 1 |
| 0 | 0 | 1 | 0 | 1 |
| 0 | 0 | 1 | 1 | 0 |
| 0 | 1 | 0 | 0 | 1 |
| 0 | 1 | 0 | 1 | 1 |
| 0 | 1 | 1 | 0 | 1 |
| 0 | 1 | 1 | 1 | 0 |
| 1 | 0 | 0 | 0 | 1 |
| 1 | 0 | 0 | 1 | 1 |
| 1 | 0 | 1 | 0 | 1 |
| 1 | 0 | 1 | 1 | 0 |
| 1 | 1 | 0 | 0 | 0 |
| 1 | 1 | 0 | 1 | 0 |
| 1 | 1 | 1 | 0 | 0 |
| 1 | 1 | 1 | 1 | 0 |

（4）异或门。

异或门的逻辑结构及图形符号如图 4-37 所示，其逻辑函数表达式为

$$Y=\overline{A}B+A\overline{B} \tag{4-10}$$

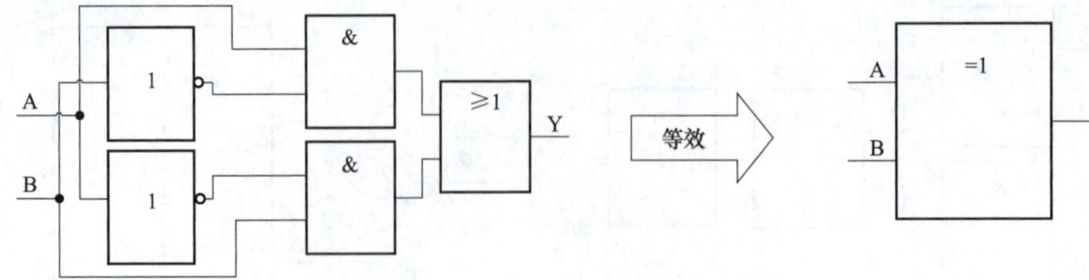


图 4-37　异或门的逻辑结构及图形符号

异或门真值表如表 4-24 所示，其逻辑功能为：“当两个输入端一端为 0，另一个为 1 时，输出为 1；而两个输入端均为 0 或均为 1 时，输出为 0”。

表 4-24　异或门真值表

| 输入 | | 输出 |
|---|---|---|
| A | B | Y |
| 0 | 0 | 0 |
| 0 | 1 | 1 |
| 1 | 0 | 1 |
| 1 | 1 | 0 |

3）集成门电路。

集成门电路是逻辑电路的元件和连线都制作在一块半导体基片上。集成门电路若是有三极管为主要元件，输入端和输出端都是三极管结构，这种电路称为三极管－三极管逻辑电路，简称 TTL 电路。集成门电路是以场效应管组成的集成电路——MOS 集成电路。该项目主要采用了四组二输入与非门 CD4011 集成芯片，属于 MOS 集成电路，CD4011 芯片的管脚和内部结构如图 4-38 所示。

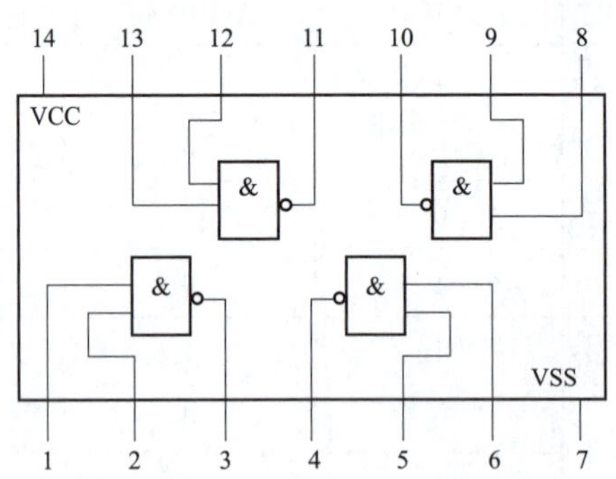


图 4-38　CD4011 芯片的管脚和内部结构

**素养课堂：**

## 工匠精神：集成控制的功能分析技巧

采用集成控制的逻辑门等往往内部已集成了多个晶体管的控制逻辑，从使用、维修的角度出发，我们只需要重点关注集成芯片的外围电路就足以应对。

**技巧：**

1. 关注集成芯片的工作条件——供电电源与地线是否良好？

2. 关注集成芯片工作的输入信号是否正常？是否已经按正常路径输入给集成芯片？

3. 关注集成芯片的输出信号是否正常？输出信号是否按正常路径输出给了外围负载？出于对集成芯片的保护，当外围负载电路出现故障时，集成芯片可能会自动关闭信号的输出。

## 三、成绩评价

| 成绩评价方法 | 评分值 |
|---|---|
| 组内评价（A） | |
| 教师评价（B） | |
| 综合成绩 = A × 50% + B × 50% | |
| 说明：<br>1. 组内评价分：组长负责，组员按百分制打分，取组员平均值。<br>2. 评价内容包括：任务完成度（50%）+ 实际参与度（15%）+ 规范操作（20%）+ 7S 管理（15%），未参加工作任务、未提交作业记 0 分。 | |

# 任务 4　电机集成控制电路诊断

## 一、任务信息

| 任务难度 | 中高级 | | | |
|---|---|---|---|---|
| 学时 | | | 班级 | |
| 成绩 | | | 日期 | |
| 姓名 | | | 教师签名 | |
| 案例导入 | 如何用汽车电路故障诊断知识对给定的集成芯片不能控制电机工作的故障进行诊断？预习要点在于故障诊断方法如何应用。 | | | |
| 能力目标 | 知识 | 1. 能够说明汽车电路中周期的含义与特性。<br>2. 能够说明汽车电路中频率的含义与特性。<br>3. 能够说明汽车电路中占空比的含义与特性 | | |
| | 技能 | 1. 能够对比分析 NE555 集成控制电机电路的正常与故障状态下的功能。<br>2. 能够运用故障诊断知识对 NE555 集成控制电机电路进行原因分析。<br>3. 能够运用万用表对电路进行故障诊断与排除 | | |
| | 素养 | 1. 掌握万用表的基本操作规程。<br>2. 掌握汽车电路的基本故障诊断思维。<br>3. 能够养成基于严谨、规范、爱岗敬业等工匠精神的工作态度。<br>4. 具备一定的团队组织管理、品质控制等基础管理素养 | | |

## 二、任务流程

### （一）任务准备

请扫描下方二维码，观看一个实际的 NE555 芯片控制电机电路焊接视频。

任务准备

### （二）任务实施

工作表 1　NE555 集成控制电机电路的故障诊断（样本）

1. 故障诊断前准备。

1）请根据如图 4-39 所示的 NE555 逻辑门控制电机电路图，在实验箱上连接电路，并确保电路实现功能正常。

计算条件：$U_{+B}=12$ V；$R_M=3\ \Omega$，$R_{KV3\,线圈}=60\ \Omega$，$R_3=470\ \Omega$。

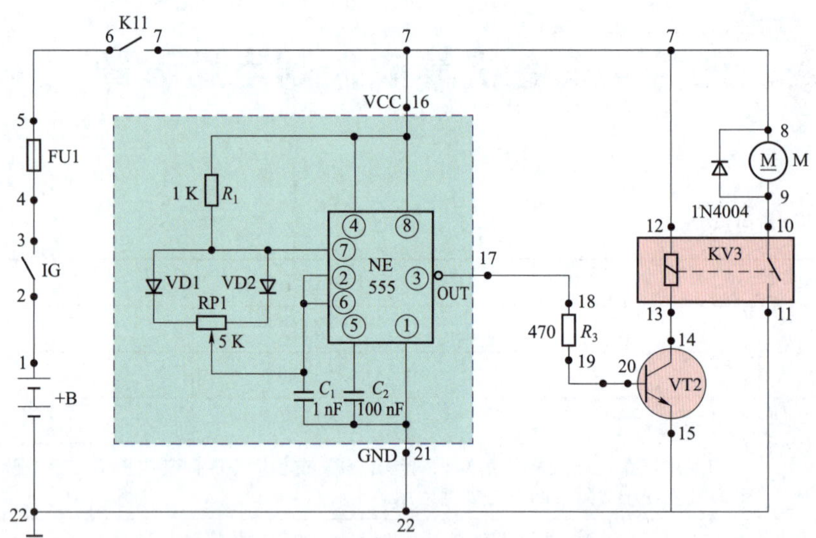


图 4-39　NE555 逻辑门控制电机电路图

实验箱电路连接与功能验证。

（1）数线法：预判工作量，将 NE555 逻辑门看成一个整体（虚线框，注：供电 16、输出 17、接地 21 共 3 个接线脚，不看内部接线）完成从 L1 到 L22 点的电路连接，至少需要 13+2 条连接线。

（2）子回路分解法：从电路子回路拆分、分解的角度，该电路可以分解为 3～4 路连线比较合适；每路所用电线以不超过 8 条为宜，过多、过大的回路不适合记忆理解。

续表

（3）阶段核验法（分检）：对子回路进行快速识记后连线，每路连线完成后，再重新用识记的回路走一遍，核验是否正确。务必保证产品质量的品质检验是分步、分阶段进行的，最后才是总检。

（4）总检：思考如何对自己连接的线路进行检验与品质控制？

① 电路静态检测法：根据电路特点，设计合理的检测点，在断电情况下，按电路默认状态，用万用表进行检测，比对计算数据与实测数据是否一致，来评判电路连接质量情况。

② 电路动态检测法——功能核验：实验箱电路上电，拨动相应的开关，检验开关对应的电路功能状态是否正确，建议用本书前面推荐的表格法做全面核验，防止遗漏。

③ 电路动态检测法——电位核验：实验箱电路上电，拨动相应的开关，检验开关对应的电路功能状态下，检查关键观测点的电位是否与理论计算一致？如有偏差，分析偏差的原因；必要时继续测量各子回路的电流等是否与理论计算一致？建议用本书前面推荐的电位表格法做全面核验，防止遗漏。

（5）技能训练回头看。

根据前述章节的方法，继续思考怎样从现场工程的角度、产品批量管理的角度进行阐述，完成如表 4-25 所示的内容。

表 4-25　电路连接“工程质量”的品质控制方法思考

| 方法序号 | 方法名称 | | 过程记录 | 优缺点分析 | 适合应用场合思考 |
|---|---|---|---|---|---|
| 1 | 数线法 | | 放二维码？<br>15 条线 | | |
| 2 | 分检 | 子回路分解法 | | | |
| 3 | | 阶段核验法 | | | |
| 4 | 总检 | 电路静态检测法 | | | |
| 5 | | 电路动态检测法——功能核验 | | | |
| 6 | | 电路动态检测法——电位核验 | | | |

2）按电路实现功能的测量要求，用多种方法，通过分检、总检等手段，交叉保障实验箱电路连接的准确度。

2. 按电路图完成实验箱电路的连线，质量品质检验合格后，进入故障诊断环节。教师根据需要（学生对故障的理解的偏差情况）对实验箱电路设置故障。

照虎画猫：学习参考 NE555 集成控制电机电路的故障诊断样本（见表 4-26）。

续表

**表 4-26　NE555 集成控制电机电路的故障诊断样本**

| 故障检查记录分析表一（样本） | | | | |
|---|---|---|---|---|
| 故障症状描述 | 开关 IG、K11 闭合、调节 RP1，电机 M 不转 | | | |
| 电路正常功能 | 开关 IG、K11 闭合、调节 RP1，电机 M 运转快慢有变化 | | | |
| 具体可能原因分析 | 根据故障症状、结合原理图，分析所有可能原因 | | | |
| | 根据故障症状分析：<br>IG、K11 闭合，调节 RP1，电机 M 不转；<br>① 初步分析说明从电源开始，经电机 M 的线路（1—2—3—4—5—6—7—8—9—10—11—22）及电子元器件（开关 IG、保险丝 FU1、开关 K11、电机 M、IN4004、KV3 触点）存在故障可能；<br>② 线路（7—12—13—14—15—22）及电子元器件（KV3 线圈、VT2）存在故障可能；<br>③ 说明 NE555 模块的供电电源、地线可能不正常；<br>④ 说明 NE555 模块的输出（线路 17—20 及 $R_3$ 存在故障）可能存在故障；<br>⑤ 说明 NE555 模块自身可能存在故障。<br>综上，故障可能原因为①②③④⑤。实际检修过程中，根据电路检修难易程度、部件损坏概率大小和电机控制电路的特点，将⑤作为最后的工序进行检查验证；可以从负载端倒查到输入端、控制器的电源端；也可以从控制器的供电端、输入端顺向检查，查到负载端为止。如果外围电路均没有问题，可以考虑更换控制器或可能的编程刷机 | | | |
| 检修步骤、结果分析与判断 | 检查方法描述 | | 结果记录 | 分析与判断 |
| | 实验箱上电，闭合 IG | 测量电路的电源是否正常 | $U_{+B}=12$ V | 电源正常 |
| | K11 闭合 | 测量 8 点电位 | $V_8=12$ V | 8 点电位正常（线路 7—8 正常） |
| | K11 闭合 | 测量 9 点电位 | $V_9=12$ V | 9 点电位正常<br>（或电机 M 线圈正常） |
| | K11 闭合 | 测量 10 点电位 | $V_{10}=12$ V | 线路 9—10 正常 |
| | K11 闭合 | 测量 $U_{7-15}$ | $U_{7-15}=12$ V | 15 点电位正常 |
| | K11 闭合，调 RP1 电阻 | 测量 $U_{10-11}$ | $U_{10-11}=12$ V | KV3 继电器不工作 |
| | K11 闭合，调 RP1 电阻 | 测量 12 点电位 | $V_{12}=12$ V | 12 点电位正常（线路 7—12 正常） |
| | K11 闭合，调 RP1 电阻 | 测量 13 点电位 | $V_{13}=12$ V | 13 点电位正常（KV3 线圈正常） |
| | K11 闭合，调 RP1 电阻 | 测量 14 点电位 | $V_{14}=12$ V | 14 点电位正常（线路 13—14 正常） |
| | K11 闭合，调 RP1 电阻 | 测量 $U_{14-15}$ | $U_{14-15}=12$ V | VT2 晶体管不工作 |

续表

续表

| | 检查方法描述 | | 结果记录 | 分析与判断 |
|---|---|---|---|---|
| 检修步骤、结果分析与判断 | K11 闭合 | 测量 16 点电位 | $V_{16}=12$ V | 16 点电位正常 |
| | K11 闭合，调 RP1 电阻 | 测量 21 点电位 | $V_{21}=12$ V | 21 点电位异常（线路 21—22 断路） |
| | 断电，断开 K11 | 测量 21—22 端子间电阻 | ∞，不变化 | 线路 21—22 端子间断路 |
| 故障点排除确认 | 根据各点测量结果，故障点在线路 21—22 端子间断路，如图 4-40 所示。<br>修复线路 21—22 端子间线路，重新上电检查，电路功能恢复正常 | | | |

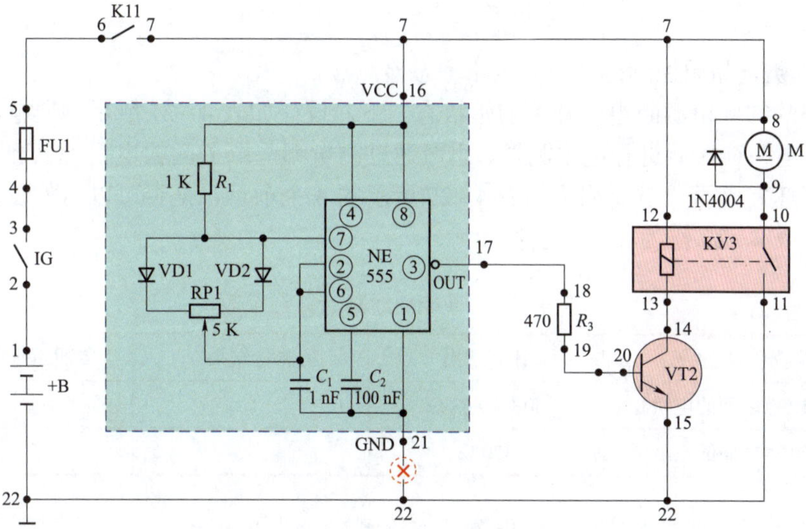

图 4-40　电路的故障位置示意

**参考信息：NE555 集成控制电机电路的故障诊断信息**

1. 连线质量品质控制方法——数线法。

如图 4-41 所示，从电源正极的 1 点起始，到电源负极的 22 点结束，该电路需要用 13+2 条连接线才能完成该电路图的线路连接。

2. 连线质量品质控制方法——子回路分解法。

如图 4-41 所示，从电源正极的 1 点起始，到电源负极的 22 点结束，该电路用 4 种不同颜色标识了 4 个不同的支路：红色子回路为 NE555 芯片的供电回路，蓝色子回路为 NE555 芯片的输出控制 VT2 基极回路，绿色子回路为继电器 KV3 线圈与 VT2 控制回路，粉色子回路为电机 M 和继电器 KV3 触点控制回路。

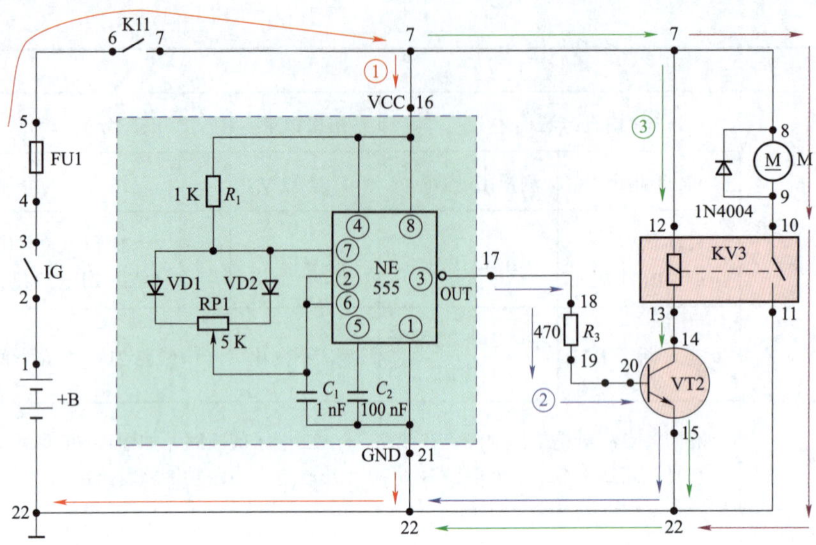


图 4-41　电路的连接方法示意

3. 连线质量品质控制方法——电路静态检测法。

在电路静态（电源断电、开关初始状态）下，设计如表 4-27 所示的通电前线路计算记录表，对电路连接后进行电阻测量。思考通过测量哪些端子间的电阻可以判断出电路的连接质量好坏？是否一定要测量如表 4-27 所示的 4 个项目，是否可以另外设计检查项目或检查点？表 4-27 作为样例，仅供参考。

表 4-27　通电前线路计算记录表

| 检查项目 | 计算结果 | 测量结果 | 结果错误原因分析 |
|---|---|---|---|
| 14 点与 10 点之间的电阻 | 60＋3＝63 Ω | | |
| 17 点与 20 点之间的电阻 | 470 Ω | | |

4. 连线质量品质控制方法——电路动态检测法（功能核验）。

按开关的不同组合，对开关的功能进行整理如下：

闭合开关 K11，调节 RP1 改变方波占空比，实现电机快慢转控制。

5. 连线质量品质控制方法——电路动态检测法（电位核验）。

闭合不同的开关，计算对应电路的不同检查项目，并对电路中特定点的电位进行测量比对，完成后将结果填在表 4-28 中。

表 4-28　通电后线路测量数据记录表

| 检查项目 | | 测量结果 | 计算结果 | 错误原因分析 |
|---|---|---|---|---|
| K11 闭合，调节 RP1 | $V_{10}$ | | | |
| | $V_{13}$ | | | |
| | $V_{16}$ | | | |

续表

| 检查项目 | | 测量结果 | 计算结果 | 错误原因分析 |
|---|---|---|---|---|
| 检查项目 | | 测量结果 | 计算结果 | 错误原因分析 |
| K11 闭合，调节 RP1 | $V_{17}$ | | | |
| | $V_{20}$ | | | |
| | $V_{(2)}$ | | | （2）为 NE555 内部点 |
| | $V_{(3)}$ | | | （3）为 NE555 内部点 |
| | $V_{(7)}$ | | | （7）为 NE555 内部点 |
| | $I_{R_3}$ | | | |
| | $I_{VT2}$ | | | |

工作表 2　NE555 集成控制电机电路的故障诊断

1. 故障诊断前准备

请根据如图 4-39 所示的 NE555 逻辑门控制电机电路图，在实验箱上连接电路，并确保电路实现功能正常。

参考故障设置：① 线路 7—16 断路；② 线路 17—18 断路；③ 线路 19—20 断路；④ 晶体管 VT2；⑤ 继电器 KV3；⑥ 线路 7—12；⑦ 线路 13—14；⑧ 线路 15—22；⑨ 线路 7—8；⑩ 线路 9—10；⑪ 线路 11—22；⑫ 电机 M。

根据学习情况，分别选择故障点进行练习。

2. 按电路图完成实验箱电路的连线及质量品质检验合格后，进入故障诊断环节。教师根据需要（学生对故障的理解的偏差情况）对实验箱电路设置故障。（建议将蓝色框内的 NE555 控制部分单独做成模块，只出 3 个引脚为佳。）

真枪实战：学习训练 NE555 集成控制电机电路的故障诊断，完成表 4-29。

表 4-29　NE555 集成控制电机电路的故障诊断

| 故障检查记录分析表（空表） | |
|---|---|
| 故障症状描述 | |
| 电路正常功能 | |
| 具体可能原因分析 | 根据故障症状、结合原理图，分析所有可能原因 |
| | 根据故障症状，可以得出：______________________________<br>______________________________<br>______________________________ |

续表

续表

| | 检查方法描述 | | 结果记录 | 分析与判断 |
| --- | --- | --- | --- | --- |
| 检修步骤、结果分析与判断 | 实验箱上电，打开 IG 开关 | 测量电路的电源是否正常 | $U_{+B}=12$ V | 电源正常 |
| | | | | |
| | | | | |
| | | | | |
| | | | | |
| | | | | |
| | | | | |
| | | | | |
| | | | | |
| | | | | |
| 故障点排除确认 | 根据各点测量结果，故障点在________________________________________________________。____________________________，重新上电检查，电路功能恢复正常 | | | |

## （三）拓展知识

1. 脉冲信号。

脉冲信号是指瞬间突然变化，作用时间极短的电压或电流。脉冲信号可以是周期性重复的，也可以是非周期性的或单次的数字信号，其特点是幅值被限制在有限个数值之内，脉冲信号不是连续的而是离散的数字信号。从广义上来说，通常把一切非正弦信号统称为脉冲信号。如图 4-42 所示为常见的脉冲信号波形。

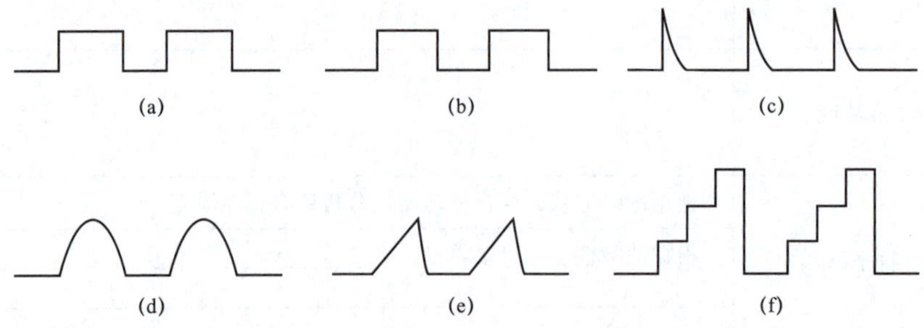


图 4-42　常见的脉冲信号波形

（a）矩形脉冲；（b）方波；（c）尖脉冲；（d）钟形波；（e）锯齿波；（f）阶梯波

最常见的脉冲波是矩形波（也就是方波）。脉冲信号可以用来表示信息，也可以用来作为载波，比如脉冲调制中的脉冲编码调制（PCM），脉冲宽度调制（PWM）等，还可以作为各种数字电路、高性能芯片的时钟信号。

2. 周期。

信号完成一个循环所需要的时间量称为周期。一个标准的脉冲信号如图 4-43 所示。

周期的单位是秒（s），常用的周期单位还有毫秒（ms）、微秒（μs）。它们之间的转换为

$$1\ \text{s}=10^3\ \text{ms},\ 1\ \text{ms}=10^3\ \mu\text{s} \tag{4-11}$$

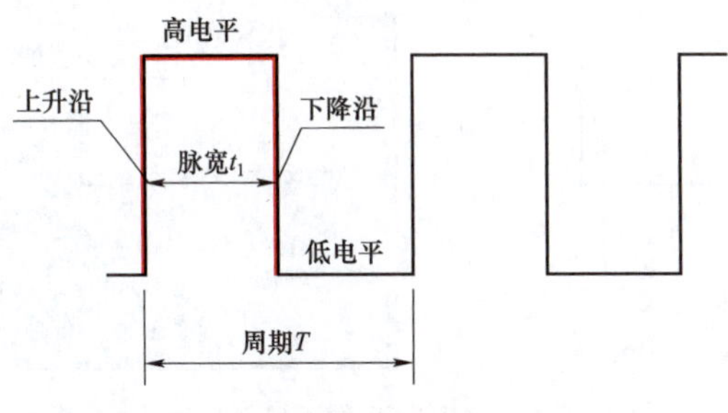


图 4-43 周期示意图

3. 频率。

信号在 1 s 内完成周期性变化的次数称为频率。

周期和频率互为倒数，即

$$T=\frac{1}{f} \tag{4-12}$$

频率的单位为赫兹（Hz），常用的频率单位有千赫（kHz）和兆赫兹（MHz）。

$$1\ \text{kHz}=10^3\ \text{Hz} \tag{4-13}$$

$$1\ \text{MHz}=10^3\ \text{kHz}=10^6\ \text{Hz} \tag{4-14}$$

4. 占空比。

信号高电平所占时间（$t_1$）与整个周期时间（$T$）的比值称为占空比。

$$\text{占空比}=\frac{t_1}{T}\times100\% \tag{4-15}$$

占空比是在连续的脉冲信号频率或周期不变的前提下定义的，用来衡量开关管导通或截止状况，在这个前提下定义占空比为周期电信号中有电信号输出的时间与整个信号周期之比。

例如：脉冲宽度 1 μs，信号周期 4 μs 的脉冲序列占空比为 0.25。

注：引申义——在周期型的现象中，某种现象发生后持续的时间与总时间的比。

在成语中有句话："三天打鱼，两天晒网"，如果以五天为一个周期，"打鱼"的占空比则为五分之三（60%）。

5. 555 集成运算器。

1）NE555 的电路符号与端口。

555时基集成电路，又叫555定时器，是数模集成电路，以其强大的功能在电子技术应用中占据了一席之地，利用它的定时、电压比较功能，可以组成各种各样的时间、电位控制电路。

NE555的端口及内部结构如图4-44所示。

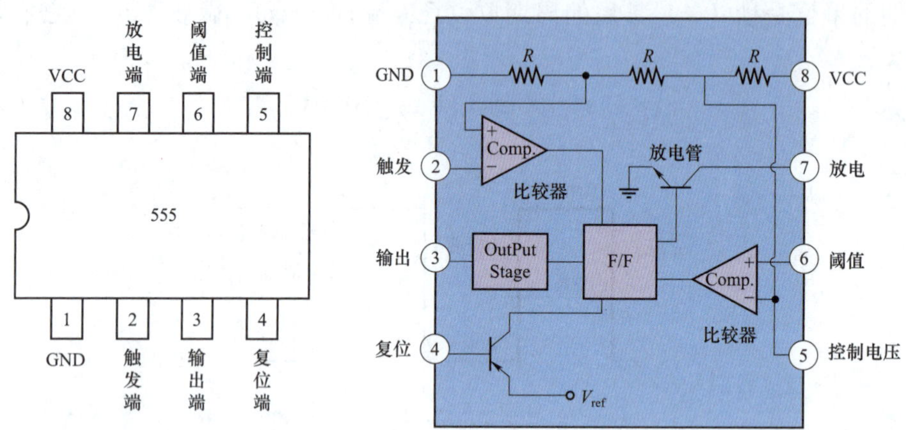


图4-44　NE555的端口及内部结构

2）NE555介绍。

555定时器内部有两个电压比较器（集成运算放大电路，属于模拟电路）C1、C2；有两个输入端：2脚（TR）为电压比较器的同相输入端“+”，6脚（TH）为电压比较器的反相输入端“-”。由5个部分组成：基本RS触发器、比较器、分压器、晶体管开关和输出缓冲器。

3）NE555为时基集成电路，主要功能引脚。

如图4-44所示，555定时器是一种中规模集成电路，只要在外部配上适当阻容元件，就可以方便地构成脉冲产生和整形电路，在工业控制、定时、仿声、电子乐器及防盗报警灯方面应用很广。同时它的电源电压范围较大，双极型电路VCC为4.5～16 V，输出高电平不低于电源电压的90%，带拉电流和灌电流负载的能力可达200 mA；CMOS电路VDD为3～18 V，输出高电平不低于电源电压95%，带拉电流负载的能力为1 mA，带灌电流负载的能力为3.2 mA。

4）NE555时基集成电路的应用种类。

如图4-45所示，555定时器的4个最基本的应用：单稳态触发器、多谐振荡器、施密特触发器、压控振荡器。

555定时器的2脚（TR）、6脚（TH）输入电位变化引起3脚（OUT）输出电位变化的5种情况，如图4-46所示。

5. 电机等负载的控制方式。

为避免负载的变化被合到控制端（基极IB或栅极VGS）的精密逻辑器件（如MCU）中，负载应接在集电极或漏极，这是接口电路设计的基本原则。

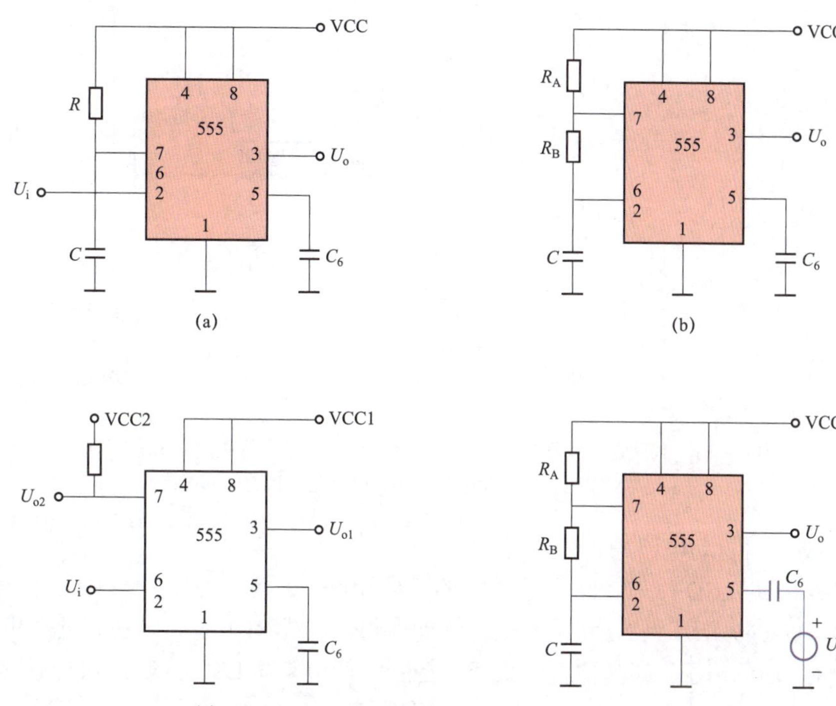


图 4-45 NE555 的 4 种典型应用

（a）单稳态触发器；（b）多谐振荡器；（c）施密特触发器；（d）压控振荡器

| 4脚 | 6脚 | 2脚 | 3脚 | 放电管 |
|---|---|---|---|---|
| 输入 | | | 输出 | |
| $R'_D$ | $V_{TH}$ | $V_{TR}$ | $V_O$ | $T_D$ |
| 0 | × | × | 0 | 导通 |
| 1 | $<\frac{2}{3}$VCC | $<\frac{1}{3}$VCC | 1 | 截止 |
| 1 | $<\frac{2}{3}$VCC | $>\frac{1}{3}$VCC | 保持 | 保持 |
| 1 | $>\frac{2}{3}$VCC | $<\frac{1}{3}$VCC | 1 | 截止 |
| 1 | $>\frac{2}{3}$VCC | $<\frac{1}{3}$VCC | 1 | 导通 |

1高电位0低电压

图 4-46 NE555 的输入输出情况

如图 4-47 所示是 NPN 型三极管和 PNP 型三极管分别用于数字开关时的完备电路。如图 4-47（a）所示的电路可使用 GPIO1 的高电平导通 NPN 三极管 Q1，GPIO1 的低电平关断 Q1；如图 4-47(b)所示的电路可使用 GPI02 的低电平导通 PNP 三极管 Q2，GPIO2 的高电平关断 Q2。

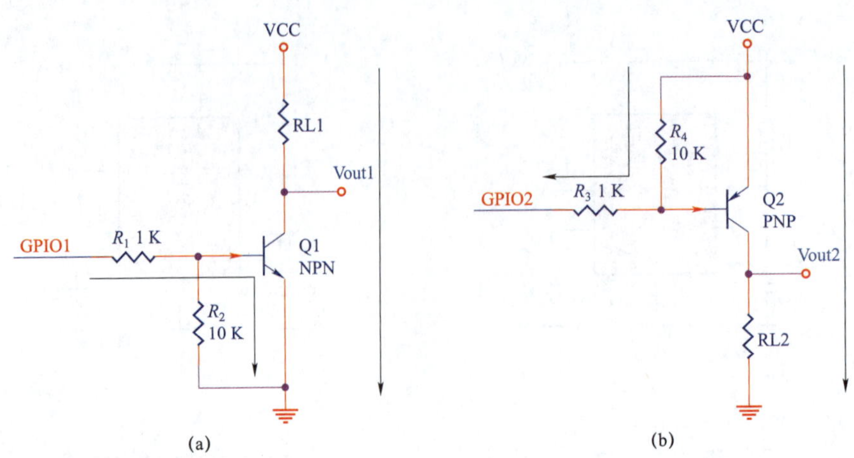


图 4-47 NPN 三极管和 PNP 三极管分别用于数字开关时的完备电路

（a）NPN 型三极管驱动电路；（b）PNP 型三极管驱动电路

负载集成控制驱动电路的正确用法。

（1）低边驱动 LSD——NPN 型晶体管的正确用法。

如图 4-47（a）所示为 NPN 型三极管驱动电路，负载 RL1 适合接到集电极和 VCC 端，而发射极接 GND 的情况，即晶体管对负载的控制为低边驱动 LSD 控制。只要基极电压高于发射极电压（此处发射极为 GND）0.7 V，即发射结正偏（VBE 为正），或者说，基极为高电平时，NPN 型三极管即可开始导通；基极为低电平时，NPN 型三极管是截止的。

基极除限流电阻 $R_1=1$ K 外，更优的设计是接下拉电阻 $R_2=10\sim20$ K 到 GND；其优点是：

① $R_2$ 与限流电阻一起，为基极提供偏置电压（假如没有该下偏置电阻，三极管导通后基极电压将被下拉到基极－射极二极管的压降 0.7 V 左右，基极的电压毛刺会导致三极管的工作状态不稳定）。需要注意的是，限流电阻与下偏置电阻分压后的偏置电压尽量大于 0.7 V，使三极管工作于饱和区（此处只针对数字电路中的应用）。

② 使基极控制电平由高变低时，基极能够更快被拉低，NPN 型三极管能够更快更可靠地截止。

③ 系统刚上电时，基极是确定的低电平。

④ 从输入电流和负载电流的方向可见，针对 NPN 型三极管驱动电路，最优的设计是，负载 RL1 接在集电极和电源 VCC 之间，这样能够避免负载电流的变化被耦合到输入端或者控制端（这点对 CMOS 电路尤为重要）。而且负载上得到的压降接近电源 VCC（三极管工作于饱和状态下，VCEsat）很小，可以忽略），负载得到的功率较大（因为既有电流放大，又有电压放大）。

该电路中，在 NPN 型三极管导通时，负载 RL1 接 GND；三极管截止时，负载 RL1 与 GND 断开；这就是该电路被称为“低边开关”的原因。

事实发现，本电路还存在控制、功率共地情况，地线干扰难以避免；对于继电器控制，特别是用于重要场合的继电器控制，优先应该选用 MOS 管驱动，电压型，电流分离，可以实现远端共地。

MOSFET 的成本稍高，但其致命后果是，击穿了会导致栅极和漏极直接短路，导致控制端、功率端共地，将强电引入到低压控制端。进一步分析改进，可以改进为光耦控制，通过光耦，实现控制端、功率端彻底隔离，即使光耦故障，也可以保证功率端不会错误动作。

（2）高边驱动 HSD——PNP 型晶体管的正确用法。

如图 4-47（b）所示为 PNP 型三极管驱动电路，适合集电极接负载 RL2 到 GND 而射极接 VCC 的情况，只要基极电压低于射极电压（此处射极为 VCC）0.7 V，即发射结反偏（VBE 为负），PNP 型三极管即可开始导通。基极为高电平时，PNP 型三极管是截止的。基极除限流电阻 $R_3$=1 K 外，更优的设计是，接上拉电阻 $R_4$=1 020 K 到 VCC；其优点是：

① 使基极控制电平由低变高时，基极能够更快被拉高，PNP 型三极管能够更快更可靠地截止。

② 系统刚上电时，基极是确定的高电平。

③ 从输入电流和负载电流的方向可见，针对 PNP 型三极管驱动电路，最优的设计是，负载 RL2 接在集电极和 GND 之间，这样能够避免负载电流的变化被耦合到输入端或者控制端（这点对 CMOS 电路尤为重要）。

该电路中，在 PNP 型三极管导通时，负载 RL2 接通到电源 VCC；三极管截止时，负载 RL2 与电源 VCC 断开；这就是该电路被称为“高边开关”的原因。

**素养课堂：**

## 神奇的 555 芯片

555 定时器的结构与功能可以概括为“234568”，全部精华浓缩于此。

“2”：555 定时器内部有两个电压比较器（集成运算放大电路，属于模拟电路）C1、C2；有两个输入端：2 脚（TR）为电压比较器的同相输入端“+”，6 脚（TH）为电压比较器的反相输入端“-”。

“3”：555 定时器输入端有 3 个阻值相同的、精密的 5 kΩ 电阻组成了分压器，电压分别是 $\frac{1}{3}U$、$\frac{2}{3}U$（$U$ 为电源电压）。

“4”：555 定时器的 4 个最基本的应用：单稳态触发器、多谐振荡器、施密特触发器、压控振荡器。

“5”：555 定时器的 2 脚（TR）、6 脚（TH）输入电位变化引起 3 脚（OUT）输出电位变化的 5 种情况。

“6”：555 定时器内部有 6 个组成部分。1. 电阻分压器：由 3 个相同的精密 5 kΩ 电阻串联组成。2. 两个电压比较器，也就是运算放大电路。3. 基本 RS 触发器。4. 与非门、5. 非门。6. 放电管。

“8”：555 定时器有 8 个引脚：1 脚为接地（GND），2 脚（TR）为同相输入端+，3 脚为输出端，4 脚为复位端，5 脚为控制端，6 脚（TH）为反相输入端-，7 脚为放电端，8 脚为电源正极 V+。注意管脚朝下，背面字体正对观察者，缺口朝左，从左下逆时针依次为 1 脚，2……，8 脚。

## 三、成绩评价

| 成绩评价方法 | 评分值 |
|---|---|
| 组内评价（A） | |
| 教师评价（B） | |
| 综合成绩＝A×50%＋B×50% | |

说明：

1. 组内评价分：组长负责，组员按百分制打分，取组员平均值。
2. 评价内容包括：任务完成度（50%）＋实际参与度（15%）＋规范操作（20%）＋7S 管理（15%），未参加工作任务、未提交作业记 0 分。

# 参考文献


[1] 陈开考，庞志康. 汽车电工电子技术基础（第二版）[M]. 北京：机械工业出版社，2021.

[2] 李兆平. 汽车电工电子技术 [M]. 北京：北京理工大学出版社，2022.

[3] 吴金华. 汽车电工电子技术 [M]. 北京：北京理工大学出版社，2023.

[4] 侯丽春. 汽车电工电子技术 [M]. 北京：机械工业出版社，2021.

[5] 韩雪涛. 电子元器件从入门到精通 [M]. 北京：化学工业出版社，2019.

[6] 郑尧军. 汽车电气电控技术（第二版）[M]. 杭州：浙江大学出版社，2019.

[7] 郑尧军. 汽车车身电控系统检修（第二版）[M]. 北京：清华大学出版社，2016.

[8] 万捷. 汽车电工电子技术基础（第二版）[M]. 北京：机械工业出版社，2020.

[9] 唐俊英. 电子电路分析与实践 [M]. 北京：电子工业出版社，2009.

[10] 孙春玲. 汽车电工电子应用 [M]. 北京：人民交通出版社，2020.